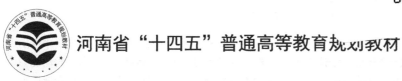

河南省"十四五"普通高等教育规划教材

液压与气压传动
（第 2 版）

姚林晓　韩林山　主　编

郑淑娟　胡全义　副主编

彭　晗　贾建涛　范以撒　参　编

电子工业出版社

Publishing House of Electronics Industry

北京·BEIJING

内 容 简 介

　　本书除了介绍液压与气压传动的基本原理、基本概念，还介绍机床、工程机械等多个行业设备中液压系统常用的液压元件、典型液压系统等。全书共 10 章，第 1～2 章为基础知识，包括液压与气压传动的基本原理和基本概念，以及液压流体力学基础；第 3～6 章介绍液压传动常用的液压元件、液压油和液压系统辅助元件；第 7～8 章介绍液压基本回路和典型液压回路；第 9 章介绍液压系统设计与计算，通过一个设计实例阐明一般液压系统的设计原则、方法和步骤；第 10 章介绍气压传动，包括常用的气压传动元件（简称气动元件）、气压传动基本回路（简称气动基本回路）和气压传动系统（简称气动系统）实例。

　　本书可作为普通高等院校工科相关专业教材，也可作为机械类相关专业研究生入门教材，还可作为从事液压与气压技术工作的工程技术人员的参考书。

图书在版编目（CIP）数据

液压与气压传动 / 姚林晓，韩林山主编. —2 版. —北京：电子工业出版社，2021.12
ISBN 978-7-121-37510-1

Ⅰ. ①液…　Ⅱ. ①姚…②韩…　Ⅲ. ①液压传动－高等学校－教材②气压传动－高等学校－教材
Ⅳ. ①TH137②TH138

中国版本图书馆 CIP 数据核字（2021）第 270528 号

责任编辑：郭穗娟
印　　刷：北京盛通数码印刷有限公司
装　　订：北京盛通数码印刷有限公司
出版发行：电子工业出版社
　　　　　北京市海淀区万寿路 173 信箱　邮编　100036
开　　本：787×1092　1/16　印张：21.5　字数：547 千字
版　　次：2015 年 6 月第 1 版
　　　　　2021 年 12 月第 2 版
印　　次：2024 年 6 月第 2 次印刷
定　　价：79.80 元

凡所购买电子工业出版社图书有缺损问题，请向购买书店调换。若书店售缺，请与本社发行部联系，联系及邮购电话：（010）88254888，88258888。
质量投诉请发邮件至 zlts@phei.com.cn，盗版侵权举报请发邮件至 dbqq@phei.com.cn。
本书咨询联系方式：（010）88254502，guosj@phei.com.cn。

前　言

　　液压与气压传动是一门现代工业技术，随着科学技术的进步，液压与气压传动技术得到飞速发展，广泛应用于工程机械、机床设备和航空航天等各个领域，成为实现智能化、信息化、自动化、生产规模化和提高生产效率必不可少的重要手段之一。"液压与气压传动"课程是机械类专业开设的一门重要的专业基础课程，该课程知识在机械类专业的知识结构中占有举足轻重的位置。

　　近年来，教育部提出了"新工科"的人才培养规划。为贯彻国家人才培养方案、落实人才培养目标、满足"液压与气压传动"课程教学大纲要求，本书在第 1 版的基础上对各章内容进行精心组织和编写，突出以下特点：

　　（1）与第 1 版相比，在内容方面更贴近教学要求，选材围绕普通高等院校工科专业教学改革的实际情况和培养目标，满足机械类专业认证的要求。

　　（2）详细分析各类元件的工作原理、结构，使读者对液压与气压传动元件有清晰的认识。

　　（3）增加了目前工程常用的新型液压元件（如液压数字阀和负载敏感泵等）的结构和工作原理内容。

　　（4）根据实际液压系统设计要求，本书修订了第 1 版中的液压系统设计内容，并通过组合机床液压系统的设计实例，详细阐述了一般液压系统的设计原则、方法和步骤。同时，增加了液压系统动态特性分析的内容。

　　（5）对本书中的液压与气压传动的图形符号，均按照国家标准 GB/T 786.1—2009《流体传动系统及元件图形符号和回路图》，进行了修改和绘制。

　　（6）在重要章节增加了例题，使读者加深对内容的理解，便于读者巩固所学知识。

　　（7）附录部分是本书相关内容中各元件及图形符号的总结，方便读者在学习过程中查阅和复习。

　　（8）考虑到本书内容方面的总体规划，删除了第 1 版中的液力传动部分。

　　在本书编写过程中，根据 21 世纪普通高等教育的发展现状和人才培养目标，对传统的基础理论知识按照少而精和理论联系实际的原则，增加了工程上目前常用的新型液压元件如负载敏感泵等；引用了机械行业多个实例，包括机床设备、工程机械、起重运输机械、注塑机械等的液压系统。在内容方面，注重反映国内外液压与气压传动领域的最新技术成果，如电液数字阀等。

　　为方便读者在学习过程中掌握重点，把握难点，本书各章正文前均附有"教学要求"和"引例"，能够让读者迅速把握本章内容脉络和主要内容；章后附有"本章小结"，能够让读者及时总结学过的知识，"思考与练习"部分帮助读者巩固、练习所学内容；部分章节配套的"例题"，可帮助读者加深知识点的理解。

本书入选河南省"十四五"普通高等教育规划教材。本书编写人员为华北水利水电大学姚林晓、韩林山、郑淑娟、胡全义、彭晗、贾建涛、范以撒。其中，姚林晓和韩林山担任主编，韩林山对全书进行了策划和统稿。编写分工如下：第 1、7、8 章由姚林晓编写，第 2 章由贾建涛编写，第 3、10 章由范以撒编写，第 4、6 章由郑淑娟编写，第 5 章由彭晗编写，第 9 章由胡全义编写。

感谢河南省高效特种绿色焊接国际联合实验室和河南省新能源车辆热流电化学系统国际联合实验室对本书编写组的支持！

由于编者水平有限，书中难免存在疏漏和欠妥之处，敬请广大读者批评指正。

编者

2021 年 7 月

目　　录

第1章 绪 论

教学要求

通过本章的学习，了解本书的基本内容。掌握液压传动、气压传动基本概念和基本原理，以液压传动为例掌握其一般表示形式，了解液压与气压传动特点、发展和应用场合。

引 例

一辆小汽车的质量少说也有 1000kg，人类能举起的物体质量在奥运会纪录中还不到 300kg。例图 1-1 中一个年轻的姑娘居然想挑战搬动一辆小汽车，是异想天开吗？不是，事实上是可以的，之所以能将汽车搬动，因为她用到了人类智慧的产物——液压千斤顶。液压千斤顶（见例图 1-2）是最简单的液压传动设备，它由手柄、液压缸等组成。其工作过程：往复扳动手柄，不断地向液压缸内压入液压油，随着液压缸内液压油体积的不断增加，活塞及活塞上面的重物一起向上运动，顶起重物；如需让重物回到原位，则可打开回油阀（截止阀），让液压缸内的高压油流回储油腔，重物与活塞一起下落。

例图 1-1 使用液压千斤顶搬动汽车

例图 1-2 液压千斤顶

在日常生活和生产中，我们接触过很多机器。机器的组成各不相同，但是都会有动力装置、传动装置、控制或操纵装置和执行装置四部分。其中，动力装置的性能往往不能满足执行装置各种工况的要求，这个矛盾靠传动装置解决。所谓的传动，是指能量（动力）由动力装置向执行装置传递。工程上常用的传动方式有流体传动、机械传动和电力传动。流体传动应用场合广泛，在工程实践中占有非常重要的位置。

自然界中的流体分为液体和气体。流体传动是以流体为介质进行传动的能量转换装置，依据传动时中间传递介质和工作原理的不同，流体传动分为液压传动、液力传动和气压传动。液压传压和液力传动同样是以液体为传动介质的，但是二者的工作原理不同、组成不同，元件及零部件的结构形式、工作特性也都不一样。液压传动依据的基本原理是帕斯卡定律，按照压力等值传递进行传动，而液力传动则利用液体动能进行传动。气压传动的介质是气体，其工作原理与液压传动一样，都基于帕斯卡定律。

1.1　液压与气压传动基本原理、组成和图形符号

1.1.1　液压与气压传动基本原理

这里以液压千斤顶为例，介绍基于帕斯卡定律的液压和气压传动系统的工作原理。

液压千斤顶的液压系统结构如图 1-1 所示，其主要部件——一大一小两个液压缸之间用油管连接，液压缸活塞下面是密封腔。密封腔内充满了不可压缩的液压油，多余的液压油储存在油箱里。

在图 1-1 中，当压下手柄时，小液压缸 1 的活塞下移，其下腔的油液被挤压，使单向阀 4 打开，油液进入大液压缸 7 并推动大液压缸的活塞向上顶起重物；当提起手柄时，小液压缸 1 的活塞向上运动使其下腔容积增大形成局部真空，油箱里的油液在大气压作用下通过单向阀 2，被压入该真空区域，小液压缸重新充满液压油。当继续压下手柄时，重物再次被顶起。循环往复，就可以把重物升到需要的位置。若要使大液压缸 7 的活塞回到初始位置，可以打开截止阀 6，其下腔油液经过截止阀 6 顺着油管流回油箱，大液压缸 7 活塞就回到初始位置了。

下面还是以液压千斤顶为例，说明液压与气压传动的相关特性。

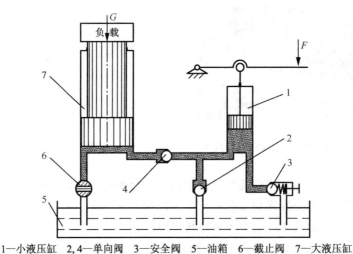

1—小液压缸　2,4—单向阀　3—安全阀　5—油箱　6—截止阀　7—大液压缸

图 1-1　液压千斤顶的液压系统结构

1. 力的传递

设小液压缸活塞面积为 A_1，施加在小液压缸活塞上的力为 F，大液压缸活塞的面积为 A_2，其顶起的负载为 G。根据帕斯卡定律，在密闭容器内，施加于静止液体上的压强将被等值传递到液体内各点，因此，大、小液压缸内的液体压强相等，表达式如下：

$$p = \frac{F}{A_1} = \frac{G}{A_2} \tag{1-1}$$

或者

$$G = pA_2 = F\frac{A_2}{A_1} \tag{1-2}$$

在图 1-1 所示的液压系统（包括液压传动系统和液压控制系统）中，当该系统的结构参数一定，即 A_1、A_2 大小不变时，负载 G 越大，该系统中的压强 p 也越大，所需的作用力 F 就越大；反之，负载 G 越小，该系统中的压强 p 就越小。因此，我们得到重要结论：液压传动系统中的压强 p 取决于外负载。

由于 $p = G/A_2$，当 $G \to \infty$ 时，$p \to \infty$，而液压缸材料强度有限，当内部压强超过耐压极限时，元件或液压油管道会发生爆炸，造成事故，因此必须限制系统的最高压强。在图 1-1 中由安全阀 3 限制系统的最高压强，满足安全保护的要求。可以说，液压传动系统最高压强取决于安全阀的调定压强。

由式（1-2）看出，活塞面积比（A_2/A_1）越大，增力效果越显著。只要在小液压缸活塞上施加一个很小的作用力 F，就可以使大液压缸活塞产生一个很大的举升力，从而举起重物，这就是液压千斤顶的工作原理。

需要说明的是，在物理学中常提到的"压强"的概念在工程中常用"压力"代替。在这里为了内容的衔接和过渡，暂时用读者习惯的"压强"，后续内容中不再出现"压强"，而用工程中更常见的"压力"的说法。

2. 能量传递和转换

当手柄压下时，小液压缸活塞下移的距离为 x，大液压缸活塞上移的距离为 y。设手柄通过杠杆给小液压缸施加的作用力为 F，则输入系统的机械能 E_1 等于小液压缸活塞做的功，即 $E_1 = Fx$。这个能量传递给液体并转换为液体的压力能，压力能又传递给大液压缸的活塞，克服外负载 G 对外做功，输出机械能 E_2，即 $E_2 = Gy$。

这个能量传递和转换的过程表示为机械能→液体的压力能→机械能。

3. 运动的传递

若不考虑液体的可压缩性、泄漏，以及缸体和管道的变形等因素，则小液压缸中被活塞排出的油液体积与大液压缸活塞上升而进入大液压缸中的那部分油液体积相等，即与大液压缸中增多的油液体积相等

$$V = A_1 x = A_2 y \tag{1-3}$$

式中，V 为每次压下手柄，从小液压缸排出的油液体积（m³），同时也是大液压缸中增多的油液体积；A_1，A_2 分别为小液压缸活塞和大液压缸活塞的面积（m²）；x，y 分别为小液压缸活塞和大液压缸活塞的位移量（m）。

可以看出，液压传动是利用密封容积变化时产生的液体压力能实现容积传动的。

将式（1-3）等号两边同时除以时间 t，得

$$A_1 \frac{x}{t} = A_2 \frac{y}{t}$$

即

$$A_1 v_1 = A_2 v_2 \tag{1-4}$$

式中，v_1，v_2 分别为小液压缸活塞和大液压缸活塞的移动速度（m/s）。

从量纲分析，Av 的物理意义是单位时间流过截面积为 A 的油液体积，称为体积流量，习惯上称之为流量，一般用 q 表示，国际单位为 m³/s，在工程中的单位常用 L/min 表示。

$$q = Av \tag{1-5}$$

若已知进入缸体的液体流量是 q，则活塞的移动速度为

$$v = \frac{q}{A} \tag{1-6}$$

可以看出，对已知的液压传动系统，若要调节活塞的移动速度，可以通过调节液体流量实现；同时还可以看出，活塞的移动速度取决于流入缸体中的液体流量大小，而与液体的压力无关。

综上所述，液压传动系统在工作中，动力元件和执行元件都要形成密封可变容积（例如，在图 1-1 中，随着活塞的上下移动，活塞下面的容积发生相应变化，形成密封可变容积），两个密封可变容积各自用油管连通但互不联系。因此在本质上液压传动是容积传动，液压传动系统的实际工作压力取决于外负载，最高压力取决于安全阀，执行元件的运动速度取决于供油流量。

1.1.2　液压与气压传动系统的组成

从液压千斤顶工作原理可知存在能量形式的转换，在液压传动中也就存在两种能量转换元件，习惯上将机械能转换为压力能的元件称为动力元件；将压力能转换为机械能的元件称为执行元件。除此之外，还有控制元件、辅助元件（油管、油箱、滤油器等）和工作介质。

液压千斤顶在工作时，每一次压下手柄都会使重物上升一小段高度，但这小段高度有限。若要升到最终目标位置，则需要多次压下手柄。为此，设置单向阀 2 和单向阀 4。如果没有单向阀 4，每次压下手柄后，重物在重力作用下，大液压缸内的油液在压力作用下就会倒流回小液压缸。如果设有单向阀 4 并使它处于自动关闭状态，那么油液不能倒流，从而保证重物不至于在重力作用下自动落下。当提起手柄时，小液压缸 1 的下腔形成真空，单向阀 4 关闭、单向阀 2 打开，保证油箱里的油液在大气压作用下进入小液压缸 1 且大液压缸的油液不回流。打开截止阀 6，大液压缸 7 的下腔油液流回油箱，可以使重物回到原位，同时截止阀 6 还可以控制油液流量，控制大活塞及其上的重物下降速度。当重物超出

允许值或达到所设计的系统压力值时，安全阀 3 打开，油液通过安全阀 3 流回油箱，保证液压千斤顶系统的安全。这些截止阀、单向阀是液压控制阀，是液压系统中的控制元件之一。

单向阀 2 和单向阀 4 控制油液流动方向，截止阀 6 控制重物是否下落及下落速度，安全阀 3 控制液压千斤顶系统最高压力。

从以上分析来看，液压与气压传动系统均由以下 5 部分组成。

（1）动力元件。动力元件的作用是将原动机输入的机械能转变成油液等工作介质的压力能。一般指液压泵或者空气压缩机，是液压系统的动力源。

（2）执行元件。执行元件将油液等介质的压力能转变成机械能，驱动工作机对外做功，如液（气）压缸、液（气）压马达等。

（3）控制元件。控制元件用来控制液（气）压系统中油液（气体）的压力、流量和流动方向，通常指各种阀，如安全阀（压力阀）、截止阀（流量阀）和单向阀等。

（4）辅助元件。液压系统中除以上（1）～（3）项以外的其他元件都属于辅助元件，如油箱、油管、过滤器（过滤液压油）、空气过滤器、蓄能器、管接头和压力表等。

（5）工作介质。工作介质指液压油或者压缩空气，用来传递能量和转换信号。

1.1.3 液压传动图形符号

液压与气压传动系统的表示方法类似。图 1-1 是以液压元件的半结构图表示系统工作原理的，一般称为结构原理图。这种原理图比较直观，容易理解，但图形绘制比较烦琐，不适合绘制复杂的液压系统。为了简化液压系统的表示方法、方便分析，通常采用图形符号表示。我国制定了用图形符号表示液压原理图中各个元件和连接管道的国家标准，目前常用的国家标准是 GB/T 786.1—2009。图形符号一般表示具有特定功能的元件或装置，可以表示元件连通顺序，但不代表元件的实际结构和参数，也不代表元件在机器中的实际安装位置，元件内部的油液流动用箭头表示，而箭头并不表示实际流向。这些特定的图形符号也称为职能符号。

用各个元件的图形符号和表示管道的线条组成的、反映元件之间连接关系和机器动作原理图称为液压传动系统图。用图形符号表示的液压千斤顶的液压系统如图 1-2 所示。液压传动系统图一般按照机器非工作状态时各元件所在位置和元件状态绘制。

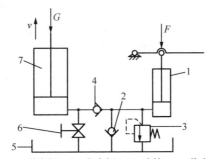

1—小液压缸　2，4—单向阀　3—安全阀　5—油箱　6—截止阀　7—大液压缸

图 1-2　用图形符号表示的液压千斤顶的液压系统

1.2　液压与气压传动的优缺点

1.2.1　液压与气压传动的优点

液压传动、气压传动等流体传动不同于机械传动、电力传动，具有其自身的优点，见表 1-1。

表 1-1　流体传动的优点

流体传动	优　　点
液压传动	（1）同等功率情况下，液压装置容量大，体积小，质量小。例如，输出同样功率，液压马达的质量是电动机质量的 10%～20%，而且还能传递较大的力或转矩。 （2）易于实现大传动比（100∶1～2000∶1）传动，调速范围比较大，能方便地在运行中实现无级调速，同时低速性能好。 （3）易于实现回转、往复直线运动，结构简化，系统便于布置。 （4）系统的控制、调节比较简单，与电气控制配合使用能实现复杂的顺序动作和远程控制，易于实现自动化。 （5）操作简单、省力，工作比较平稳、反应快、冲击小，易于频繁、快速换向和启动。液压传动装置的换向频率高，回转运动可达 500 次/分，往复直线运动可达 400～1000 次/分。 （6）工作安全可靠，液压系统超载时，油液可以经安全阀（也称为溢流阀）回流油箱，易于实现过载保护。 （7）液压传动以油液为工作介质，元件可自行润滑，保养方便；功率损失产生的热量由流动着的油液带走，避免局部温升，所以液压元件寿命较长；同时可避免机械自身产生过度温升
气压传动	（1）气压传动系统工作介质是空气，来源方便，无成本；使用后直接排入大气而无污染，不需要设置专门的处理设备。 （2）空气黏度小，在管道中流动时压力损失小、效率高，可以集中供气及远距离输送。 （3）气动元件动作迅速、反应快、维护简单、调节方便，系统故障容易排除。 （4）工作环境适应性好。气压传动特别适合在易燃、易爆、潮湿、多尘、强磁、振动及辐射等恶劣条件下工作，在食品、医药、轻工、纺织、精密检测等行业中应用更具优势。 （5）气压传动系统成本低，具有过载保护功能

1.2.2　液压与气压传动的缺点

流体传动的缺点见表 1-2。

表1-2 流体传动的缺点

流体传动	缺 点
液压传动	（1）液压传动需要进行两次能量转换，在能量传递过程中有机械能损失、压力损失、泄漏损失等。因此，同机械传动相比，液压传动效率较低，不适宜远距离传动。 （2）液压传动的工作介质是液体、易泄漏，同时油液实际存在着可压缩性，难以保证严格的传动比。因此，不适合用在传动比要求很精确的场合。 （3）油液对油温变化比较敏感，不适于在过高或过低温度下工作。 （4）液压元件制造精度高，造价较高，需要组织专业生产，液压传动系统成本较高；对使用和维护人员的要求较高，要求他们需具备一定的专业知识
气压传动	（1）空气可压缩性较大，不易实现准确的速度控制和很高的定位精度，负载变化对气压系统的稳定性影响较大。 （2）空气的压力较低，只能用于压力较小的场合。一般来说，在负载小于10000N时，采用气压传动较为合适。 （3）排气噪声较大，高速排气时需要安装消声器

1.3 液压与气压传动的应用与发展

1.3.1 液压与气压传动的应用

液压与气压传动具有很多优点，应用于各行各业。例如，机床设备利用其可以实现无级变速、易于实行自动化、能实现频繁的往复运动等，工程机械、压力机械多利用其结构简单、输出力大的特点。液压与气压传动设备具备质量小、体积小的特点，在航空工业得以重用。表1-3详细列出了液压与气压传动在各个行业中的应用情况。

表1-3 液压与气压传动在各个行业中的应用

行业名称	应用的机械设备
金属切削机床	组合机床、铣床、磨床、刨床等
水利机械	油压启闭机、水轮机控制操作等
工程机械	推土机、装载机、挖掘机、铲运机、压路机等
起重运输机械	汽车吊、港口龙门吊、叉车、装卸机械、皮带运输机等
矿山机械	凿岩机、开采机、破碎机、提升机、液压支架等
建筑机械	打桩机、液压千斤顶、平地机等
农业机械	拖拉机、联合收割机、农具悬挂系统等
冶金机械	电路炉顶及电极升降机、轧钢机、压力机等
轻工机械	打包机、注塑机、校直机、橡胶硫化机、造纸机等
汽车工业	自卸车、平板车、高空作业车等
智能机械	模拟驾驶舱、机器人等
纺织机械	织布机、抛砂机、印染机等

1.3.2　液压与气压传动技术的发展

早在 1795 年第一台水压机在英国诞生，到 19 世纪 20 年代，液压传动设备已成为继蒸汽机之后应用最广的机械设备之一。同时，随着水压机的发展，各种水压传动控制回路的应用为后续液压技术的发展奠定了基础。由于水黏度低、润滑性差、容易锈蚀等缺点，制约了当时水压传动技术的进一步发展。到 20 世纪初，随着石油工业的兴起，出现了黏度适中、润滑性好和耐锈蚀的矿物油，科学家们开始研究以矿物油作为工作介质的液压传动。这方面具有代表意义的是 1905 年美国人詹尼（Janney）利用矿物油作为工作介质，设计制造了第一台油压柱塞泵和由其驱动的传动装置，并将其应用于军舰的炮塔转向装置。1922年，瑞士人托马（H.Thoma）发明了轴向柱塞泵。随后，斜盘式轴向柱塞泵、压力平衡式叶片泵、径向液压马达等相继出现，使液压传动装置的性能不断提高，应用也越来越广泛。

在第二次世界大战期间，军事设备急需反应快、精度高、功率大的控制机构，由于液压控制能满足其需求，因此被迅速应用到兵器等军事设备上，液压技术得到快速发展。战后液压技术转向民用，在机械制造、农业机械、工程机械和汽车等行业中的应用越来越广泛。近年来，随着电子技术、计算机技术和自动控制技术的不断发展和进步，以及新工艺、新材料的不断出现，液压传动技术也不断发展创新，液压技术在工农业生产、航空航天及国防工业中占有举足轻重的地位。目前，液压技术正朝着高压、高速、大功率、高效率、低噪声、节能高效、小型化和轻量化等方向发展。同时，液压系统的计算机辅助测试、计算机实时控制、机电一体化技术、计算机仿真和优化设计技术、可靠性研究及污染控制等，成为当前液压技术发展和研究的重要方向。

气压传动技术在当今世界的发展更加迅速。随着工业的发展，气动技术的应用领域已从汽车、采矿设备、钢铁、机械工业等行业扩展到化工、轻纺、食品和军事工业等许多行业。工业自动化技术的发展，使气动控制技术以提高系统可靠性、降低总成本为目标，研究和开发机、电、气、液系统综合控制技术。气动技术当前发展的特点和研究方向主要是节能化、小型化、轻量化、位置控制高精度化，以及与数字技术相结合的综合控制技术。

我国的液压与气压传动技术应用较晚。20 世纪 50 年代，该技术主要应用在机床和锻压设备上；60 年代从国外引进了一些液压元件生产技术，同时自行设计开发了液压元件；80 年代从美国、日本和德国引进了一些先进的技术和设备，使我国的液压与气压传动技术有了很大提高。随着我国创新能力的不断提高，目前液压、气压元件已从低压到高压形成了系列产品，并开发生产出了许多新型的液压、气压元件。

1.4　本书内容安排

本书主要以液压传动为主，同时对气压传动基本元件、工作原理、系统组成做了详细介绍。本书内容结构如图 1-3 所示。

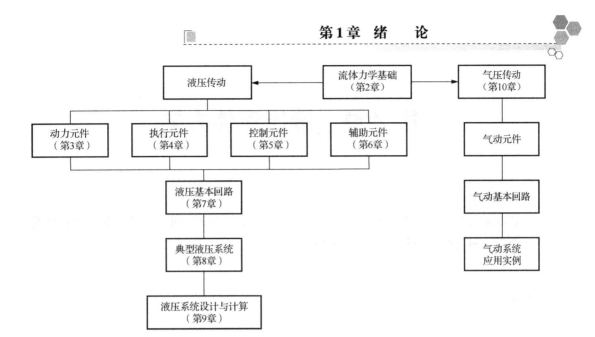

图 1-3 本书内容结构

本 章 小 结

通过本章学习，使读者了解本书主要内容，并且对液压传动和气压传动有了基本概念和认识，掌握了它们的工作原理。通过液压千斤顶，介绍液压系统图形符号的作用。

（1）液压与气压传动基于帕斯卡定律，利用密封容积变化时产生的压力能实现容积传动。

（2）在液压传动中，液压传动系统中的工作压力取决于外负载，最高压力取决于安全阀的调定压力，与流量无关。

（3）当液压系统确定后，执行元件的运动速度取决于流入截面流量的大小，而与流体的压力无关。

（4）流体传动系统一般包括动力装置、执行装置、控制装置、辅助装置和工作介质。

思 考 与 练 习

1-1 简述流体传动和液压传动的定义，说明液压系统压力取决于外负载的原因。

1-2 液压传动的工作原理是什么？有哪些工作特性？

1-3 液压传动的优缺点是什么？

1-4 液压传动的图形符号有什么特点？

1-5 一个完整的液压传动系统一般包括哪几部分？请举例说明各组成部分的作用。

第2章 液压流体力学

教学要求

在教学过程中，要求学生掌握液压流体力学的基础知识，并能应用相关知识分析及解决工程中遇到的一些关于液压流体方面的问题。

引例

液压与气压传动是利用流体（液体和气体）作为工作介质传递动力和信号的，因此流体（液压传动中的液压油，气压传动中的气体）的力学规律对液压和气压系统工作的影响不容忽视。在研究液压系统之前，有必要学习及掌握流体的力学性质及规律，以便进一步理解液压与气压传动的基本原理。本章主要以液体为研究对象介绍液压流体力学的基本知识，为更好地进行液压与气压传动系统的分析与设计打下基础。

2.1 液体的主要物理性质

2.1.1 密度

单位体积液体的质量称为该液体的密度，用公式表示如下：

$$\rho = \frac{m}{V} \tag{2-1}$$

式中，ρ 为密度（kg/m^3）；m 为质量（kg）；V 为体积（m^3）。

液压油的密度随温度的上升而有所减小，随压力的上升而稍有增大，但在液压传动系统中其变化量很小，可以认为是常值。一般液压油的密度 $\rho = 890 \sim 910 kg/m^3$。表 2-1 列出几种常用液压传动工作介质在 20℃时的密度值。

表 2-1 常用液压传动工作介质在 20℃时的密度值

工作介质名称	密度 $\rho/(kg/m^3)$	工作介质名称	密度 $\rho/(kg/m^3)$
抗磨液压油 L-HM32	0.87×10^3	水-乙二醇液压油 L-HFC	1.06×10^3
抗磨液压油 L-HM64	0.875×10^3	水包油乳化液 L-HFAE	0.9977×10^3
10 号航空液压油	0.85×10^3	油包水乳化液 L-HFB	0.932×10^3

2.1.2　压缩性和膨胀性

在一定的温度下，液体体积随压力增大而缩小的性质称为液体的压缩性。单位压力变化所引起的体积变化率称为压缩系数，用 β 表示，即

$$\beta = -\frac{1}{V}\frac{\mathrm{d}V}{\mathrm{d}p}$$

式中，V 为液体原有体积，$\mathrm{d}V$ 为体积的变化量，$\mathrm{d}p$ 为压力的变化量。因为压力与体积的变化方向是相反的，所以式（2-1）中有负号。

在一定的压力下，液体体积随温度的升高而增大的性质称为液体的膨胀性。单位温升所引起的体积变化率，称为体积膨胀系数，用 α 来表示，即

$$\alpha = \frac{1}{V}\frac{\mathrm{d}V}{\mathrm{d}T}$$

式中，T 为温度（℃）；$\mathrm{d}T$ 为温度变化量。

2.1.3　黏性

由于液体分子间有内聚力，在外力作用下液体流动（或有流动趋势）时，内聚力会阻碍分子相对运动，使分子之间产生一种内摩擦力，这一特性称为液体的黏性。描述液体黏性大小的物理量称为黏度。在工程机械中，黏度是选择液压油的主要指标；黏度过高，会增大液压油的内部摩擦，从而使液压系统产生高温、增大压力损失和能耗；黏度过低，会增加内外泄漏风险，增大液压泵的动力传递损耗和机械零件的磨损。

1. 黏度的定义及物理意义

液体黏性示意图如图 2-1 所示，两块平行平板之间充满液体，下平板固定不动，而上平板以速度 v_0 向右运动。由于液体的黏性，紧贴下平板的液体静止不动，即速度为零，而中间各层液体的速度呈线性分布。

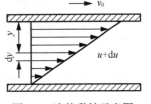

图 2-1　液体黏性示意图

根据牛顿液体内摩擦定律，液体流动时，相邻两液层间的内摩擦力 F_f 与液层接触面积 A、速度梯度 $\mathrm{d}u/\mathrm{d}y$ 成正比，即

$$F_\mathrm{f} = \mu A\frac{\mathrm{d}u}{\mathrm{d}y} \tag{2-2}$$

式中，μ 为动力黏度（$\mathrm{N\cdot s/m^2}$）；$\mathrm{d}u/\mathrm{d}y$ 为速度梯度。

那么单位面积上的内摩擦力 τ，即液层间的切应力可以表示为

$$\tau = F_\mathrm{f}/A = \mu\frac{\mathrm{d}u}{\mathrm{d}y} \tag{2-3}$$

式（2-3）表示液体抵抗变形的能力。

2. 黏度的表示方法

1）动力黏度

由式（2-2）可知，动力黏度 μ 是表征流动液体内摩擦力大小的比例系数，其量值等于液体在以单位速度梯度流动时，单位面积上的内摩擦力，即

$$\mu = \tau / \frac{\mathrm{d}u}{\mathrm{d}y} \tag{2-4}$$

在我国法定计量单位制及国际单位制中，动力黏度 μ 的单位是 Pa·s（帕·秒）或用 N·s/m²（牛·秒/米²）来表示。

2）运动黏度

液体的动力黏度与其密度的比值称为液体的运动黏度系数或运动黏度，用 ν 表示，即

$$\nu = \frac{\mu}{\rho} \tag{2-5}$$

液体的运动黏度没有明确的物理意义，但它在工程实际中经常用到。因为它的单位只有长度和时间的量纲，类似于运动学的量纲，所以被称为运动黏度。在国际单位制中，ν 的单位为 m²/s，以前沿用的单位为 cm²/s（斯，St）和 mm²/s（厘斯，cSt）。

$$1\,\mathrm{m}^2/\mathrm{s} = 10^4\,\mathrm{St} = 10^6\,\mathrm{cSt}$$

液压油的运动黏度等级就是以 40℃时运动黏度的平均值来表示的，如 L-HM32 液压油的黏度等级为 32，即 40℃时其运动黏度的平均值为 32mm²/s。国际标准化组织 ISO 按运动黏度值对液压传动工作介质的运动黏度等级进行了划分，部分液压传动工作介质的运动黏度等级见表 2-2。

表 2-2　部分液压传动工作介质的运动黏度等级（单位：m²/s）

运动黏度等级	40℃时运动黏度的平均值	40℃时运动黏度范围
VG10	10×10^{-6}	$9.00 \times 10^{-6} \sim 11.0 \times 10^{-6}$
VG15	15×10^{-6}	$13.5 \times 10^{-6} \sim 16.5 \times 10^{-6}$
VG22	22×10^{-6}	$19.8 \times 10^{-6} \sim 24.2 \times 10^{-6}$
VG32	32×10^{-6}	$28.8 \times 10^{-6} \sim 35.2 \times 10^{-6}$
VG46	46×10^{-6}	$41.4 \times 10^{-6} \sim 50.6 \times 10^{-6}$
VG68	68×10^{-6}	$61.2 \times 10^{-6} \sim 74.8 \times 10^{-6}$
VG100	100×10^{-6}	$90.0 \times 10^{-6} \sim 110 \times 10^{-6}$

3）相对黏度

为了更好地认识黏度，将某种液体和人们熟悉的水相比较，提出了相对黏度的概念。

（1）恩氏黏度定义。将体积为 200mL、温度为 T℃的被测液体流经恩氏黏度计小孔（直径为 2.8mm）所用的时间 t_1 和体积为 200mL、温度为 20℃的水流经恩氏黏度计小孔所用的时间 t_2 比值，称为恩氏黏度，用 °E 来表示。

$$°E = \frac{t_1}{t_2} \tag{2-6}$$

$°E$ 常用的测量温度为 20～100℃，相应的恩氏黏度以 $°E_{20} \sim °E_{100}$ 表示。

（2）恩氏黏度和运动黏度的换算关系。

$$\nu_{50} = \left(7.31°E_{50} - \frac{6.31}{°E_{50}}\right) \times 10^{-6} \tag{2-7}$$

式中，ν_{50} 为某种液体在 50℃时的运动黏度；$°E_{50}$ 为某种液体在 50℃时的恩氏黏度。

2.2　液体静力学

2.2.1　液体所受的作用力

液体有一定的体积但没有一定的形状，可以流动，它的体积在压力及温度不变的条件下是固定不变的。存放在容器内的液体，对容器周边所施加的压力向各个方向等值传递，并且随着深度一起增加（例如水越深，水压越大）。

1. 液体的压力

液体单位面积上所受的法向力称为压力，这一定义在物理学中称为压强，但在工程中习惯称为压力，通常以 p 表示。

当液体面积 ΔA 上有法向力 ΔF 作用力时，此面积上任一点处的压力为

$$p = \lim_{\Delta A \to 0} \frac{\Delta F}{\Delta A} \tag{2-8}$$

液体的压力有如下特性：

（1）液体的压力沿着内法线方向作用于承压面。

（2）静止液体内任一点的压力在各个方向上都相等。

在静止状态下，作用在液体上的力有质量力和表面力。质量力作用在液体的所有质点上，如重力和惯性力等；表面力作用在液体的表面上，它可以是由其他物体作用在液体上的力，也可以是一部分液体作用在另一部分液体上的力。表面力有法向力和切向力之分。

2. 质量力和表面力

设有一个静止的圆柱形开口容器（见图 2-2）内盛有液体，该液体所受的重力等于液体的质量 m 乘以重力加速度 g，即

$$G = mg$$

该容器表面的液体直接接触大气，作用力等于大气压力 p_0 乘以液面的面积 A，即

$$F_0 = p_0 A$$

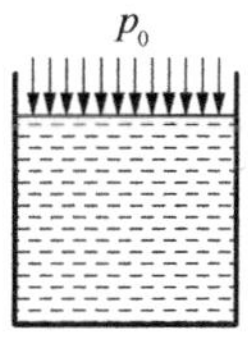

图 2-2　液体所受作用力

该容器底面所受作用力等于液体底面的压力 p_d 乘以底面积 A，即

$$F_d = p_d A$$

如果该容器以等角速度绕竖直轴旋转，液体还受回转离心惯性力的作用，惯性力的大小和液体的质量有关。

综上所述，液体共受两种性质的力：一种和质量有关，称为质量力（也称为体积力），另一种和面积有关，称为面积力。

3. 质量力和面积力的表示方式

质量力的计算方法为

$$质量力=单位质量力×质量$$

则

$$单位质量力=质量力/质量$$

例如，单位重力 $= mg / m = g$，直线运动的单位惯性力 $=(-Ma)/M=-a$。单位质量力在直角坐标系中的分量用 X、Y、Z 来表示。

采用同样的方法，面积力的计算方法为

$$面积力=单位面积力×面积$$

2.2.2 静止液体微分方程的推导

设压力是空间位置的函数，即

$$p = f(x, y, z)$$

当空间位置坐标有增量时，压力有相应的增量，即

$$\Delta p \approx \frac{\partial p}{\partial x}dx + \frac{\partial p}{\partial y}dy + \frac{\partial p}{\partial z}dz$$

在密度为 ρ 的静止液体中选取一个单元液体，其中心点为 $A(x, y, z)$，边长分别为 dx、dy、dz，如图 2-3 所示。该单元液体的单位流体质量力的分量分别为 X、Y、Z，流体质量力在 x、y、z 轴方向的分力分别是 $X\rho dxdydz$、$Y\rho dxdydz$、$Z\rho dxdydz$。

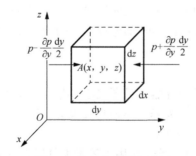

图 2-3　单元液体受力分析

在 y 轴方向，根据静力学平衡方程

$$\sum F_y = 0$$

可得

$$Y\rho \mathrm{d}x\mathrm{d}y\mathrm{d}z + \left(p - \frac{\partial p}{\partial y}\frac{\mathrm{d}y}{2} \right)\mathrm{d}x\mathrm{d}z - \left(p + \frac{\partial p}{\partial y}\frac{\mathrm{d}y}{2} \right)\mathrm{d}x\mathrm{d}z = 0$$

整理得

$$Y - \frac{1}{\rho}\frac{\partial p}{\mathrm{d}y} = 0$$

同理，可得 x 轴方向和 z 轴方向的静力学平衡方程。整理后，可得

$$\begin{cases} X - \dfrac{1}{\rho}\dfrac{\partial p}{\partial x} = 0 \\[2mm] Y - \dfrac{1}{\rho}\dfrac{\partial p}{\partial y} = 0 \\[2mm] Z - \dfrac{1}{\rho}\dfrac{\partial p}{\partial z} = 0 \end{cases} \tag{2-9}$$

式（2-9）所示方程称为静止液体的平衡微分方程，也称为欧拉平衡微分方程。其物理意义表示在静止液体中，作用在单位体积液体上的质量力与作用在该液体表面上的压力相平衡。用 $\mathrm{d}x$、$\mathrm{d}y$、$\mathrm{d}z$ 分别乘以式（2-9）中的 3 个式子后相加，整理可得

$$\mathrm{d}p = \rho(X\mathrm{d}x + Y\mathrm{d}y + Z\mathrm{d}z) \tag{2-10}$$

式（2-10）为欧拉平衡微分方程的综合表达式，液体在不同质量力作用下的压力分布规律，均可由它积分得到。

2.2.3　静止液体微分方程的应用

1. 静止液体受力情况

已知静止的液体所受质量力只有重力，液面压力为 p_0，如图 2-4 所示，求静止液体的压力分布。

将 $X=Y=0$，$Z=-g$ 代入式（2-10）并整理，可得

$$\mathrm{d}p = -\rho g \mathrm{d}z$$

对上式积分，可得

$$p = -\rho g z + C \tag{2-11}$$

当 $z=0$ 时 $p = p_0$，可得 $C = p_0$，则有 $p = -\rho g z + p_0$

将 $z = h$ 代入上式，得

$$p = -\rho g h + p_0 \tag{2-12}$$

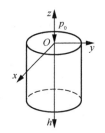

图 2-4　静止液体受力情况

式（2-12）为在重力作用下静止液体内任一点上的压力分布规律。该压力分布规律具有如下特性：

（1）在重力作用下静止液体内任一点上的压力由两部分组成，p_0 为表面力引起的压力，ρgh 为质量力产生的压力。

（2）在同一深度上各点压力相等。压力相等的面称为等压面。重力作用下静止液体的等压面为水平面。

（3）在液压传动技术中，由于 $\rho gh \ll p$（p 为液压系统的工作压力），因此在一般情况下不考虑位置对静压产生的影响。例如，当 $h = 10\text{m}$，$g = 9.81\text{m}/\text{s}^2$，$\rho = 900\text{kg}/\text{m}^3$ 时，$\rho gh = 0.088\text{MPa}$，液压系统压力 p 值比这个计算值大得多，因而质量力产生的压力可忽略不计。

2. 作匀加速直线运动的容器中的液体受力情况

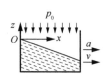

图 2-5 液体作匀加速直线
运动时的受力情况

在图 2-5 所示的小车容器内装有液体，当小车加速时，液体向后移动，使液面呈倾斜面。将坐标系 xOz 建立在小车上，仍可用静止液体的平衡微分方程求解。但此时的坐标系为非惯性坐标系，液体所受的体积力除重力外还有惯性力。

1）压力分布

将 $X = a, Y = 0, Z = -g$ 代入式（2-9）得

$$-a\text{d}x - g\text{d}z - \frac{1}{\rho}\text{d}\rho = 0$$

整理后可得

$$\text{d}p = -\rho a\text{d}x - \rho g\text{d}z$$

对上式进行积分，可得

$$p = -\rho ax - \rho gz + C$$

当 $x = 0, z = 0$ 时，可得 $C = p_0$，则有

$$p = -\rho ax - \rho gz + p_0 \tag{2-13}$$

2）等压面和自由液面

在液体中，压力相等的点所组成的面称为等压面，和大气接触的液面称为自由液面。令式（2-13）的 $p = C_1$，则有

$$ax + gz = (p_0 - C_1)/\rho = C_2$$

由此可知，液体作匀加速直线运动时等压面为倾斜面，自由液面是 $p = p_0$ 时的倾斜等压面。

3. 以等角速度旋转的容器中的液体受力情况

1）压力分布

如图 2-6 所示，一个圆柱形容器内装有液体，以等角速度 ω 绕着 z 轴旋转，其液面呈稳定的曲面。将坐标系建立在容器上，可用静力学平衡方程求解，但此时的坐标系属于非惯性坐

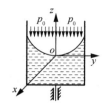

图 2-6 以等角速度旋转的
容器中的液体受力情况

标系，要引入惯性力，这时液体所受的体积力除重力外还有离心力。

将 $X = \omega^2 x, Y = \omega^2 y, Z = -g$ 代入式（2-9）可得

$$\omega^2 x \mathrm{d}x + \omega^2 y \mathrm{d}y - g \mathrm{d}z - \frac{1}{\rho}\mathrm{d}p = 0$$

整理上式，可得

$$\mathrm{d}p = \rho\omega^2 x \mathrm{d}x + \rho\omega^2 y \mathrm{d}y - \rho g \mathrm{d}z$$

对上式进行积分，可得

$$p = \frac{1}{2}(\rho\omega^2 x^2 + \rho\omega^2 y^2) - \rho g z + C$$

利用边界条件（当 $x = y = z = 0$ 时 $C = p_0$）则有

$$p = \frac{1}{2}(\rho\omega^2 x^2 + \rho\omega^2 y^2) - \rho g z + p_0 \tag{2-14}$$

2）等压面和自由液面

由式（2-14）可知，液体作等角速度旋转时的等压面和自由液面是回转抛物面。

2.2.4 压力的表示方法及单位

1. 液体压力的表示方法

压力有两种表示方法：一种是以绝对真空作为基准所表示的压力，称为绝对压力；另一种是以大气压力作为基准所表示的压力，称为相对压力。由于大多数测压仪表所测得的压力都是相对压力，故相对压力也称为表压力。在液压与气压传动中，若无特别说明，则所提到的压力均为相对压力。当绝对压力小于大气压力时，可用容器内的绝对压力不足一个大气压的数值来表示，称为"真空度"。它们的关系如下：

绝对压力=大气压力+相对压力

真空度=大气压力−绝对压力

例如，液体内某点真空度是 0.28Pa（大气压力），则该点绝对压力为 0.72Pa，相对压力为-0.28Pa。绝对压力、相对压力和真空度之间的关系如图 2-7 所示。

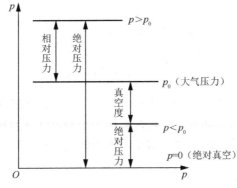

图 2-7 绝对压力、相对压力和真空度之间的关系

2. 压力单位

在工程实践中，用来表示压力的单位很多，以下 3 种单位较为常用。

（1）用单位面积上的力来表示。国际单位制中的单位为 Pa(N / m²) 或 MPa。

$$1MPa = 10^6 Pa$$

（2）用大气压的倍数来表示。在液压传动中使用的是工程大气压，记作 at。

$$1at = 1kgf / cm^2 = 1bar \quad 1bar = 10^5 Pa$$

因此，工程大气压可以简称为大气压。

（3）用液柱高度来表示。因为液体内任一点处的压力与它所在位置的深度成正比，所以也可用液柱高度来表示其压力大小，单位为 m 或 mm。

$$1at = 9.8 \times 10^4 Pa = 10m(H_2O) = 760mm(Hg)$$

2.3 流动液体的力学基本规律

2.3.1 经典流体力学研究方法介绍

流体力学采用与固体力学相同的基本力学原理，如牛顿定律、质量守恒定律、动量定理、能量守恒定律等，但处理流体力学问题是一个更加困难的课题。因为固体力学的研究对象是明确的物理模型，如质点、刚体等，而流体力学研究的对象是连续的介质，一般没有明确的和可区分的质点。怎样描述液体的运动规律呢？通常用拉格朗日法和欧拉法。

1. 拉格朗日（Lagrange）法

该方法着眼于流场中具体流体质点的运动，即跟踪每个流体质点，分析其运动参数随时间的变化规律。设某一个质点在 t 时刻具有的空间位置为 (x, y, z)，则该质点的运动参数为

$$x = x(t), \quad y = y(t), \quad z = z(t) \tag{2-15}$$

质点的速度和加速度为

$$\begin{cases} u_x = \dfrac{dx}{dt}, \quad u_y = \dfrac{dy}{dt}, \quad u_z = \dfrac{dz}{dt} \\ a_x = \dfrac{d^2x}{dt^2}, \quad a_y = \dfrac{d^2y}{dt^2}, \quad a_z = \dfrac{d^2z}{dt^2} \end{cases} \tag{2-16}$$

拉格朗日法采用了固体力学中质点运动的研究方法，在概念上简明易懂，但对于由众多质点组成的整个流体进行研究，一般没有明确的和可区分的质点，不仅难以跟踪某个质点并定量研究其运动规律，而且难以得出整个流体的运动规律。

2. 欧拉（Euler）法

该方法着眼于某个瞬时流场内处于不同空间位置上的流体质点的运动规律，即选定一

个流场，研究不同质点流过流场内空间某固定点的运动规律，从而了解整个流场的流动情况。这样，流场内空间某固定点的流动速度 u 是空间和时间的函数，即

$$u = u(x, y, z, t) \qquad (2\text{-}17)$$

这里 x、y、z 为流场内观测点的位置坐标，而不是某个质点的空间位置坐标。因此加速度可以表示为

$$a = \frac{\partial u}{\partial x}\frac{\mathrm{d}x}{\mathrm{d}t} + \frac{\partial u}{\partial y}\frac{\mathrm{d}y}{\mathrm{d}t} + \frac{\partial u}{\partial z}\frac{\mathrm{d}z}{\mathrm{d}t} + \frac{\partial u}{\partial t} \qquad (2\text{-}18)$$

由式（2-18）可以得出加速度由两部分构成：前三项和空间位置有关，反映了流场内不同观测点的加速度不同，一般称为位变加速度；最后一项和时间有关，反映了流场内同一观测点不同时刻的加速度，称为时变加速度。

2.3.2　流动液体力学的基本概念

1. 理想液体与稳定流动

液体是有黏性的，并在流动中表现出来。因此，在研究液体运动规律时，不但要考虑质量和压力，还要考虑黏性摩擦力的影响。另外，液体的流动状态还与温度、密度、压力等参数有关。为了研究流体力学，可以简化条件，从理想液体着手，先讨论理想液体，然后根据实验进行修正得出实际液体的运动规律。

1）理想液体和实际液体
（1）理想液体：既无黏性又不可压缩的液体称为理想液体。
（2）实际液体：既有黏性又可压缩的液体称为实际液体。
2）稳定流动和非稳定流动
（1）稳定流动：液体在流动时，任一空间点上液体的全部运动参数（如压力、速度、密度）都不随时间变化而变化，这种流动称为稳定流动，又称为定常流动。
（2）非稳定流动：液体在流动时，任一空间点上液体的全部运动参数（如压力、速度、密度）都随时间变化而变化，这种流动称为非稳定流动，又称为非定常流动。

2. 流线、流束、流管及通流截面

流线是某一瞬间流场中一条条标志其质点运动状态的曲线，在流线上所有质点的速度矢量方向均与这条曲线相切（见图 2-8）。由于流场中每一点在每一瞬间只能有一个速度值，因此流线既不能相交也不能弯曲，它是一条条光滑的曲线。如果流线的曲率很小，那流线之间的夹角也很小。这样的流线称为缓变流。

在流场内作一条封闭曲线，过该曲线的所有流线所构成的管状表面称为流管，流管内所有流线的集合称为流束。根据流线不能相交的性质，流管内外的流线均不能穿越流管表面。

图 2-8　流线示意图

垂直于流束的截面称为通流截面（或过流断面），通流截面上各点的运动速度均与其垂直。因此，通流截面可能是平面，也可能是曲面。

2.3.3　流动液体的连续性方程

理想液体在流管中稳定流动时，由质量守恒定律可知，液体在流管内既不能变多，也

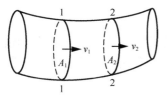

图2-9　流动液体连续性示意图

不会减少。因此，在单位时间内流过管道每个截面的液体质量是相等的，这就是连续性原理。

设理想液体在如图2-9所示的非等截面管道中流动，通流截面1-1和通流截面2-2的面积分别为A_1、A_2，流经这两个通流截面的液体密度分别ρ_1、ρ_2，平均流速分别为v_1、v_2。根据质量守恒定律，可得

$$\rho_1 v_1 A_1 = \rho_2 v_2 A_2$$

由于理想液体是不可压缩的，即$\rho_1 = \rho_2$，则有

$$v_1 A_1 = v_2 A_2$$

或写成

$$q = Av = C（常数） \tag{2-19}$$

式（2-19）是流动液体的连续性方程。它表明理想液体稳定流动时所有通流截面上的流量相同；并且不同通流截面上液体的流速与截面积的大小成反比，面积越小，流速越大。

2.3.4　理想液体流动的微分方程

由于实际液体在管道中流动的能量关系较为复杂，因此先讨论理想液体在管道中流动的能量关系，然后再推广到实际液体。

设理想液体稳定流动，在流场缓变流段上选取一个柱形单元液体，并建立自然坐标系和直角坐标系。理想单元液体受力分析如图2-10所示。

单元液体的长度为dl，截面面积为dA，单元液体l方向和重力方向的夹角为α。

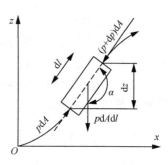

图2-10　理想单元液体受力分析图

根据牛顿第二定律，可得

$$\sum F_l = Ma_l$$

沿l方向的合外力为

$$\sum F_l = p\,dA - (p + dp)\,dA - \rho g\,dA\,dl \cdot \cos(\pi - \alpha)$$

单元液体的质量为

$$M = \rho\,dA\,dl$$

单元液体沿l方向的加速度为

$$a_l = \frac{\partial u}{\partial l}\frac{\mathrm{d}l}{\mathrm{d}t} + \frac{\partial u}{\partial t} = \frac{\partial u}{\partial l}\frac{\mathrm{d}l}{\mathrm{d}t} = u\frac{\mathrm{d}u}{\mathrm{d}l}$$

已知时变加速度 $\frac{\partial u}{\partial t} = 0$，将合外力、质量和加速度代入牛顿第二定律可得

$$-\mathrm{d}p\mathrm{d}A - \rho g\mathrm{d}A\mathrm{d}z = \rho u\mathrm{d}u\mathrm{d}A$$

化简并整理，得

$$\frac{1}{\rho g}\mathrm{d}p + \mathrm{d}z + \frac{u}{g}\mathrm{d}u = 0 \tag{2-20}$$

式（2-20）为理想液体流动的微分方程。

2.3.5　伯努利方程

根据理想液体流动的微分方程，沿流线积分可得

$$\frac{1}{\rho g}\mathrm{d}p + \mathrm{d}z + \frac{u}{g}\mathrm{d}u = C \tag{2-21}$$

或

$$\frac{p_1}{\rho g} + z_1 + \frac{1}{2g}u_1^2 = \frac{p_2}{\rho g} + z_2 + \frac{1}{2g}u_2^2 \tag{2-22}$$

式（2-22）称为理想液体的伯努利方程，也称为理想液体能量方程，它是在理想液体、稳定流动、微小流管、缓变流段的情况下推导而来的。

式中，$p/\rho g$ 为单位质量液体具有的压力能，因其为具有长度的量纲，故也称为压力高度；z 为单位质量液体具有的势能，在水力学中称为水头；$\frac{1}{2g}u^2$ 为单位质量液体具有的动能。

物理意义：液体在流动中，具有 3 种形式的能量，分别是压力能、势能和动能，它们之间可以相互转换，但总和不变。因此，伯努利方程的物理意义就是能量守恒定律在流体力学中的具体表达式。

实际液体在管道内流动时，由于液体存在黏性，因此会产生内摩擦力，消耗能量；同时，管道局部形状和尺寸的变化，会使液流产生扰动，也消耗一部分能量。因此，实际液体在流动过程中，会产生能量损失，设单位质量的液体产生的能量损失为 h_w。另外，由于实际液体在管道通流截面上的速度分布不均匀，因此在用平均流速 v 代替实际流速 u 计算动能时，必然会产生误差。为此，引入动能修正系数 α。因此，实际液体的伯努利方程为

$$\frac{p_1}{\rho g} + z_1 + \frac{1}{2g}\alpha_1 v_1^2 = \frac{p_2}{\rho g} + z_2 + \frac{1}{2g}\alpha_2 v_2^2 + h_w \tag{2-23}$$

式（2-23）中动能修正系数 α_1、α_2 的值与液体的流态有关：紊流时，$\alpha = 1$；层流时，$\alpha = 2$。

【例 2-1】　图 2-11 所示为液压泵吸油装置示意图。设油箱液面压力为 p_1，液压泵吸油口处的绝对压力为 p_2，液压泵吸油口距离油箱的液面为 h，试计算液压泵吸油口处的真空度。

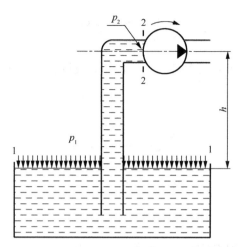

图 2-11 例 2-1 液压泵吸油装置示意

解：以油箱液面为截面 1-1，以液压泵吸油口为截面 2-2，选择截面 1-1 为零势能面，选取动能修正系数 $\alpha_1 = \alpha_2 = 1$，对截面 1-1 和截面 2-2 建立实际液体的能量方程，按式（2-23）列出伯努利方程，即

$$\frac{p_1}{\rho g} + \frac{v_1^2}{2g} = \frac{p_2}{\rho g} + h + \frac{v_2^2}{2g} + h_w$$

在图 2-11 中，因油箱液面与大气接触，故 p_1 为大气压；v_1 为油箱液面下降速度，由于 $v_1 \ll v_2$，因此可以将 v_1 忽略不计；v_2 为液压泵吸油口处液体的速度，它等于油液在吸油管内的流速；h_w 为吸油管道的能量损失。因此，上式可简化为

$$\frac{p_1}{\rho g} = \frac{p_2}{\rho g} + h + \frac{v_2^2}{2g} + h_w$$

液压泵吸油口处的真空度为

$$p_1 - p_2 = \rho g h + \frac{1}{2}\rho v_2^2 + \rho g h_w$$

由此可见，液压泵吸油口处的真空度由 3 部分组成：把油液提升到高度 h 所需的压力，其值为 $\rho g h$；将油液加速到 v_2 所需的压力，其值为 $\frac{1}{2}\rho v_2^2$；吸油管内压力损失，其值为 $\rho g h_w$。

2.3.6 动量方程

对流动液体作用在限制其流动的固体壁面的总作用力，利用动量定理求解较为方便。根据理论力学中的动量定理：作用在物体上的全部外力的矢量和等于物体在外力作用方向上的动量变化率，即

$$\sum F = \frac{\Delta(mv)}{\Delta t} = \frac{mv_2}{\Delta t} - \frac{mv_1}{\Delta t}$$

将 $m = \rho V$ 和 $V / \Delta t = q$ 代入上式，考虑到以平均流速代替实际流速会产生误差，因此引入动量修正系数 β，则上式可写成如下形式的动量方程：

$$\sum F = \rho q(\beta_2 v_2 - \beta_1 v_1) \qquad (2\text{-}24)$$

式（2-24）即流动液体的动量方程，式中 β_1、β_2 为动量修正系数，紊流时，$\beta = 1$；层流时，$\beta = 4/3$。

由于式（2-24）为矢量方程，因此使用时应根据具体情况将式中的各个矢量分解为指定方向的投影值，再列出该方向上的动量方程。例如，在 x 轴方向上的动量方程可写成如下形式：

$$F_x = \rho q(\beta_2 v_{2x} - \beta_1 v_{1x})$$

实际工程中，通常需要求出液流对通道固体壁面的作用力，即动量方程中 $\sum F$ 的反作用力 F'，称之为稳态液动力。在 x 轴方向上的稳态液动力为

$$F_x' = -F_x = -\rho q(\beta_2 v_{2x} - \beta_1 v_{1x}) \qquad (2\text{-}25)$$

【例 2-2】 如图 2-12 所示，已知喷嘴挡板式伺服阀中的工作介质为液压油，其密度 $\rho = 900\,\mathrm{kg/m^3}$。若中间紊流室直径 $d_1 = 4 \times 10^{-3}\,\mathrm{m}$，喷嘴直径 $d_2 = 6 \times 10^{-4}\,\mathrm{m}$，流量 $q = \pi \times 5 \times 10^{-6}\,\mathrm{m^3/s}$，动能修正系数与动量修正系数均取为 1。试求：

（1）不计损失时，系统向该伺服阀提供的压力 p_1 为多少？

（2）液压油作用于挡板上的作用力为多少？

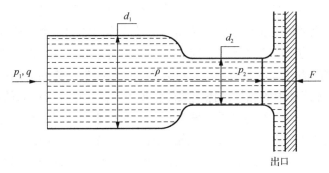

图 2-12　例 2-2 喷嘴挡板式伺服阀示意

解：（1）根据连续性方程，有

$$v_1 = \frac{4q}{\pi d_1^2} = \frac{4 \times \pi \times 5 \times 10^{-6}}{\pi \times (4 \times 10^{-3})^2}\,\mathrm{m/s} = 1.25\,\mathrm{m/s}$$

$$v_2 = \frac{4q}{\pi d_2^2} = \frac{4 \times \pi \times 5 \times 10^{-6}}{\pi \times (6 \times 10^{-4})^2}\,\mathrm{m/s} = 55.56\,\mathrm{m/s}$$

因为液压油流到大气中，所以 $p_2 = 0$，根据伯努利方程[式（2-23）]，在不计损失的情况下，可得

$$\frac{p_1}{\rho g} + \frac{v_1^2}{2g} = \frac{v_2^2}{2g}$$

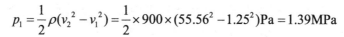

$$p_1 = \frac{1}{2}\rho(v_2{}^2 - v_1{}^2) = \frac{1}{2} \times 900 \times (55.56^2 - 1.25^2)\text{Pa} = 1.39\text{MPa}$$

（2）选取喷嘴与挡板之间的液体为研究对象列出其动量方程，由式（2-24）得

$$p_2 A - F = \rho q(0 - v_2) = -\rho q v_2$$

因为 $p_2 = 0$（水平方向相对压力），所以

$$F = \rho q v_2 = 900 \times \pi \times 5 \times 10^{-6} \times 55.56\text{N} = 0.79\text{N}$$

式中，F 为挡板对液压油的作用力，液压油对挡板的作用力为其反作用力（大小相等，方向相反）。即液压油作用于挡板上的作用力大小为 0.79N，方向向右

2.4 液体在流动中的能量损失

2.4.1 流态实验和雷诺数

1. 流态实验

实际的液体具有黏性，在流动中存在摩擦阻力，为了克服这部分阻力就要消耗一部分能量。因此，实际的液体在流动中会有能量损失，式（2-23）中的 h_w 项就代表了液体在流动中能量损失。损失的能量转变为热能，导致系统的温度升高，进一步影响液压系统的工作性能。因此，研究液体在流动中的能量损失也是流体力学的一个重要内容。

从几何上看，一方面，液体流过一段较长的距离会造成能量损失，称为沿程损失；另一方面，液体流过障碍（管道截面变化）也会造成能量损失，称为局部损失。从力学角度来看，一方面，液体流动中的黏性摩擦造成能量损失，称为黏性力引起的损失；另一方面，液体质点并不总是作匀速直线运动的，常有不规则的加速和减速运动，这样造成的能量损失称为惯性力引起的损失。可见，要研究能量损失，首先要研究流态。

图 2-13 所示为流态实验装置，它由管道 1 和 5、定水头水箱 6、玻璃管 7、盛有红色液体的小水箱 3 和阀门（此处为注水阀门）2、4、8 组成。实验时首先打开阀门 2，使容器内装满水，再将阀门 8 慢慢打开，玻璃管 7 内的水流比较缓慢，即水流平均速度 v 比较小。然后，打开阀门 4 使红色液体不断流入玻璃管 7 中，此时红色液体便在玻璃管 7 内形成一条红色直线。说明液体的质点没有横向的运动，只有向前的运动，此时的流态为层流。

当阀门 8 逐渐开大时，玻璃管 7 中的流速慢慢增大，水流红色线条开始抖动，与周围质点有掺混现象；若继续增大玻璃管 7 中的流速，红色线条逐渐模糊不清直到最后消失，红色液体质点与周围的液体完全掺混了。说明此时液体质点不仅有向前的运动，还有横向的运动，这种流态称为紊流（又称为湍流）。可见，液体在流动中存在两种流态，在速度较低时为层流，速度较高时为紊流，由层流转变为紊流存在一个转变速度，称为上临界速度 v_c'。

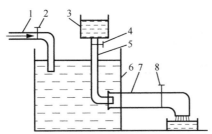

1,5—管道　2,4,8—阀门　3—小水箱　6—定水头水箱　7—玻璃管

图 2-13　流态实验装置

当实验向相反的方向进行时，即在阀门 8 从全开到逐渐关小的过程中，玻璃管 7 内的流速逐渐降低，流态从紊流转变为层流也有个转变速度，称为下临界速度 v_c。

这样，当 $v < v_c$ 时，流态为层流；当 $v > v'_c$ 时，流态为紊流；当 $v_c < v < v'_c$ 流态是个稳定的，可能是层流，也可能是紊流。

2. 雷诺数

层流和紊流是液体流动时存在的两种不同状态。层流时，液体之间呈互不混杂的线状或层状流动，此时液体中各质点作平行于管道轴线的运动，液体流速较低，液体质点受黏性制约，不能任意流动。紊流时，液体质点呈现出混杂紊乱状态的流动状态，液体质点除了作平行于管道的轴线运动，还作程度不同的横向运动，液体流速较高，黏性制约减弱，惯性力起主要作用。液体流动呈现出的流态是层流还是紊流，可用雷诺数来判断。

实验证明，液体在管中的流态不仅与管道中的流速 v 有关，还与管道的直径 d 及流体运动黏度 υ 有关，不能单纯以流速大小作为判别准则。真正决定流态的是 vd/υ，用该比值作为判别准则，该比值一般称为雷诺数，用 Re 表示，即

$$Re = \frac{vd}{\upsilon} \tag{2-26}$$

流动液体由层流转变为紊流或由紊流转变为层流的雷诺数称为临界雷诺数，以 Re_c 来表示。实验表明，在管道几何形状相似的情况下，其临界雷诺数基本上是一个定值，而且实际雷诺数 Re 越小，越易形成层流；实际雷诺数越大，越易形成紊流。因此，可用液体流动的实际雷诺数 Re 与临界雷诺数 Re_c 相比较来判别流动状态。当 $Re < Re_c$ 时为层流，当 $Re > Re_c$ 时为紊流，对于光滑的金属圆管，$Re_c = 2320$。临界雷诺数一般由实验求得，常见液流管道的临界雷诺数见表 2-3。

表 2-3　常见液流管道的临界雷诺数

管道的形状	Re_c	管道的形状	Re_c
光滑的金属圆管	2320	带环槽的同心环状缝隙	700
橡胶软管	1600~2000	带环槽的偏心环状缝隙	400
光滑的同心环状缝隙	1100	圆柱形滑阀阀口	260
光滑的偏心环状缝隙	1000	锥阀阀口	20~100

3. 非圆截面管道雷诺数的计算

对于非圆截面的管道来说，雷诺数 Re 用下式计算：

$$\mathrm{Re} = \frac{v d_{\mathrm{H}}}{\nu} \tag{2-27}$$

$$R = \frac{A}{\chi} \tag{2-28}$$

式（2-27）和式（2-28）中，R 为水力半径；A 为通流面积；χ 为湿周周长（通流面积上液体与固体接触的周长）。

v 为流速；ν 为流体运动黏度。

水力半径 R 综合反映了通流截面上通流面积 A 与湿周周长 χ 对阻力的影响。对于具有同样湿周周长 χ 的两个通流截面，A 越大，液流受到管道固体壁面的约束就越小；对于具有同样通流面积 A 的两个通流截面，χ 越小，液流受到管道固体壁面的阻力就越小。综合这两个因素可知，R 越大，液流受到的壁面阻力作用就越小，即使通流面积很小也不易堵塞。

2.4.2 液体圆管流动中的沿程压力损失

液体流过一段路径时导致的能量损失一般用沿程压力损失表示，主要受液体的流动状态、流速、黏度，以及管道的内径、长度等因素的影响。根据液体流动状态，通常有层流时的沿程压力损失和紊流时的沿程压力损失。

1. 层流时沿程压力损失

层流时液体质点作相对有规律的流动，液体在圆管中的层流流动是液压传动中最常见的一种流动。

1）通流截面上的流速分布规律

如图 2-14 所示，液体在半径为 R 的等径水平圆管中作恒定层流流动，在管内取一段半径为 r、长度为 l，中心与管轴线重合的小圆柱体，作用在其两端面上的压力分别为 p_1 和 p_2，作用在侧面的内摩擦力为 F_{f}。由于液流在作匀速运动时受力平衡，故有

$$(p_1 - p_2)\pi r^2 = F_{\mathrm{f}}$$

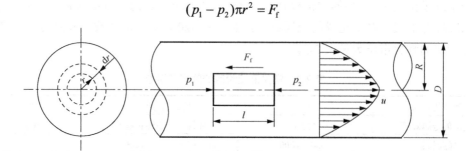

图 2-14　液体在半径为 R 的等径水平圆管中作恒定层流流动

式中，F_f 为内摩擦力，$F_f = -2\pi rl\mu du / dr$（因管中流速 u 随 r 增大而减小，故 du / dr 为负值，为使 F_f 为正值，所以加一个负号）。若令 $\Delta p = p_1 - p_2$，则将 F_f 代入上式整理可得

$$du = -\frac{\Delta p}{2\mu l}rdr$$

对上式积分，并利用边界条件，当 $r = R$ 时，$u = 0$，得

$$u = \frac{\Delta p}{4\mu l}(R^2 - r^2) \qquad (2\text{-}29)$$

式中，μ 为动力黏度。

可见管内流速随半径按抛物线规律分布。最小流速发生在管壁 $r = R$ 处，$u_{min} = 0$；最大流速发生在管轴线 $r = 0$ 处，即

$$u_{max} = \frac{\Delta p}{4\mu l}R^2 = \frac{\Delta p}{16\mu l}d^2$$

2）通过圆管的流量

在半径为 r 处选取出一个厚为 dr 的微小圆环面积，$dA = 2\pi rdr$，通过此环形面积的流量为 $dq = udA = 2\pi urdr$。对此式积分，可得通过圆管的流量，即

$$q = \int_0^R 2\pi \frac{\Delta p}{4\mu l}(R^2 - r^2)rdr = \frac{\pi R^4}{8\mu l}\Delta p = \frac{\pi D^4}{128\mu l}\Delta p \qquad (2\text{-}30)$$

3）管道中的平均流速

根据平均流速的定义，可得

$$v = \frac{q}{A} = \frac{\pi d^4}{128\mu l}\Delta p \Big/ \left(\frac{\pi d^2}{4}\right) = \frac{d^2}{32\mu l}\Delta p$$

4）沿程压力损失

根据平均速度求出的 Δp 即沿程压力损失 Δp_λ：

$$\Delta p_\lambda = \Delta p = \frac{32\mu l}{d^2}v = \frac{64\upsilon}{vd}\rho\frac{l}{d}\frac{v^2}{2} = \frac{64}{\text{Re}}\rho\frac{l}{d}\frac{v^2}{2}$$

令 $\lambda = \dfrac{64}{\text{Re}}$，则上式可以写成

$$\Delta p_\lambda = \lambda\rho\frac{l}{d}\frac{v^2}{2} \qquad (2\text{-}31)$$

也可以用水头表示沿程压力损失：

$$h_\lambda = \lambda\rho\frac{l}{d}\frac{v^2}{2}$$

式中，λ 为沿程压力损失阻力系数，理论值 $\lambda = \dfrac{64}{\text{Re}}$，水作层流流动时的实际沿程压力损失阻力系数和其理论值是很接近的。液压油在金属管中作层流流动时，对其沿程压力损失阻

力系数选取 $\lambda = \dfrac{75}{\mathrm{Re}}$；液压油在橡胶软管中作层流流动时，对其沿程压力损失阻力系数选取 $\lambda = \dfrac{80}{\mathrm{Re}}$。

在液压传动中，因为液体自重和位置变化对压力的影响很小，可以忽略，所以在水平管道流动下推导出的沿程压力损失公式，即式（2-31）也适用于非水平管道。

2. 紊流时的沿程压力损失

1）紊流的特点

液体质点在紊流状态下的运动比在层流状态下的运动复杂得多：除了沿管道轴线的运动，还有质点之间的不断碰撞和掺混。液体质点的速度是随着时间变化的，压力也是随时间变化的，存在速度脉动和压力脉动现象。因此，在微观上，紊流是非稳定流动状态。

2）紊流时沿程压力损失计算

实验证明，紊流时的沿程压力损失可以采用层流时的压力损失计算公式。需要注意的是，式（2-31）中的沿程压力损失阻力系数 λ 需要按照紊流时的沿程压力损失阻力系数计算。

紊流时的沿程压力损失阻力系数除了与雷诺数有关，还与管壁的表面粗糙度有关，即

$$\lambda = f\left(\mathrm{Re}, \frac{\varDelta}{d}\right)$$

式中，$\varDelta$ 为管壁的绝对粗糙度，$\dfrac{\varDelta}{d}$ 为管壁的相对粗糙度。

3）紊流时沿程压力损失阻力系数

紊流时，对圆管的沿程压力损失阻力系数的计算，可以根据不同的雷诺数 Re 和管壁的相对粗糙度 $\dfrac{\varDelta}{d}$ 值，从表2-4中选择对应公式进行计算。

表2-4　圆管紊流时的沿程压力损失阻力系数计算公式

雷诺数 Re 和相对粗糙度 $\varDelta/d$		λ 的计算公式
2320 < Re < 3000		$\lambda = 0.041$
$\mathrm{Re} < 22\left(\dfrac{\varDelta}{d}\right)^{\frac{8}{7}}$	$3000 < \mathrm{Re} < 10^5$	$\lambda = 0.316\,\mathrm{Re}^{-0.25}$
	$10^5 \leqslant \mathrm{Re} \leqslant 10^8$	$\lambda = 0.308 / (0.842 - \lg \mathrm{Re})^2$
$22\left(\dfrac{\varDelta}{d}\right) < \mathrm{Re} < 597\left(\dfrac{\varDelta}{d}\right)^{\frac{9}{8}}$		$\lambda = \left[1.14 - 2\lg\left(\dfrac{\varDelta}{d} + \dfrac{21.25}{\mathrm{Re}^{0.9}}\right)\right]^{-2}$
$\mathrm{Re} > 597\left(\dfrac{\varDelta}{d}\right)^{\frac{9}{8}}$		$\lambda = 0.11\left(\dfrac{\varDelta}{d}\right)^{0.25}$

管壁绝对粗糙度 $\varDelta$ 值的选取和管道的制作材料有关：对钢管，其值取 0.04mm；对铜管，其值取 0.0015～0.01mm；对铝管，其值取 0.0015～0.06mm；对橡胶管，其值取 0.03mm。另外，与层流相比，紊流中的流速分布比较平均，最大流速和平均流速关系为

$$u_{\max} \approx (1 \sim 1.3)v$$

2.4.3　液体流动中的局部压力损失

液体流动中除了沿程压力损失，还有局部压力损失。局部压力损失是由于通流截面突然改变而引起阻力，造成局部压力损失。例如，在管道截面扩大或缩小的位置及转弯位置，流速重新分布，有时会产生漩涡，使液体质点互相碰撞而消耗能量。

1. 通流截面突然发生变化造成的局部压力损失

液体流经局部障碍（如弯管、管接头、管道截面突然扩大或收缩）时，由于液流方向和速度的突然变化，在局部形成旋涡引起液体质点间及质点与固体壁面间相互碰撞和剧烈摩擦而产生的局部能量损失，常用局部压力损失表示（简称局部损失）。局部压力损失的计算公式为

$$\Delta p_{\zeta} = \zeta \frac{\rho v^2}{2} \tag{2-32}$$

或者用局部水头损失公式表示：

$$h_{\mathrm{w}\zeta} = \zeta \frac{v^2}{2g}$$

式中，ζ 为局部压力损失阻力系数（由于液体流经存在局部阻力的区域时，流动情况非常复杂，因此，仅在个别场合，ζ 值可用理论值求得。在其他场合，一般都需通过试验来确定 ζ 值，其具体数值可从有关手册查到）；v 为液体的平均流速，一般情况下是指局部阻力下液体的流速。

从式（2-32）可以看出，局部压力损失与平均流速的平方成正比。

【**例 2-3**】试推导管道截面突然扩大时的局部压力损失，管道截面变化如图 2-15 所示。

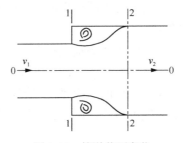

图 2-15　管道截面变化

解： 选取缓变流段的管道截面 1-1 和截面 2-2，选择截面 0-0 作为零势能面，根据伯努利方程，得

$$\frac{p_1}{\rho g} + z_1 + \frac{\alpha_1}{2g}v_1^2 = \frac{p_2}{\rho g} + z_2 + \frac{\alpha_2}{2g}v_2^2 + h_w$$

式中，$z_1 = z_2 = 0$，选取 $\alpha_1 = \alpha_2 = 1$，则此处的能量损失仅为局部压力损失，即

$$h_{\mathrm{w}} = h_{\mathrm{w}\zeta} = \frac{p_1 - p_2}{\rho} + \frac{1}{2}(v_1^2 - v_2^2)$$

选择截面 1-1 和截面 2-2 之间的一段管道作为控制体积，沿管道轴线方向的动量方程为

$$p_1 A_1 - p_2 A_2 + R = \beta_2 \rho Q_2 v_2 - \beta_1 \rho Q_1 v_1$$

式中，R 为控制体积给液体的约束反力，由于管道环形部分为死水区，符合静压分布规律。则 $R = p_1(A_2 - A_1)$，选取 $\beta_1 = \beta_2 = 1$，代入上述动量方程，得

$$(p_1 - p_2)A_2 = \rho A_2 v_2^2 - \rho A_2 v_1 v_2$$

经化简得

$$p_1 - p_2 = \rho v_2 (v_2 - v_1)$$

再利用连续性方程 $v_1 A_1 = v_2 A_2$，可得

$$h_{\mathrm{w}\zeta} = \frac{v_2(v_2 - v_1)}{g} + \frac{(v_1^2 - v_2^2)}{2g} = \frac{(v_1 - v_2)^2}{g} = \left(\frac{A_2}{A_1} - 1\right)^2 \frac{v_2^2}{2g}$$

因此

$$\zeta = \left(\frac{A_2}{A_1} - 1\right)^2$$

计算结果说明，管道局部压力损失阻力系数只与管道截面的几何参数有关，局部压力损失与平均流速的平方或流量的平方成正比。

2. 其他形式的局部压力损失

液体流过各种液压阀的局部压力损失 Δp_ζ 常用下列经验公式计算：

$$\Delta p_\zeta = \Delta p_{\mathrm{s}} \left(\frac{q}{q_{\mathrm{s}}}\right)^2 \tag{2-33}$$

式中，q_{s} 为阀门的额定流量；Δp_{s} 为阀门在额定流量下的压力损失（在液压阀的手册中可查到）；q 为通过阀门的实际流量。

液压系统中总压力损失等于所有沿程压力损失和所有局部压力损失之和。管道中的压力损失将耗费能量并转化为热能，使系统温度升高，不利于系统正常工作。为此，在设计管道时，应尽量减小压力损失；布置管道时，应尽可能缩短管道长度，加大管道直径，选用等直径管道，降低管壁的表面粗糙度等级，减少管道弯曲及截面的突然变化，采用较低流速，以提高系统的效率。

2.4.4 管道系统中的总压力损失和压力效率

管道系统中的总压力损失等于所有元件的压力损失、所有沿程压力损失和所有局部压力损失之和，即

$$\sum \Delta p = \sum \left(\frac{q}{q_n}\right)^2 \Delta p_n + \sum \lambda \frac{l}{d} \frac{\rho v^2}{2} + \sum \zeta \frac{\rho v^2}{2} \tag{2-34}$$

式中，q_n 为第 n 个元件的额定流量；Δp_n 为第 n 个元件在额定流量下的压力损失。

需要指出的是，应用式（2-34）计算总压力损失时，只有在相邻两个局部压力损失之间的距离大于管道直径 10～20 倍的条件下才成立；否则，前一个局部阻力的干扰还没有稳定下来，就经历下一个局部阻力，它所受的扰动将更为严重，导致使用上式算出的压力损失会有较大的误差。

考虑到存在压力损失，液压泵的工作压力 p_p 应比执行元件克服外负载的工作压力 p 高，即

$$p_p = p + \sum \Delta p$$

因系统的压力效率为

$$\eta_p = \frac{p}{p_p} \times 100\% \tag{2-35}$$

液压系统的压力损失不仅造成功率损耗，而且还使整个系统发热，从而影响整个系统的工作性能。一方面，为了降低压力损失，管道的流速应尽量低；但另一方面，为了减轻管道的结构重量又要考虑流速不要过低，设计液压系统时应综合考虑这两方面情况。根据设计经验，行走机械的液压传动常取下列流速 v 范围：

对压力管道：$v = 3～6\text{m}/\text{s}$；

对回油管道：$v \leqslant 3～6\text{m}/\text{s}$；

对吸油管道：$v = 0.5～1.5\text{m}/\text{s}$；

对阀口流速：$v = 5～8\text{m}/\text{s}$。

【例 2-4】 如图 2-16 所示，某液压泵安装在油面以下，其流量 $q = 14\text{L}/\text{min}$，设所用油液的密度 $\rho = 900\text{kg}/\text{m}^3$，黏度 $v = 10\text{cSt}$，管径 $d = 20\text{mm}$。假设油面能相对不变（油箱容积相对较大），并且不考虑液压泵的泄漏，试求：不计局部压力损失时，液压泵吸油口处的绝对压力。

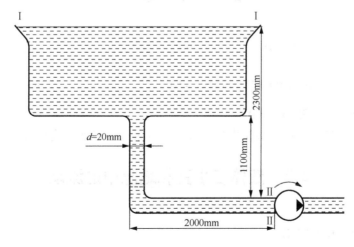

图 2-16　例 2-4 图

解：（1）求吸油管道内油液的流速 v。

$$v = \frac{q}{A} = \frac{4q}{\pi d^2} = \frac{4 \times 14 \times 10^{-3} / 60}{\pi (20 \times 10^{-3})^2} = 0.74(\text{m}/\text{s})$$

（2）求吸油管道内液流的雷诺数 Re。

$$\text{Re} = \frac{vd}{\nu} = \frac{0.74 \times 20 \times 10^{-3}}{10 \times 10^{-6}} = 1480 < 2320 \quad （层流）$$

选取 $\alpha_1 = \alpha_2 = 2$。

（3）求沿程压力损失 Δp_λ。

$$\begin{aligned}
\Delta p_\lambda &= \lambda \times \frac{l}{d} \times \frac{\rho v^2}{2} = \frac{75}{\text{Re}} \times \frac{l}{d} \times \frac{\rho v^2}{2} \\
&= \frac{75}{1480} \times \frac{(2000 + 1100) \times 10^{-3}}{20 \times 10^{-3}} \times \frac{0.9 \times 10^3 \times 0.74^2}{2}（\text{Pa}） \\
&= 1935.56（\text{Pa}）
\end{aligned}$$

（4）求液压泵吸油口处的绝对压力 p_2。

选取油液面 Ⅰ-Ⅰ 与液压泵吸油口截面 Ⅱ-Ⅱ 作为缓变流截面，列出其伯努利方程，即

$$h_1 + \frac{p_1}{\rho g} + \frac{\alpha_1 v_1^2}{2g} = h_2 + \frac{p_2}{\rho g} + \frac{\alpha_2 v_2^2}{2g} + h_w$$

由于油液面相对静止，故 $v_1 = 0$，p_1 为大气压力。若以截面 Ⅱ-Ⅱ 为基准面，则 $h_2 = 0$。根据 $h_w = h_\lambda + h_\zeta$，在不计局部压力损失时，$h_\zeta = 0$，则上式变为

$$h_1 + \frac{p_1}{\rho g} = \frac{p_2}{\rho g} + \frac{\alpha_2 v_2^2}{2g} + h_\lambda$$

整理后得

$$\frac{p_2}{\rho g} = h_1 + \frac{p_1}{\rho g} - \frac{\alpha_2 v_2^2}{2g} - h_\lambda$$

即

$$\begin{aligned}
p_2 &= \rho g h_1 + p_1 - \frac{\alpha_2 \rho v_2^2}{2} - \rho g h_\lambda = \rho g h_1 + p_1 - \frac{\alpha_2 \rho v_2^2}{2} - \Delta p_\lambda \\
&= 900 \times 9.8 \times 1100 \times 10^{-3} + 10^5 - \frac{900 \times 0.74^2}{2} - 1935.56 \\
&= 17273.6(\text{Pa})
\end{aligned}$$

由计算结果可知，不计局部压力损失时，液压泵吸油口处的绝对压力为17273.6Pa。

2.5　液体在小孔和缝隙中的流动

2.5.1　液体在小孔中的流动

在液压传动系统中常遇到油液流经小孔或缝隙的情况，如节流阀中的节流小孔，以及

液压元件相对运动表面的各种缝隙。研究液体流经这些小孔或缝隙的流量压力特性，对分析元件和系统的工作性能都是非常必要的。

液体流经小孔时，可以根据小孔的通流长度 l 与小孔直径 d 的比值分为 3 种情况：当小孔的通流长度 l 与小孔直径 d 之比 $l/d \leqslant 0.5$ 时，称为薄壁小孔；当小孔的通流长度 l 与小孔直径 d 之比 $l/d > 4$ 时，称为细长孔；介于薄壁小孔和细长孔之间的小孔称为中短孔。在液压传动中一般要用到薄壁小孔和细长孔。

1. 液体流经薄壁小孔的流量

薄壁小孔的孔口示意如图 2-17 所示，液体质点流经薄壁小孔时突然加速，在惯性力的作用下，通过小孔后的液流形成一个收缩截面，然后再扩散，这一过程会造成能量损失。收缩截面的面积 A_0 和小孔的面积 A 之比称为收缩系数，即

$$C_c = \frac{A_0}{A} \tag{2-36}$$

收缩系数取决于雷诺数、孔口及其边缘形状、孔口与管道侧壁的距离等因素。当管道直径 D 和小孔直径 d 的比值 $D/d > 7$ 时，收缩作用不受管道侧壁的影响，此时称为完全收缩。

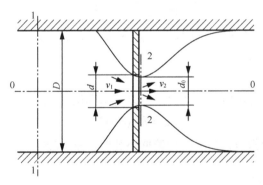

图 2-17　薄壁小孔的孔口示意

选取缓变流段通流截面 1-1 和通流截面 2-2，选择通流截面 0-0 为零势能面，则其伯努利方程为

$$\frac{p_1}{\rho g} + z_1 + \frac{1}{2g}\alpha_1 v_1^2 = \frac{p_2}{\rho g} + z_2 + \frac{1}{2g}\alpha_2 v_2^2 + h_w$$

式中，$z_1 = z_2 = 0$，选取 $\alpha_1 = \alpha_2 = 1$；由于 $D \gg d$，因此 $v_1 \ll v_2$，v_1 可以忽略不计。此外，式中的 h_w 主要是局部压力损失，由于通流截面 2-2 选在最小收缩截面处，因此，在该处它只包括管道突然收缩而引起的压力损失。

$$h_w = h_\zeta = \zeta \frac{v_2^2}{2g}$$

将上式代入伯努利方程中，并令 $\Delta p = p_1 - p_2$，则液体流经薄壁小孔的平均速度 v_2 为

$$v_2 = \frac{1}{\sqrt{1+\zeta}} \sqrt{\frac{2\Delta p}{\rho}}$$

令 $C_v = 1/\sqrt{1+\zeta}$ ，为薄壁小孔流速系数，由于 v_2 是最小收缩截面上的平均速度，并且收缩系数 $C_c = A_0/A$ ，因此流经薄壁小孔的流量为

$$q = A_0 v_2 = C_v C_c A \sqrt{\frac{2}{\rho}\Delta p} = C_d A \sqrt{\frac{2}{\rho}\Delta p} = K_1 A \sqrt{\Delta p} \tag{2-37}$$

式中， $C_d = C_v C_c$ 为流量系数， Δp 为薄壁小孔前后的压力差，系数 $K_1 = C_d \sqrt{\frac{2}{\rho}}$ ，$C_v = 0.97 \sim 0.98$ ， $C_c = 0.61 \sim 0.63$ 。完全收缩时， $C_d \approx 0.61 \sim 0.62$ ；不完全收缩时，$C_d \approx 0.7 \sim 0.8$ 。

2. 液体流经细长孔的流量

液压传动系统中的阻尼小孔常选用细长孔，液体流经细长孔时，一般都是层流状态，可直接应用液体通过圆管的流量计算式（2-30），即

$$q = \frac{\pi d^4}{128\mu l}\Delta p = = K_2 A \Delta p \tag{2-38}$$

式中， d 为细长孔直径； l 为细长孔长度； μ 为动力黏度； Δp 为小孔前后的压力差； A 为孔口截面的面积； $K_2 = \frac{d^2}{32\mu l}$ 。

综合薄壁小孔和细长孔的流量公式，可以得出通用公式，即

$$q = KA(\Delta p)^m \tag{2-39}$$

式中， K 为系数； m 为指数，当小孔为薄壁小孔时， $m = 0.5$ ；当小孔为细长孔时， $m = 1$ 。

2.5.2 液体在缝隙中的流动

液压系统中各个零件间有相对运动时，必须设有适当缝隙。若缝隙过大，则会造成液体泄漏；若缝隙过小，则会使零件卡紧。液压油从系统中泄漏到大气中称为外泄漏，如果从压力较高的地方泄漏到系统内压力较低的地方称为内泄漏。内泄漏的损失转换为热能，使油温升高，外泄漏污染环境，两者均影响系统的性能与效率。因此，研究液体流经缝隙的泄漏量与压力差、缝隙之间的关系，对提高元件性能及保证系统正常工作是十分必要的。缝隙中的液体流动一般为层流，分三种情况：第一种是仅由压力差造成的流动，称为压差流动（简称压差流）；第二种是仅由相对运动造成的流动，称为剪切流动（简称剪切流），例如，活塞杆伸出时，由于活塞杆和液压缸之间的相对运动，活塞杆会把油液带出来，这就是剪切流；第三种是在压力差与剪切应力同时作用下的流动。

1. 平行平板缝隙

1）平行平板缝隙压差流

压差流就是液体在压力差的作用下流过缝隙。设有上下两个固定平行平板构成缝隙（见图 2-16），缝隙长度为 l，宽度为 b（垂直纸面方向），高度为 h，且 $l >> h$，$b >> h$，缝隙进口压力为 p_1，出口压力为 p_2。在缝隙中选取一个单元液体，该单元液体的长度为 $\mathrm{d}x$，高度为 $\mathrm{d}y$，宽度为 b，并设单元液体左截面的压力为 p，右截面的压力为 $p+\mathrm{d}p$，下表面的剪切应力为 τ，上表面的剪切应力为 $\tau+\mathrm{d}\tau$，建立如图 2-18 中的坐标系，由单元液体的受力平衡方程得

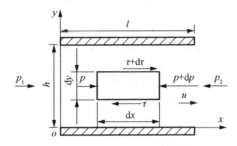

图 2-18　平行平板缝隙压差流示意

$$pb\mathrm{d}y + (\tau + \mathrm{d}\tau)b\mathrm{d}x = (p + \mathrm{d}p)b\mathrm{d}y + \tau b\mathrm{d}x$$

将上式整理后，将 $\tau = \mu \mathrm{d}u / \mathrm{d}y$ 代入其中，可得

$$\frac{\mathrm{d}^2 u}{\mathrm{d}y^2} = \frac{1}{\mu}\frac{\mathrm{d}p}{\mathrm{d}x}$$

对上式积分两次，得

$$u = \frac{1}{2\mu}\frac{\mathrm{d}p}{\mathrm{d}x}y^2 + C_1 y + C_2 \qquad (2\text{-}40)$$

式中，C_1、C_2 为积分常数，由于两个平行平板是固定的，因此边界条件如下：在 $y=0$ 处，$u=0$；在 $y=h$ 处，$u=0$。此外，液体作层流流动时 p 只是 x 的线性函数，即 $\mathrm{d}p/\mathrm{d}x = (p_2 - p_1)/l = -\Delta p/l$，把这些关系式代入上式并整理，可得

$$u = \frac{\Delta p}{2\mu l}(h-y)y$$

由此可得到在压力差作用下通过固定平行平板缝隙的流量，即

$$q = \int_0^h ub\mathrm{d}y = \int_0^h \frac{\Delta p}{2\mu l}(h-y)yb\mathrm{d}y$$

$$= \frac{bh^3}{12\mu l}\Delta p \qquad (2\text{-}41)$$

式（2-41）说明，通过缝隙的流量 q 与 h^3 成正比，影响泄漏流量最大的因素是缝隙的高度。因此，在要求密封的地方，缝隙越小越好，以减小液压油的泄漏，这就对零件的尺

寸精度提出了较高的要求。

2）平行平板缝隙剪切流动

平行平板缝隙剪切流动示意如图 2-19 所示，两平行平板缝隙充满液体，若平板两端无压力差（$p_1 = p_2$）。两平板之间有相对运动（设下平板不动，上平板以速度 v 沿 x 轴正向运动）。

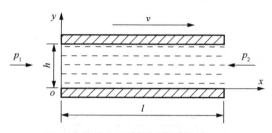

图 2-19　平行平板缝隙剪切流动示意

上平板运动时，由于液体存在黏性，缝隙中的液体随平板流动，这种流动称为剪切流动。式（2-40）中，C_1、C_2 为积分常数，由于两个平行平板有相对运动，因此边界条件如下：在 $y = 0$ 处，$u = 0$；在 $y = h$ 处，$u = v$。此外，由于 $p_1 = p_2$，$\mathrm{d}p / \mathrm{d}x = (p_2 - p_1) / l = 0$，把以上关系式代入式（2-40）并整理得

$$u = \frac{v}{h} y$$

由此可得通过平行平面缝隙中剪切流动的流量公式，即

$$q = \int_0^h ub\mathrm{d}y = \int_0^h \frac{v}{h} by\mathrm{d}y$$

$$= \frac{v}{2} bh \tag{2-42}$$

对于平行平板缝隙，当有压力差和剪切力联合作用时，将两种情况的流量进行叠加即可，即

$$q = \frac{bh^3}{12\mu l} \Delta p \pm \frac{1}{2} vbh \tag{2-43}$$

当上平板相对于下平板的运动方向和压差流动方向一致时，取"+"号；反之，取"－"号。

2. 环形缝隙

1）同心环形缝隙的压差流

图 2-20 所示为同心环形缝隙流动示意，当 $h / r \ll 1$ 时，可以将环形缝隙的流动看作平行平板缝隙流动，将 $b = \pi d$ 代入式（2-41）可得同心环形缝隙流动的流量公式，即

$$q = \frac{\pi dh^3}{12\mu l} \Delta p \tag{2-44}$$

2）偏心环形缝隙的压差流

实际上,两个圆柱面形成的缝隙常有一定的偏心距,偏心环形缝隙流动示意图如图2-21所示。

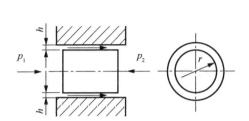

图 2-20　同心环形缝隙流动示意

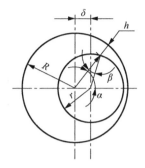

图 2-21　偏心环形缝隙流动示意

由图 2-21 中的几何关系可得缝隙量公式:

$$h = R - (r\cos\beta + \delta\cos\alpha)$$

式中,δ 为偏心距。

因 β 值很小,故 $\cos\beta \approx 1$,代入上式可得

$$h \approx R - r - \delta\cos\alpha$$

在 $\mathrm{d}\alpha$ 微小角度范围内,可以把该偏心环形缝隙的压差流动看成平行平板缝隙流动,应用式（2-41）计算,即

$$q = \frac{bh^3}{12\mu l}\Delta p$$

又因为 b 值近似于 $R\mathrm{d}\alpha$,则有

$$\mathrm{d}q = \frac{R\Delta p}{12\mu l}y^3\mathrm{d}\alpha$$

对上式积分,可求得通过整个偏心环形缝隙的流量,即

$$q = \frac{R\Delta p}{12\mu l}\int_0^{2\pi}h^3\mathrm{d}\alpha = \frac{R\Delta p}{12\mu l}\int_0^{2\pi}(R-r-\delta\cos\alpha)^3\mathrm{d}\alpha$$

令 $R-r=h_0$（同心时的半径缝隙量）,$\delta/h_0=\varepsilon$（相对偏心率）,则有

$$R-r-\delta\cos\alpha = h_0 - \delta\cos\alpha = h_0(1-\varepsilon\cos\alpha)$$

又已知 $d=2r$,则

$$q = \frac{h_0^3 R\Delta p}{12\mu l}\int_0^{2\pi}(1-\varepsilon\cos\alpha)^3\mathrm{d}\alpha = \frac{\pi d h_0^3 \Delta p}{12\mu l}(1+1.5\varepsilon^2) \qquad （2-45）$$

当 $\varepsilon = \delta/h_0 = 0$ 时,即式（2-45）同心环形缝隙流动流量公式;当 $\varepsilon = 1$ 时,完全偏心,完全偏心时的流量为同心时流量的 2.5 倍,因此圆柱环形缝隙的偏心,会使泄漏量增加。为减小环形缝隙的泄漏量,就要对零件的位置精度提出较高的要求。

3. 不平行平板缝隙流动

不平行平板缝隙也称为楔形缝隙，不平行平板缝隙流动示意如图 2-22 所示。

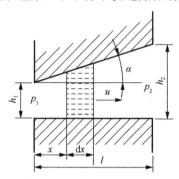

图 2-22　不平行平板缝隙流动示意

设不平行平板缝隙入口高度为 h_1，出口高度为 h_2，长度为 l，入口压力为 p_1，出口压力为 p_2。当取微小长度 dx 时，可以把它当作平行平板缝隙，仍然可以利用式（2-41），将长度 l 换为 dx，将压力差 Δp 换为 $-dp$，则有

$$dp = -\frac{12\mu q}{bh^3}dx = -\frac{12\mu q}{b\left(h_1 + \dfrac{h_2 - h_1}{l}x\right)^3}dx \tag{2-46}$$

（1）流量公式。对上式求定积分，x 值为 $0 \sim l$，p 值为 $p_1 \sim p_2$，并将积分结果设为 $\Delta p = p_1 - p_2$，可得

$$q = \frac{bh_1^2 h_2^2}{6\mu l(h_1 + h_2)}\Delta p \tag{2-47}$$

（2）压力分布。对式（2-46）求不定积分，可得

$$p(x) = -\frac{6\mu q}{b(h_2 - h_1)\left(h_1 + \dfrac{h_2 - h_1}{l}x\right)^2} + C \tag{2-48}$$

由此可知，$p(x)$ 为非线性函数，其图形为曲线。

（3）影响 $p(x)$ 非线性的因素。为了分析 $p(x)$ 曲线的非线性程度，需要求出反映该曲线的凹凸形状和曲率的二阶导数。

$$p''(x) = \frac{36\mu q(h_2 - h_1)}{bl\left(h_1 + \dfrac{h_2 - h_1}{l}x\right)^4}$$

为便于分析，这里定义楔角为

$$\alpha = \arctan\frac{h_2 - h_1}{l}$$

当楔形缝隙小口进油时，$h_1 < h_2$，$\alpha > 0$；当楔形缝隙大口进油时，$h_1 > h_2$，$\alpha < 0$。压力分布曲线的二阶导数可表示为

$$p''(x) = \frac{36\mu q \tan\alpha}{b(h_1 + x\tan\alpha)^4}$$

由于 α 值很小，因此上式可以写成

$$p''(x) = \frac{36\mu q}{b}\frac{\tan\alpha}{h_1^4} \tag{2-49}$$

由式（2-49）可知，当 $\alpha > 0$ 时，$p''(x) > 0$，$p(x)$ 为凹函数；当 $\alpha < 0$ 时，$p''(x) < 0$，$p(x)$ 为凸函数。同时，$p''(x)$ 和 h_1^4 成反比，说明缝隙的入口高度越小，$p(x)$ 曲线弯曲程度越显著。

可见，楔角的正负决定了 $p(x)$ 函数的凹凸形状，缝隙的入口高度大小决定了 $p(x)$ 弯曲程度。

【例 2-5】 图 2-23 所示为滑动轴承示意图，动力黏度为 $\mu = 0.14\text{Pa·s}$ 的润滑油，从压力为 $p_0 = 1.6 \times 10^5\,\text{Pa}$ 的主管道经长度为 $l_0 = 0.8\text{m}$、内径为 $d_0 = 6\text{mm}$ 的输油管流向轴承中部的环形油槽。已知：油槽宽度 $b = 10\text{mm}$，轴承内径 $D = 90.2\text{mm}$，轴承宽度 $l = 120\text{mm}$，与轴承配合的轴段的直径 $d = 90\text{mm}$。假设输油管及环形缝隙中的润滑油均为层流状态，忽略轴转动的影响，试确定轴承与轴颈同心时润滑油的泄漏流量 q_v。

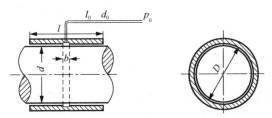

图 2-23　滑动轴承示意图

解： 由圆管层流的流量计算式（2-30）求出 Δp，则输油管段的压差

$$\Delta p = \frac{128\mu l_0 q_v}{\pi d_0^4}$$

则轴承油槽处的压强 p 为

$$p = p_0 - \frac{128\mu l_0 q_v}{\pi d_0^4} \tag{a}$$

根据同心环形缝隙流动的流量计算式（2-44），可得到流经该滑动轴承一侧的润滑油流量，即

$$\frac{q_v}{2} = \frac{p\pi d \left(\dfrac{D-d}{2}\right)^3}{12\mu \dfrac{(l-b)}{2}} = \frac{p\pi d(D-d)^3}{48\mu(l-b)}$$

解得

$$p = \frac{24\mu(l-b)q_v}{\pi d(D-d)^3} \qquad\qquad (b)$$

联立式（a）和式（b），可得

$$p_0 - \frac{128\mu l_0 q_v}{\pi d_0^4} = \frac{24\mu(l-b)q_v}{\pi d(D-d)^3}$$

$$q_v = \frac{p_0}{\frac{24\mu(l-b)}{\pi d(D-d)^3} + \frac{128\mu l_0}{\pi d_0^4}}$$

$$= 9.6\text{cm}^3/\text{s}$$

2.6 液压卡紧问题

2.6.1 液压卡紧的概念

液压阀芯特别是换向阀阀芯在工作一段时间后，容易出现阀芯紧靠阀腔内壁而不动作的故障，这就是液压卡紧现象，这种故障发生的频率较高，使得液压系统不能正常工作，对生产影响很大。例如换向滑阀，按理只需克服很小的摩擦力就可移动，但有时需要几百牛顿的力才能移动。

2.6.2 液压卡紧现象的原因分析

（1）阀芯因加工误差而带有倒锥（锥体大端朝向高压腔），在阀芯与阀体孔中心线平行且不重合时，阀芯受到径向不平衡力的作用，使阀芯和阀体孔的偏心距越来越大，直到两者表面接触而发生卡紧现象。此时，径向不平衡力达到最大值。

液压卡紧示意如图 2-24 所示，图 2-24（a）中阀芯的几何形状没有误差，阀芯与阀套的轴线平行但不重合，由于阀芯上部受力与下部受力相同，因此，阀芯在径向处于平衡。图 2-24（b）中阀芯的几何形状为倒锥形，阀芯与阀套的轴线平行但不重合，阀芯轴线偏上，这时阀芯上部受力与下部受力不同，阀芯所受径向合力向上，使阀芯向上移动，直到阀芯和阀套接触。此时的径向力最大，阀芯紧靠在阀腔内壁上。图 2-24（c）中阀芯的几何形状为顺锥形，阀芯与阀套轴线平行但不重合，阀芯轴线偏上，这时阀芯上部受力与下部受力不同，阀芯所受径向合力向下，使阀芯向下移动，直到阀芯与阀套轴线重合，此时径向力为零。

（2）阀芯无几何形状误差，但是由于装配误差使阀芯在阀体孔中歪斜放置，或者污染物颗粒进入阀芯与阀体孔配合的间隙，使阀芯在阀孔内偏心放置，将产生很大的径向不平衡力及转矩。

（3）在加工或工序间转移过程中，阀芯被碰伤，有局部凸起或毛刺。凸起部分背后的液压流将造成较大的压降，产生一个使凸起部分压向阀体孔的力矩，将阀芯卡死在阀体孔内。

（4）设计时为防止径向不平衡力的产生，在阀芯上开若干环形槽，以均衡阀芯受到的径向压力，这种槽一般称为平衡槽。但在加工中有时环形槽与阀芯不同心，或者由于淬火过程产生的变形，造成磨削后环形槽深浅不一，这样也会产生径向不平衡力，导致液压卡紧。

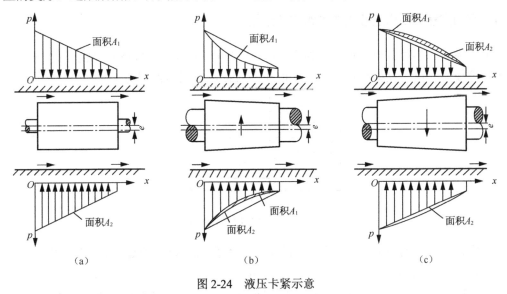

图 2-24　液压卡紧示意

2.6.3　解决液压卡紧现象的措施

（1）提高阀芯和阀体孔的加工精度，提高其形状精度和位置精度。

（2）在阀芯表面开几条位置恰当的均压槽，并且保证均压槽与阀芯外圆同心。

（3）采用锥形阀芯时，阀芯小端朝着高压区，有利于阀芯在阀体孔内径向对中。

（4）有条件者应使阀芯或阀体孔作轴向或圆周方向的高频小振幅振动。

（5）仔细清除阀芯凸台及阀体孔沉割槽尖边上的毛刺，防止磕碰而弄伤阀芯外圆和阀体孔。

（6）提高油液的清洁度。

2.7　液压冲击

在液压系统中，由于某种原因，液体的压力会在瞬间急剧升降，产生很高的压力峰值，这种现象称为液压冲击。在水利学中，这种现象称为水击或水锤（Water Hammer）。引起液压冲击的原因有多种，如阀门的突然关闭、运动构件的突然停止运动、负载的突然施加等。液压冲击产生的压力峰值往往比工作压力高好几倍，并伴随着振动和噪声。液压冲击常使元件或管道（特别是高压软管）损坏，有时甚至会伤人。因此，弄清液压冲击现象的本质，正确估算出它的压力峰值并采取有效的措施是十分必要的。

在处理一般工程问题时无须考虑液体的压缩性，但在液压冲击过程中液体压力变化巨大，压力波在管道中传播将对系统产生显著的影响。因此，处理液压冲击现象时，必须考虑液体的压缩性，同时也要考虑管道的弹性膨胀变形。

2.7.1 阀门突然关闭引起液压冲击的物理过程

液压系统有各种各样的形式，为了说明液压冲击的原理，可以将该系统抽象成一个简单的物理模型，这个模型包括容器、管道和阀门 K，如图 2-25 所示。

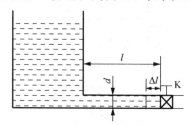

图 2-25　液压冲击物理模型示意

设阀门 K 处于打开状态时，管道内的液体近似稳定流动，流速为 v，管道内的工作压力为 p。在某一瞬间，当阀门突然关闭时，靠近阀门且厚度为 Δl 的一层液体首先停止运动，其动能转换为压力能，压力升高 Δp。由于 Δp 很大，故 Δl 层液体被压缩，密度增加；紧接着相邻的一层液体碰到停止不动的第一层液体时，也像碰到完全关闭的阀门一样，速度立即变为零，动能转换为压力能，将阀门关闭的影响从阀门向容器方向传播。从紧挨阀门的第一层液体开始，管道中的油液将一层一层地停止运动，油液的动能将逐层地转换为压力能。等到管道内的液体全部停止运动时，油液的动能全部转换为压力能，压力达到峰值。在管道内的液体全部停止运动、压力达到峰值后，管道内的压力比容器内的压力高。此时，显然不是平衡状态。在压力的作用下，管道内的液体开始逐层地流回容器，压力能逐渐转换为动能，管道内的压力逐渐释放，等到压力能全部转换为动能时管道内的压力降到最低点。此时，由于管道内的压力比容器内的压力低，容器内的液体又开始向管道内流动，进入下一个过程。如果没有能量损失，这个过程将会一直重复下去。但实际的液压系统冲击过程都是有阻尼的，经过若干周期后就会停下来。

2.7.2 液压冲击力的计算

由前面分析可知，液压冲击是一个衰减振荡过程，因而计算液压冲击力时，首先要计算第一个压力峰值，这里采用动量定理来计算。

设管道长度为 l，通流面积为 A，管道中的液体压力为 p，液体速度为 v，在某一瞬间突然关闭阀门，管道出口的液体速度变为 v'，从管道中选取一个单元液体进行研究，如图 2-26 所示。设单元液体左截面的液体速度为 v，压力为 p，管道的截面面积为 A，液压冲击发生后单元液体右截面的液体速度变为 v'，压力为 $p+\Delta p$，由于管道膨胀面积变为 $A+\Delta A$，并设压力波经过时间 Δt 后从截面 1-1 到达截面 2-2，则单元液体原有的动量为

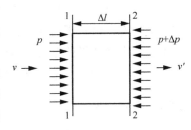

图 2-26　单元液体受液压冲击示意

$$(mv)_1 = \rho A \Delta l v$$

冲击波通过后，动量变为

$$(mv)_2 = (\rho+\Delta\rho)(A+\Delta A)[\Delta l+\Delta(\Delta l)]v' \approx (\rho+\Delta\rho)(A+\Delta A)\Delta l v'$$

略去二阶微量，得

$$(mv)_2 \approx \rho A \Delta l v'$$

作用在单元液体的合外力为

$$\begin{aligned}\sum F &= pA-(p+\Delta p)(A+\Delta A)\\ &= pA-(pA+p\Delta A+\Delta pA+\Delta p\Delta A)\\ &= -p\Delta A-\Delta pA-\Delta p\Delta A\end{aligned}$$

由于 $p\Delta A \ll \Delta pA$，$\Delta p\Delta A \ll \Delta pA$，因此有

$$\sum F = -\Delta pA$$

根据动量定理，可得

$$\Delta p = \rho \frac{\Delta l}{\Delta t}(v-v') = \rho c(v-v') \tag{2-50}$$

式中，c 为压力波的传播速度（m/s）。Δp 为液压冲击过程中的压力升高值（Pa）。

显然，当阀门彻底关死时，$v'=0$，冲击力达到最大值。

2.7.3　减轻液压冲击的措施

为了减轻液压冲击，一般采用以下措施：缓慢开启或闭合阀门，尽量延长换向时间；设置蓄能器吸收压力冲击；设置过载阀和缓冲阀；使用橡胶软管。

2.8　空穴现象与气蚀现象

2.8.1　空气分离压与饱和蒸汽压

液体在灌装、运输等操作过程中，不可避免地会混入一部分空气。空气在液体内有两种存在方式：一种是以气泡存在于液体内的混合形式，空气的体积大小直接影响液体体积；另外一种是以溶解形式存在于液体内，空气的体积对液体影响很小，一般可以忽略。

对于在大气压力作用下溶解于液体中的空气，当压力低于大气压时就成为过饱和状

态，在一定温度下，当压力降到某一数值时，液体中过饱和的空气将迅速、大量地分离出来形成气泡，这一压力称为该温度下这种液体的空气分离压。当液体压力低于某一值时，不但溶解于液体里的空气大量分离出来，而且液体本身也开始沸腾、气化，产生大量气泡，这一压力称为该温度下这种液体的饱和蒸汽压。

2.8.2 空穴现象

在液体流动中，如果某液体质点的压力低于当时温度下油液的空气分离压或饱和蒸气压，将会产生大量气泡。这些气泡夹杂在油液中形成空穴，使充满在管道或液压元件中的油液呈现不连续状态，这种现象称为空穴现象。

1. 空穴现象发生的位置及产生的原因

1）过流截面非常狭窄处

由伯努利方程式可知，在流量一定的情况下，过流截面越小，其流速越高，则该处压力越低，越易导致空穴现象。

2）液压泵吸油管道等处

当液压泵安装高度过高、吸油管道较细、吸油管道阻力较大、滤油网堵塞、吸油面过低或液压泵转速过高时，液压泵油腔不能被油液完全充满，在该处就可能产生一定的真空，以致出现空穴现象。

2. 空穴现象的危害

当液压传动系统中出现空穴现象时，大量的气泡使油液的流动特性变坏，降低了油液的润滑性能，使油液的压缩性增大，导致液压传动系统的容积效率降低。主要危害有以下几点：

（1）溶解于油液中的气泡分离出来后，相互聚合，体积增大，形成具有相当体积的气泡，引起流量的不连续。当气泡到达管道最高点时，会产生断流现象，这种现象被称为气塞，它导致液压系统不能正常工作。

（2）从油液中分离出来的空气含有氧气，具有较强的氧化作用，会加速金属零件表面的氧化腐蚀、剥落，长时间会形成麻点、小坑。这种因空穴造成的损坏称为气蚀，气蚀现象将导致液压元件工作寿命缩短。

（3）当油液中产生的气泡被带到高压区时，气泡在压力作用下急剧破灭，并凝结成液体而使体积减小。由于该过程发生在一瞬间，气泡周围的油液会加速向气泡中心冲击，液体质点高速碰撞，产生局部高温和局部液压冲击，因此会引起液压传动系统强烈的振动和噪声。

3. 减少空穴现象的措施

空穴现象的产生对液压系统是非常不利的，必须加以防止。一般采取如下一些措施：

（1）在液压系统管道中应避免有狭窄、急剧转弯处，尽量少用弯头，减小阀孔或其他元件通道前后的压力差。

（2）降低液压泵的吸油高度，采用内径较大的吸油管；吸油管端的过滤器容量要大，以减少管道阻力，必要时可采用辅助泵供油。

（3）各元件的连接处应密封可靠，防止空气进入。

（4）对容易产生气蚀的元件，如泵的配油盘等，要采用抗腐能力强的金属材料，增强元件的机械强度。

2.8.3　气蚀现象

溶解于油液中的气泡随液流进入高压区后急剧破灭，高速冲向气泡中心的高压油互相撞击，动能转化为压力能和热能，产生局部高温高压。如果这种现象发生在金属表面上，将加速金属的氧化腐蚀，使镀层脱落，形成麻坑。这种由于空穴现象引起的损坏称为气蚀。

本 章 小 结

1．基本概念

（1）液体具有压缩性和膨胀性，在液压传动中，油液被认为是不可压缩的。

（2）液体的黏性及黏度的概念，我国常用液压油牌号和运动黏度之间的关系。

（3）压力常用的两种表示方法：相对压力和绝对压力及其之间的关系。

（4）液体流态及判断方法、雷诺数等。

（5）反映流动液体基本规律的三大方程，重点讲解伯努利方程及其物理意义。

（6）流体在圆管流动的能量损失。

（7）液体流过小孔及缝隙的规律。

（8）液压冲击。

（9）空气分离压和饱和蒸气压，空穴现象和气蚀现象产生的原因及预防措施。

2．计算

（1）应用三大方程，尤其是利用伯努利方程和动量方程，计算液压系统安装（如液压泵的吸油高度或真空度）、液压元件受到的作用力等。

（2）利用液体缝隙流动公式，计算液压元件（如液压缸）相关参数。

思考与练习

2-1　动力黏度、运动黏度及相对黏度的含义是什么？

2-2　液压油黏度过高、过低对液压系统会有什么不良的影响？

2-3 什么是压力？压力有哪几种表示方法？

2-4 液体的压力有哪些特性？

2-5 什么是拉格朗日法？拉格朗日法与欧拉法的区别是什么？

2-6 连续性方程的本质是什么？它的物理意义是什么？

2-7 说明伯努利方程的物理意义，并指出理想液体的伯努利方程和实际液体的伯努利方程有什么区别。

2-8 管道中的压力损失有哪几种？它们有什么区别？

2-9 潜水员在海深 200m 处工作，若海水密度 $\rho = 1000 \text{kg} / \text{m}^3$，问潜水员身体受到的静压力是多少？

2-10 有一个可移动的平板相距另一个固定的平板 0.6mm，两个平板间充满液体。若可移动的平板在每平方米为 4N 的力作用下以 0.4m/s 的速度移动，求该液体的黏度。

2-11 如图 2-27 所示，一个活塞浸在液体中，其直径为 d、重力为 G，并在外力 F 的作用下处于静止状态。若液体的密度为 ρ，活塞浸入的深度为 h，求液体在侧压管道内的上升高度 H。

2-12 如图 2-28 所示，齿轮泵从油箱吸油。如果齿轮泵安装在油面之上 $h = 0.6\text{m}$ 处，齿轮泵的流量为 18L/min，吸油管内径 $d = 20\text{mm}$，设滤网及吸油管道内总的压降为 $2.6 \times 10^4 \text{Pa}$，油液的密度为 $900 \text{kg} / \text{m}^3$，求齿轮泵吸油时吸油口处的真空度。

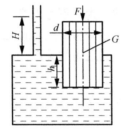

图 2-27 习题 2-11

图 2-28 习题 2-12

2-13 如图 2-29 所示，液压泵的吸油高度 H。已知吸油管内径 $d = 50\text{mm}$，液压泵的流量 $q = 140\text{L} / \text{min}$，液压泵吸油口处的真空度为 $2 \times 10^4 \text{Pa}$，油液的运动黏度 $\nu = 0.34 \times 10^{-4} \text{m}^2 / \text{s}$，密度 $\rho = 900 \text{kg} / \text{m}^3$，管道弯头处的局部阻力系数 $\zeta = 0.5$，沿程压力损失忽略不计，求液压泵的吸油高度 H。

2-14 图 2-30 所示的柱塞直径 $d = 20\text{mm}$，缸筒的直径 $D = 24\text{mm}$；液面到缸筒顶部的高度 $h = 74\text{mm}$，柱塞在力 $F = 40\text{N}$ 的作用下向下运动。若柱塞与缸筒同心，已知油液的动力黏度 $\mu = 0.784 \times 10^{-6} \text{Pa} \cdot \text{s}$，求柱塞下落 0.2m 所需时间。

2-15 如图 2-31 所示，油管水平放置，截面 1-1、截面 2-2 处的内径分别为 $d_1 = 10\text{mm}$，$d_2 = 36\text{mm}$，在管道内流动的油液密度 $\rho = 900 \text{kg} / \text{m}^3$，运动黏度 $\nu = 18\text{mm}^2 / \text{s}$。若不计油液流动的能量损失，试问：

（1）对比截面 1-1 和截面 2-2，哪一个截面的压力较高？为什么？

（2）若管道内通过的流量 $q = 30\text{L}/\text{min}$，求两个截面间的压力差 Δp。

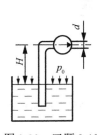

图 2-29　习题 2-13

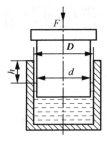

图 2-30　习题 2-14

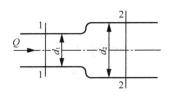

图 2-31　习题 2-15

第3章 液压泵和液压马达

教学要求

通过本章学习，掌握常用液压泵与液压马达的结构、工作原理、特点和选用原则。

引 例

通过第1章的学习，我们了解到液压系统工作的过程是，先将机械能转换成液体的压力能以方便能量传递，再将液体的压力能转换成机械能而做功。实现第一次能量转换的装置就称为液压泵。例图3-1所示是挖掘机用的液压泵实物图，例图3-2所示是轴向柱塞泵的简化结构图，液压泵在电动机的驱动下可将输入的机械能转化为液体的压力能。实现第二次能量转换的装置有液压马达和液压缸，本章仅对液压马达进行介绍。例图3-3所示是瑞士BUCHER液压马达，例图3-4所示是液压马达的内部结构图，液压马达可将输入的液体压力能转换成旋转的机械能。由此可见，若用管道将液压泵的输出口与液压马达的输入口连接起来，就能实现液压系统的驱动过程。工程中常用的液压泵和液压马达类型有很多。

例图 3-1　挖掘机用的液压泵实物

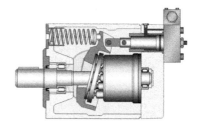

例图 3-2　轴向柱塞泵的简化结构

例图 3-3　瑞士 BUCHER 液压马达

例图 3-4　液压马达的内部结构

3.1 概　述

液压泵和液压马达都是能量转换装置。液压泵是将原动机的机械能转换成工作介质的压力能，是液压系统中的动力元件；液压马达则将液体的压力能转换为旋转形式的机械能，从而拖动负载做功，是液压系统中的执行元件。液压泵和液压马达都是靠密封容积的变化进行工作的。理论上所有液压泵都可作为液压马达使用，但是为了提高性能，对很多液压泵在结构上采取了一些措施，限制了它的可逆性。

3.1.1　工作原理

图 3-1 所示为单缸柱塞泵的工作原理。该泵由缸体 1、偏心轮 2、柱塞 3、弹簧 4、吸油阀 5 和排油阀 6 组成。缸体 1 固定不动；柱塞 3 和柱塞孔之间有良好的密封，而且可以在柱塞孔中作轴向运动；弹簧 4 使柱塞总是顶在偏心轮 2 上。吸油阀 5 的下端（液压泵的输入口）与油箱相通，上端与缸体内的柱塞孔相通。排油阀 6 的下端也与缸体 1 内的柱塞孔相通，上端（液压泵的输出口）与工作油路相连。当柱塞处于偏心轮的右止点 B 位置时，柱塞底部的密封容积最小；当偏心轮按图示方向旋转时，柱塞不断外伸，密封容积不断扩大，形成真空，油箱中的油液在大气压作用下，推开吸油阀内的钢球而进入密封容积，这就是单缸柱塞泵的吸油过程。在此过程中排油阀 6 内的钢球在弹簧作用下将输出口关闭；当偏心轮转至左止点 A 与柱塞接触时，柱塞伸出缸体的部分最长，柱塞底部的密封容积最大，吸油过程结束。偏心轮 2 继续旋转，柱塞不断内缩，密封容积不断缩小，其内油液受压，吸油阀关闭，排油阀打开，将油液排到工作油路中；当偏心轮再转至右止点 B 与柱塞接触时，柱塞底部密封容积最小，排油过程结束。若偏心轮连续不断地旋转，柱塞不断地往复运动，密封容积的大小交替变化，单缸柱塞泵就不断地完成吸油和排油过程。这就是单缸柱塞泵的工作原理，也是这一类容积式液压泵的工作原理。

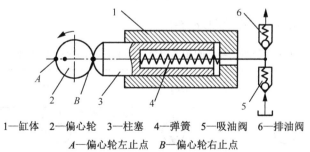

1—缸体　2—偏心轮　3—柱塞　4—弹簧　5—吸油阀　6—排油阀

A—偏心轮左止点　*B*—偏心轮右止点

图 3-1　单缸柱塞泵的工作原理

从以上分析可知，容积式液压泵正常工作时必须满足 3 个基本条件：

（1）有密闭可变的容积。

（2）吸油腔和压油腔不能相同。

（3）有足够大的压力差。

3.1.2 液压泵与液压马达的分类

液压泵按结构形式分类如下：

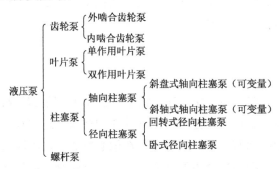

液压马达按转速和结构形式分类如下：

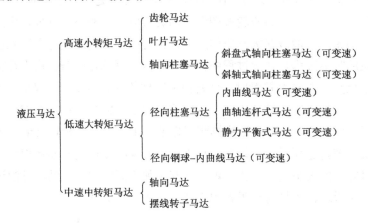

液压泵和液压马达的图形符号见表 3-1。

表 3-1 液压泵和液压马达的图形符号（摘自相关国家标准及 ISO 标准）

特性 分类	单向定量	双向定量	单向变量	双向变量
液压泵				
液压马达				

3.1.3 液压泵和液压马达的基本参数

1. 液压泵的基本参数

液压泵是输出液压能量的元件，压力 p（国际单位为 Pa）和流量 q（国际单位为 m^3/s，工程中常用单位 L/min，以下未注明均指国际单位制中的单位）是它的基本参数。

1）压力

（1）工作压力：液压泵实际工作时的压力。其大小取决于外负载，最大值取决于安全阀。

（2）额定压力：在正常工作条件下（按试验标准规定、保证一定的容积效率和使用寿命条件下）连续运转允许的最高压力。额定压力是液压泵（或液压马达）的一个重要指标参数。

（3）最大压力：指液压泵在短时间内超载所允许承受的极限压力，它取决于液压泵的密封性能，而密封性能与液压泵的形式、密封材料及其具体结构有关。最大压力也是液压泵或液压马达的一个指标参数。

2）排量和流量

液压泵排量 V（m^3/r）：指泵每转一转密封容积的变化量，即液压泵转一转所排出的液体体积），它的大小只取决于液压泵的结构参数。

流量分为实际流量、理论流量和额定流量。实际流量是指单位时间内液压泵实际排出的液体体积，用 q 表示。

$$q = q_t \eta_v \qquad (3-1)$$

其中

$$q_t = nV \qquad (3-2)$$

式中，q_t 为理论流量，指单位时间内，由密封容腔几何尺寸变化而计算得到的排出的液体体积，即在无泄漏情况下单位时间内所能排出的液体体积；n 为液压泵的转速（r/min）；V 为液压泵的排量；η_v 为液压泵的容积效率。

额定流量是指在正常工作条件下，按试验标准必须保证的流量，即在额定转速和额定压力下输出的流量。由于液压泵存在泄漏，因此液压泵的实际流量和额定流量都小于理论流量。

3）液压泵的效率和功率

（1）效率：液压泵的总效率 η 是输出功率 P_o 与输入功率 P_i 之比：

$$\eta = P_o/P_i \qquad (3-3)$$

液压泵的效率由两部分构成：因内泄漏、气穴和油液在高压下的压缩而造成流量上的损失是容积损失，容积损失用容积效率 η_v 表示（实际输出流量和理论流量比值）；因摩擦而造成转矩上的损失是机械损失，机械损失用机械效率 η_m 表示（理论转矩与实际输入转矩的比值）。

$$\eta = \eta_v \eta_m \qquad (3-4)$$

$$\eta_v = \frac{q}{q_t} = \frac{q_t - \Delta q}{q_t} = 1 - \frac{\Delta q}{q_t} \tag{3-5}$$

$$\eta_m = T_t/T \tag{3-6}$$

式中，Δq 为液压泵的泄漏量；T 为驱动液压泵的实际输入转矩（N·m）；T_t 为驱动液压泵的理论转矩（N·m）。

（2）输入功率 P_i。

由式（3-3）可知

$$P_i = \frac{P_o}{\eta}$$

$$P_o = pq \tag{3-7}$$

$$P_i = \frac{pq}{\eta} \tag{3-8}$$

式中，p 为液压泵输出压力；q 为液压泵输出流量。

液压泵是由原动机驱动的，输入量是转矩和转速，输出量是液体的压力和流量。假设能量在转换过程中无损失，则输入给液压泵的机械能等于其输出的压力能。

$$T_t\omega = pq_t \tag{3-9}$$

$$\omega = 2\pi n \tag{3-10}$$

$$q_t = nV \tag{3-11}$$

将式（3-10）和式（3-11）代入式（3-9），可得

$$T_t = \frac{pV}{2\pi} \tag{3-12}$$

将式（3-12）代入式（3-6），可知液压泵的效率随外负载压力的变化而变化，其规律可用曲线表示，并称此曲线为液压泵的特性曲线。图 3-2 所示为 CB-L 型齿轮泵的特性曲线。

4）转速

（1）额定转速：保持液压泵在正常工作情况下（额定压力下）连续运转的最高转速。

（2）最高转速：在额定压力下，超过额定转速而允许短暂运行的最高转速。

额定转速和最高转速也是液压泵的基本参数。液压泵的正常工作条件是吸油腔要形成足够的真空度，同时在吸油口处要保证不产生空穴现象，使液体连续流动。为使吸油腔形成足够的真空度并保证一定的容积效率，液压泵的转速不能太低，为保证液体连续流动、不产生空穴现象并保证液压泵的一定使用寿命，泵的转速又不能太高。因此，要求齿轮泵的转速为 300～3000r/min，叶片泵的转速为 600～2800r/min，轴向柱塞泵的转速为 600～7500r/min。

5）自吸能力

液压泵的自吸能力是指泵在额定转速下，从低于吸油口以下的开式油箱中自行吸油的能力。这种能力的大小，常以吸油高度或真空度表示。吸油高度是从泵吸油口中心线到油箱液面的距离。

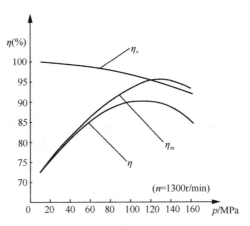

图 3-2　CB-L 型齿轮泵的特性曲线

液压泵自吸能力的实质是在泵的吸油腔形成局部真空时，油箱中的油液在大气压力作用下流入吸油腔的能力。液压泵吸油腔的真空度越大，则自吸能力就越强，但受气蚀条件的限制，各种液压泵的自吸能力是不同的，一般液压泵的吸油高度不超过 500mm，有的液压泵则不能自吸。

2. 液压马达的基本参数

液压马达的输入量是压力和流量，输出量是转矩 T_M 和转速 n_M，这是它的主要性能参数。液压马达也有容积损失和机械损失，其中液压马达存在的泄漏使其理论流量 q_{Mt} 总小于实际输入流量 q_M，而实际输出转矩 T_M 小于理论转矩 T_{Mt}。

1）液压马达的输入功率 P_{Mi}

$$P_{Mi}=P_M \cdot q_M \tag{3-13}$$

式中，P_M 为液压马达的输入压力（Pa）；q_M 为液压马达的输入流量（m^3/s）。

2）液压马达的输出功率 P_{Mo}

$$P_{Mo}=T_M \omega = T_M \cdot 2\pi n_M \tag{3-14}$$

式中，T_M 为液压马达的输出转矩（N·m）；ω 为液压马达的角速度（rad/s）；n_M 为液压马达的转速（r/min）。

3）液压马达的总效率 P_{Mo}

$$\eta_{Mm}=\frac{P_{Mo}}{P_{Mi}} = \eta_{Mv}\eta_{Mm} \tag{3-15}$$

（1）液压马达的容积效率 η_{Mv}。

$$\eta_{Mv}=\frac{q_{Mt}}{q_M} \tag{3-16}$$

式中，q_{Mt} 为液压马达的理论流量（m^3/s）；q_M 为液压马达的实际输入流量（m^3/s）。

其中，
$$q_{Mt}=q_M \cdot n_M \tag{3-17}$$

式中，n_M 为液压马达的转速（r/min）。

（2）液压马达的机械效率 η_{Mm}。

$$\eta_{\text{Mm}} = \frac{T_{\text{M}}}{T_{\text{Mt}}} \qquad (3\text{-}18)$$

其中，
$$T_{\text{Mt}} = \frac{p_{\text{M}} V_{\text{M}}}{2\pi} \qquad (3\text{-}19)$$

式中，T_{Mt} 为液压马达的理论输出转矩（N·m）；T_{M} 为液压马达的实际输出转矩（N·m）；V_{M} 为液压马达的排量（m³/s）；p_{M} 为液压马达的输入压力（Pa）。

4）输出转矩

根据式（3-18）式（3-19），液压马达的输出转矩为

$$T_{\text{M}} = \frac{p_{\text{M}} V_{\text{M}}}{2\pi} \eta_{\text{Mm}} \qquad (3\text{-}20)$$

式中，各参数的意义与式（3-18）和式（3-19）相同。

5）转速

液压马达在过高转速时，不仅要求有较高的背压，而且还会对液压系统造成压力脉动；在过低转速时，转矩和转速不仅有显著的不均匀，而且还会产生"爬行"现象。因此，常对液压马达规定最高转速和最低稳定转速。不同形式和排量的液压马达的最高转速和最低稳定转速不同。

轴向式液压马达一般是高速液压马达（稳定转速在 500r/min 以上），径向式液压马达一般是低速大转矩液压马达。它有单作用和多作用之分，单作用液压马达最低稳定转速为 210r/min，多作用液压马达的最低稳定转速为 0.2～0.5r/min。

液压马达的实际工作转速 n_{M} 由式（3-16）和式（3-17）计算：

$$n_{\text{M}} = \frac{q_{\text{M}}}{V_{\text{M}}} \eta_{\text{Mv}} \qquad (3\text{-}21)$$

式中，各参数的意义与式（3-16）和式（3-17）相同。

3.2　齿　轮　泵

齿轮泵是液压系统中常用的液压泵，按啮合形式可分为外啮合齿轮泵和内啮合齿轮泵。下面以外啮合齿轮泵为例，介绍齿轮泵的结构、工作原理和特点等。

3.2.1　工作原理

CB-B 型齿轮泵是我国最基本最为典型的外啮合齿轮泵，该泵结构如图 3-3 所示。它主要由前盖 3、泵体 2、后盖 1、一对齿数相同的主动齿轮 7 和从动齿轮 9 组成。主、从动两个齿轮分别用平键连接在输入轴（主动轴）6 和输出轴（从动轴）8 上，输入轴 6 和输出轴 8 由前盖 3 和后盖 1 上的 4 只滚针轴承 11 支撑。圆锥形定位销 10 将泵体与前、后盖定位，由 6 个螺钉（图中 13 为螺钉之一）固定。为保证转动灵活，齿轮端面与泵盖间的轴向间隙

为 0.025～0.06mm，齿顶与泵体内壁的径向间隙一般为 0.13～0.26mm。前盖 3 上装有轴套 4，其内孔中嵌装着密封圈 5，可防止输入轴 6 转动时油液向外甩出以及外面杂物进入。

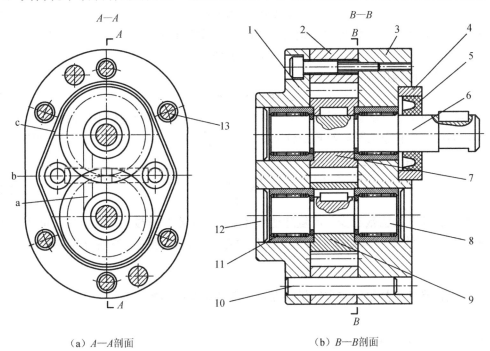

（a）A—A剖面　　　　　　　　　　　（b）B—B剖面

1—后盖　2—泵体　3—前盖　4—轴套　5—密封圈　6—输入轴　7—主动齿轮　8—输出轴　9—从动齿轮
10—定位销　11—滚针轴承　12—闷盖　13—螺钉

图 3-3　CB-B 型齿轮泵的结构

齿轮泵的工作原理如图 3-4 所示。啮合点（线）把齿面、泵体、端盖形成的密封空间分为 d、e 两个腔，即齿轮泵的密封容积。若齿轮按图 3-4 所示方向旋转时，在 d 腔中啮合着的轮齿逐渐脱开而使密封容积增大，形成局部真空，油液便在大气压力作用下通过吸油口进入 d 腔；此时，d 腔为吸油腔。同时，e 腔轮齿逐渐进入啮合，密封容积不断减小，油液便被挤出；此时，e 腔为压油腔。吸油腔（低压腔）和压油腔（高压腔）由相互啮合的轮齿及泵体分隔开。

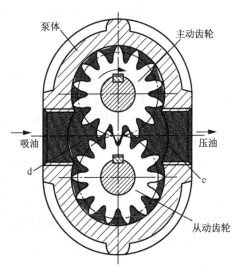

图 3-4　齿轮泵的工作原理

3.2.2　流量计算和流量脉动

外啮合齿轮泵排量的精确计算应依据啮合原理进行。近似计算时，可认为排量等于它的两个齿轮齿间槽容积之总和。设齿间槽的容积等于轮齿的体积，当齿轮的齿数为 z、节圆直径为 D、齿高为 h、模数为 m、齿宽为 b 时，该泵的排量为

$$V = \pi Dhb = 2\pi zm^2b \qquad (3\text{-}22)$$

考虑到齿间槽容积比齿轮的体积稍大些，所以通常选取

$$V = 6.66zm^2b \qquad (3\text{-}23)$$

齿轮泵的实际输出流量为

$$q = 6.66zm^2bn\eta_v \qquad (3\text{-}24)$$

式（3-24）中的 q 是齿轮泵的平均流量。实际上，由于齿轮啮合过程中压油腔的容积变化不均匀，因此，齿轮泵的瞬时流量是脉动的。设 q_{max}、q_{min} 分别表示最大和最小瞬时流量，流量脉动率 σ 可用式（3-25）表示，即

$$\sigma = \frac{q_{max} - q_{min}}{q} \qquad (3\text{-}25)$$

外啮合齿轮泵的齿数越少，流量脉动率（不均匀系数）就越大，其值最高可达 20%，而内啮合齿轮泵的流量脉动率小得多。在几种容积式液压泵中，外啮合齿轮泵的脉动率最大。

3.2.3　外啮合齿轮泵的结构特点和优缺点及提高齿轮泵压力的措施

1. 外啮合齿轮泵的结构特点分析

1）困油现象及卸荷槽

保证液压泵正常泵油的条件是高、低压腔不能直接相通。为此，必须保证外啮合齿轮泵运转的任一时刻都有一对以上的齿啮合，即重合度 $\varepsilon > 1$。因为 $\varepsilon > 1$，在前一对轮齿还未脱开时，后一对轮齿就已开始啮合，即外啮合齿轮泵在运转过程中有两对轮齿同时啮合的情况。此时，留在两对啮合齿间的液体既不与低压腔相通也不与高压腔相通，这两对啮合齿间所形成的封闭空间称为"闭死容积"，如图 3-5 所示。在外啮合齿轮泵的运转过程中，闭死容积刚形成时，其值最大，见图 3-5（a）中 I 所示位置。随着齿轮的旋转，闭死容积逐渐减小，直到图 3-5（a）中 II 所示位置，两个啮合点与连心线对称，这时闭死容积最小。继续旋转，则闭死容积增加，直到如图 3-5（a）中 III 所示的位置，闭死容积的变化曲线如图 3-5（b）所示。闭死容积由大变小过程中，被困的液体受挤压，压力急剧升高，使齿轮和轴承受到很大的径向力，并且液体从间隙中被强行挤出；在闭死容积由小变大过程中，形成局部真空，使混在液体中的空气分离出来，产生空穴现象。这种在闭死容积中造成油压急剧变化的现象称困油现象。困油现象使外啮合齿轮泵在工作时产生振动和噪声，产生气穴，并影响其工作平稳性和寿命。

由以上分析知，闭死容积的存在是产生困油现象的条件，而闭死容积的变化则是产生困油现象的原因。

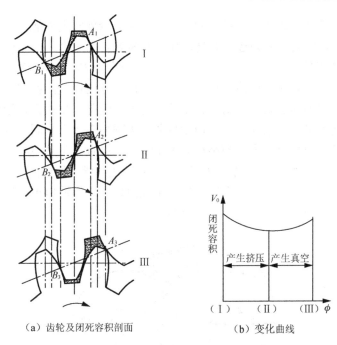

（a）齿轮及闭死容积剖面　　　　（b）变化曲线

图 3-5　外啮合齿轮泵的闭死容积

在容积式液压泵中，为了保证液压泵正常泵油，必然存在闭死容积。在齿轮泵中，闭死容积变化就产生困油现象。为消除困油现象，应使闭死容积变化时不全部闭死。具体的结构措施是在外啮合齿轮泵的两侧端盖上各铣出一个卸荷槽，如图 3-6 所示。该卸荷槽对应齿轮的位置即图中虚线所示，卸荷槽使原来在运转中变化的闭死容积不完全闭死，保证闭死容积在最小时与压油腔和吸油腔都不相通，闭死容积在由大变小的过程中要与压油腔相通，将液体排到压油腔；闭死容积在由小变大的过程中要与吸油腔相通，可从吸油腔吸油补充增大的体积。

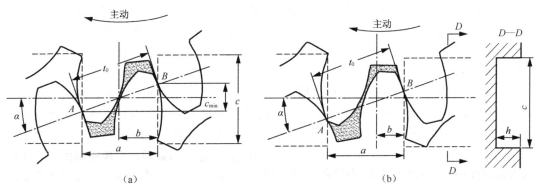

（a）　　　　　　　　　　　　（b）

图 3-6　外啮合齿轮泵卸荷槽的位置

2）径向不平衡力和吸油口与压油口的特点

外啮合齿轮泵径向受力情况如图 3-7 所示。图中，作用在齿轮及轴承上的两个径向力：

一个是沿齿顶圆周液体压力所产生的径向力，作用在齿轮外圆上的液体压力是不相等的，从吸油腔到压油腔，压力可视为逐渐升高，其合力为 F_1；另一个是齿轮传递转矩时产生的啮合力 F_2。作用在齿轮及轴上的力 F_1、F_2 合成为一个合力 F，油压越高，F 力越大，而径向不平衡力越大。啮合力对主动齿轮和从动齿轮的作用方向相反，由图 3-7 可以看出，从动齿轮轴承承受径向力的合力比主动齿轮轴承大得多。因此，从动齿轮轴承常出现早期磨损的现象。当径向不平衡力很大时，能使轴弯曲，齿顶与壳体内表面产生接触，同时加速轴承磨损，降低轴承的寿命。为了减小径向不平衡力的影响，常采用缩小压油口的办法，使压油腔的液压油仅作用在 1～2 个齿的范围内，同时适当增大径向间隙，使齿顶不和泵体接触。因此，外啮合齿轮泵的另一个结构特点是吸油口大、压油口小。这个特点限制了外啮合齿轮泵只能在一个方向上转动，不能反转。

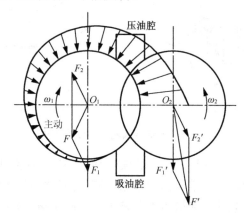

图 3-7   外啮合齿轮泵径向受力情况

3）泄漏和轴向间隙补偿装置

外啮合齿轮泵高压腔的液压油可通过 3 种途径泄漏到低压腔中：一是通过齿轮啮合线处的间隙；二是通过泵体和齿顶圆间的径向间隙；三是通过齿轮两侧和侧盖板间的端面间隙。其中，通过端面间隙的泄漏量最大，可占总泄漏量的 75%～80%。因此，普通外啮合齿轮泵的容积效率较低，输出压力也不容易提高。若要提高外啮合齿轮泵的压力，则应减小端面间隙。

为了减小端面间隙泄漏，一般采用齿轮端面间隙自动补偿，作为提高外啮合齿轮泵压力的措施。图 3-8 所示为轴向间隙自动补偿装置的工作原理，即把泵内压油腔的液压油引流到轴套外侧，使之作用在（由密封圈分隔构成）一定形状和大小的面积 A_1 上，产生液压作用力 $F_f=A_1 p_g$，使轴套压向齿轮端面，减小端面间隙。这个力必须大于齿轮端面作用在轴套内侧的作用力 $F_f=A_2 p_g$（p_m 为作用在 A_2 上的平均液体压力），才能保证在各种压力下，轴套始终自动贴紧齿轮端面，以减小泵内通过端面的泄漏量，达到提高压力的目的。这也是提高外啮合齿轮泵压力最重要的措施。

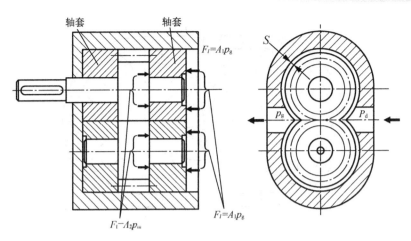

图 3-8　轴向间隙自动补偿装置的工作原理

2. 齿轮泵的优缺点及其应用

（1）外啮合齿轮泵体积小，质量小，结构简单，制造方便，维修容易，价格低廉。

（2）外啮合齿轮泵可靠性好，因此，可用于飞机。

（3）外啮合齿轮泵对油液污染不敏感，因此，可以用在工程机械、矿山机械等外界条件差的地方。

（4）外啮合齿轮泵自吸性能好，转速低至 300～400r/min 时仍能稳定、可靠地实现自吸。

（5）外啮合齿轮泵流量和压力有脉动，因此，一般不用于加工精度高的精密机床上。

3.2.4　齿轮液压马达

1. 工作原理

齿轮液压马达的工作原理如图 3-9 所示。该马达的两个齿轮的轮齿（图中的 1、2、3 与 1'、2'、3'、4'）表面、壳体和端盖的内表面形成进油腔，液压油进入进油腔，使左侧齿轮产生转矩 T_1 并逆时针转动；同时，液压油使右侧齿轮产生转矩 T_2 并顺时针转动，两个齿轮共同拖动外负载按图 3-9 所示方向旋转并输出机械能。液压油连续不断地输入进油腔，输出轴分别为 O_1 和 O_2 的两个齿轮就连续不断地旋转，在输出机械能的同时，将液压油不断带到低压腔，使之变为低压油送回油箱。当齿轮液压马达的排量一定时，它的转速只与输入流量有关，而输入油压和输出转矩则随外负载的变化而变化。

2. 结构特点

齿轮液压马达和齿轮泵的结构基本一致，但由于实际应用要求齿轮液压马达能正、反方向旋转和带负载启动，因此，齿轮液压马达的结构和齿轮泵的结构还是有差别的。

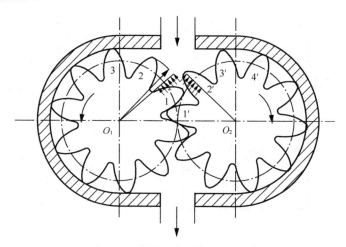

图3-9　齿轮液压马达的工作原理

（1）为满足正、反方向旋转的要求，齿轮液压马达的结构应完全对称，包括进、出油口，以及卸荷结构和轴向间隙自动补偿装置结构。

（2）齿轮液压马达泄漏出的油液必须由专用管道引流至油箱，而不能像齿轮泵那样引流到吸油口。因此，齿轮液压马达的泄油方式为外泄式，齿轮泵的泄油方式为内泄式。

（3）为了减少摩擦损失，改善齿轮液压马达的启动性能，一般齿轮液压马达均用滚动轴承。

（4）齿轮液压马达的齿数较齿轮泵的齿数多，以减小转矩脉动程度。

【例题】 已知某齿轮泵的额定压力是 $p=2.5$MPa，额定流量是 100L/min。当转速 $n_1=1450$ r/min 时，流量为 $q_1=101$L/min，该齿轮泵的机械效率 $\eta_m=0.9$。由实验测得：当该齿轮泵的出口压力 $p_0=0$ 时，其流量 $q_0=106$L/min。

在额定压力下工作且转速为 1450 r/min 时，该齿轮泵的容积效率 η_v 是多少。

当该齿轮泵的转速降至 500 r/min 且在额定压力下工作时，该齿轮泵的流量 q_2 是多少？容积效率 η_v' 是多少？

该齿轮泵在以上两种转速下工作时，所需输入功率各是多少？

解：（1）一般认为该齿轮泵在负载为零情况下的流量为其理论流量，即 $q_{1t}=q_0=106$L/min，工作时转速 $n_1=1450$ r/min，在额定压力下工作时该齿轮泵的容积效率为

$$\eta_v=\frac{q_{1t}}{q_0}=\frac{101}{106}=0.953$$

（2）该齿轮泵在不同转速下的排量不变，因此，其排量为

$$V=\frac{q_0}{n}=\frac{106}{1450}=0.073 \text{（L/r）}$$

该齿轮泵在额定压力下工作且转速 500 r/min 时的理论流量为

$$q_{2t}=500\times V=500\times 0.073=36.5 \text{（L/min）}$$

由于压力不变，因此可以认为泄漏量不变，则该齿轮泵在转速为 500 r/min 时的实际流量为

$$q_2 = q_{2t} - (q_0 - q_1) = 36.5 - (106 - 101) = 31.5 \text{（L/min）}$$

该齿轮泵在转速为 500 r/min 时的容积效率为

$$\eta_v' = \frac{q_2}{q_{2t}} = \frac{31.5}{36.5} = 0.863$$

（3）该齿轮泵在转速为 1450 r/min 时的总效率为

$$\eta = \eta_m \eta_v = 0.9 \times 0.953 = 0.8577$$

该齿轮泵所需输入功率（驱动功率）为

$$P_1 = \frac{pq_1}{\eta} = \frac{2.5 \times 10^6 \times 101 \times 10^{-3}}{0.8577 \times 60} = 4.91 \times 10^3 \text{（W）}$$

该齿轮泵在转速为 500 r/min 时的总效率为

$$\eta' = \eta_m \eta_v' = 0.9 \times 0.863 = 0.7767$$

该齿轮泵所需输入功率（驱动功率）为

$$P_2 = \frac{pq_2}{\eta'} = \frac{2.5 \times 10^6 \times 31.5 \times 10^{-3}}{0.7767 \times 60} = 1.69 \times 10^3 \text{（W）}$$

3.3　叶　片　泵

叶片泵分为单作用叶片泵和双作用叶片泵两大类，前者输出流量可调（变量泵）但工作压力比较低，后者工作压力较高但输出流量不可调（定量泵）。叶片泵的主要优点是流量均匀、脉动率小、噪声低，缺点是对液压油的污染比较敏感，自吸能力差。叶片泵主要应用在金属切削机床中。

3.3.1　单作用叶片泵

1. 工作原理

单作用叶片泵的工作原理如图 3-10 所示，单作用叶片泵主要由转子 1、定子 2、一组嵌在转子窄槽中的叶片 3 以及两侧的盖板（也称为配油盘）等组成。叶片可沿转子叶片槽作伸缩滑动，在转子转动时的离心力或通入叶片根部液压油的作用下，叶片顶部贴紧在定子内表面上，于是配油盘、定子和转子间便形成了两个密封的工作腔，即在图 3-10 所示的位置由上、下叶片分割为左、右两个密封容积。定子内表面曲线为圆形，圆心为 O_1，转子圆心为 O_2，相对于定子有一个偏心距 e，以 O_1 为轴心转动，在两侧配油盘上开有两个腰形槽（图 3-10 中的虚线所示），分别为吸油窗口和排油窗口。当转子按图示方向旋转时，图右侧的叶片向外伸出，密封容积逐渐增大，形成真空，于是通过吸油口和配油盘上的窗口

将油吸入，完成吸油的过程；而在图左侧，叶片往里缩进，密封容积逐渐缩小，密封容积中的油液通过配油盘上的另一个窗口和压油口输入系统中。这种泵在转子转一周过程中，叶片完成吸油、压油各一次，故称为单作用叶片泵。通过改变定子和转子间偏心距的大小，便可改变该泵的排量。

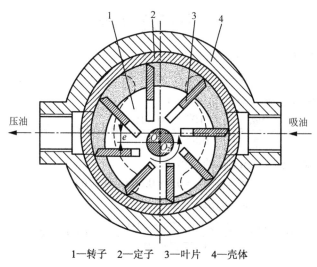

1—转子　2—定子　3—叶片　4—壳体

图 3-10　单作用叶片泵的工作原理

2. 结构特点

单作用叶片泵的结构特点如下：

（1）定子内表面为圆柱面，转子相对于定子有一个偏心距，改变此偏心距的大小，就可改变流量。

（2）单作用叶片泵的圆周方向上划分为一个压油腔和一个吸油腔，因此转子轴及其轴承受到很大的不平衡径向力作用。

（3）处在压油腔的叶片顶部受到液压油的作用，在转动过程中液压油的作用力要把叶片推入转子槽内，但是为了保证有可靠的密闭空间，必须使叶片顶部可靠地和定子内表面相接触，这就要求压油腔一侧的叶片底部通过特殊的沟槽和压油腔相通。同样，吸油腔一侧的叶片底部则要和吸油腔相通，以平衡叶片上部的液体压力。在这里，叶片是靠离心力甩出的，顶在定子内表面上与定子内表面接触，保证密封。

（4）单作用叶片泵由于是偏心装置，其容积变化是不均匀的，因此，流量也有脉动。理论分析表明，奇数叶片泵的脉动率较偶数叶片泵的脉动率小，因此，对单作用叶片泵的叶片数值，总是选择奇数，一般选择 13 或 15。

（5）普通中、低压非平衡式叶片泵的叶片通常倾斜安放，叶片倾斜方向与转子径向夹角为 θ，且倾斜方向与转子旋转方向相反，其目的是使叶片容易被甩出。

3. 排量计算

单作用叶片泵的排量近似为

$$V_B = 2be\pi D \qquad (3\text{-}26)$$

式中，b 为转子宽度；e 为转子和定子间的偏心距；D 为定子内圆直径。

3.3.2　双作用叶片泵

1. 工作原理

图 3-11 所示为双作用叶片泵的工作原理。它的工作原理和单作用叶片泵相似，不同之处在于双作用叶片泵的定子内表面是出两段半径为 R 的圆弧、两段半径为 r 的圆弧和四段过渡曲线（共 8 个部分）组成的，且定子和转子都是同心的。在转子按顺时针方向旋转的情况下，密封工作腔的容积在左上角和右下角处逐渐增大，成为吸油区，在左下角和右上角处密封容积逐渐减小，成为压油区；吸油区和压油区由一段封油区隔开。这种泵的转子每转一周，每个密封工作腔完成吸油和压油动作各两次，因此称为双作用叶片泵；因为该泵的两个吸油区和两个压油区是径向对称的，作用在转子上的液体压力径向平衡，所以又称为平衡式叶片泵。

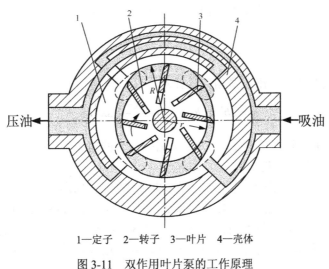

1—定子　2—转子　3—叶片　4—壳体

图 3-11　双作用叶片泵的工作原理

2. 结构特点

（1）双作用叶片泵的转子与定子同心，属于定量泵。

（2）定子内表面由两段大圆弧、两段小圆弧和四段过渡曲线组成，大、小圆弧之间过渡曲线的形状和性质决定了叶片的运动状态，对泵的性能和寿命影响很大。

（3）圆周上有两个压油腔、两个吸油腔，转子轴和轴承的径向液压作用力基本平衡，因此，输出压力可以提高，轴因不受弯矩作用，可以做得细一些，即直径小一些。

（4）双作用叶片泵的叶片安装倾斜角如图 3-12 所示，叶片倾斜方向与转子径向之间的倾斜角为 θ，倾斜方向不同于单作用叶片泵，双作用叶片泵的叶片沿旋转方向前倾，其目的是减小叶片和定子之间的压力角，改善叶片受力情况。

（5）防止困油现象，在结构上要保证吸油腔和压油腔不相通，因此，运转过程中将存在闭死容积。理论上双作用叶片泵的闭死容积不发生变化，不产生困油现象，但实际上考虑叶片厚度，则会有困油现象。因此，在配油盘上的压油窗口前后开有三角槽，以防困油现象的产生。图 3-13 所示为 YB 型双作用叶片泵配油盘的三角槽结构。

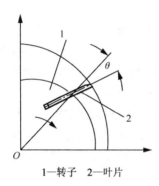

1—转子　2—叶片

图 3-12　双作用叶片泵的叶片安装倾斜角　　图 3-13　YB 型双作用叶片泵配油盘的三角槽结构

3. 流量计算

双作用叶片泵的实际输出流量用下式计算：

$$q = 2b\left[\pi\left(R^2 - r^2\right) - \frac{R-r}{\cos\theta}sz\right]n\eta_{\mathrm{v}} \tag{3-27}$$

式中，R 为定子圆弧部分的长半径；r 为定子圆弧部分的短半径；θ 为叶片安装倾斜角；z，s 分别为叶片数量和叶片厚度。

由此可见，对于双作用叶片泵，若不考虑叶片厚度，则瞬时流量是均匀的。但实际上其叶片是有厚度的，长半径圆弧和短半径圆弧也不可能完全同心。尤其是当叶片底部槽设计成与压油腔相通时，泵的瞬时流量仍将出现微小的脉动，但其脉动率比其他形式的泵小得多，并且叶片数量为 4 的倍数时最小。因此，双作用叶片泵的叶片数量一般选取 12 或 16 片（偶数）。

4. 提高双作用叶片泵压力的措施

提高双作用叶片泵的压力是提高叶片泵性能的一个重要方面。为了保证叶片和定子内表面紧密接触，一般的双作用叶片泵叶片底部都是与压油腔相通的，但当叶片处在吸油腔时，叶片底部承受压油腔的压力，顶部承受吸油腔的压力，这一压力差使叶片以很大的力压向定子内表面，加速了定子内表面的磨损，影响了泵的寿命。对高压泵来说，这一问题更显得突出。因此，高压叶片泵必须在结构上采取措施，使叶片压向定子内表面的作用力减小。

（1）减小作用在叶片底部的液体压力，将压油腔的油液通过阻尼槽或内装式小减压阀连通到吸油区的叶片底部，使叶片经过吸油腔时，叶片压向定子内表面的作用力不致过大。

（2）减小叶片底部承受液压油作用的面积。采用子母叶片、柱销叶片、双叶片、阶梯叶片、弹簧叶片等特殊的叶片顶出压紧结构，目的是减小叶片根部承受排油压力的有效面积，以减小将叶片顶出的液压推力。

3.3.3　叶片液压马达

以图 3-14 所示的双作用叶片液压马达为例，介绍叶片液压马达的工作原理。设图中 Ⅰ、Ⅱ 是进油腔，Ⅲ、Ⅳ 是排油腔。工作时，高压油引入 Ⅰ、Ⅱ 进油腔的同时也引流到叶片的底部，使所有叶片都顶到定子内表面上。在定子表面过渡段的叶片如图 3-14 中的叶片 2、6、4、8 两侧受同样大小的压力，不产生转矩。处在工作段的叶片 3、7 和叶片 1、5，一侧受高压作用，而另一侧受低压作用，使得叶片 3 伸出的面积大于叶片 1 伸出的面积，叶片 7 伸出的面积大于叶片 5 伸出的面积。于是，产生顺时针方向的转矩，使转子轴克服外负载转矩而旋转，输出机械能。同样，当Ⅲ、Ⅳ 进油，Ⅰ、Ⅱ 回油时，叶片液压马达产生逆时针方向的转矩。这就是叶片液压马达的工作原理。

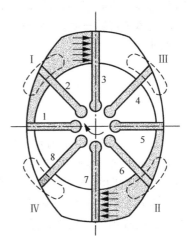

图 3-14　双作用叶片液压马达的工作原理

叶片液压马达需要考虑启动问题，一般采用下面两种方案：

（1）在叶片的槽底加弹簧使叶片伸出，以便形成密封容积，但存在弹簧疲劳问题。

（2）分两次通油，先向叶片的槽底通油，将叶片顶出形成密封容积，再向密封容积通油。双作用叶片液压马达可用于频繁换向的场合。

3.4　轴向柱塞泵

轴向柱塞泵因柱塞与缸体轴线平行或接近于平行而得名，它具有工作压力高、效率高、容易实现变量等优点。缺点是对油液污染敏感，滤油精度要求高，对材质和加工精度的要求高，使用和维修要求较严，价格也较贵。这类泵常用于压力加工机械、起重运输机械、工程机械、冶金机械、船舶甲板机械、火炮和空间技术等领域。

轴向柱塞泵按其结构特点分为斜盘式轴向柱塞泵和斜轴式轴向柱塞泵两大类，本书仅介绍斜盘式轴向柱塞泵的相关内容。

3.4.1 斜盘式轴向柱塞泵的工作原理

斜盘式轴向柱塞泵的简化结构如图 3-15 所示，它由传动轴 1、壳体 2、斜盘 3、柱塞 4、缸体 5、配油盘 6 [见图 3-15（a）]和弹簧 7 等零件组成。柱塞 4 安放在沿缸体 5 均布的柱塞孔中，斜盘 3 和配油盘 6 是不动的。弹簧 7 的作用有两个：一是使柱塞头部顶在斜盘上（因其接触点为一个，故称为点接触型）；二是使缸体 5 紧贴在配油盘 6 上。配油盘上的两个腰形窗口分别与该泵的进、出油口相通。斜盘 3 与缸体 5 中心线的夹角为 α。当传动轴 1 按图 3-15 中的方向旋转时，位于 $A—A$ 剖面右半部的柱塞不断向外伸出，柱塞底部的密闭容积不断扩大，形成局部真空，油液在大气压的作用下，自油箱经配油盘上的吸油窗口进入柱塞底部，完成吸油过程。而位于 $A—A$ 剖面左半部的柱塞则不断向里缩进，柱塞底部的密闭容积不断缩小，油液受压经配油盘上的压油窗口排到该泵的出油口，完成压油过程。若缸体 5 每转一圈，每个柱塞吸油和压油各一次，则斜盘式轴向柱塞泵的排量 V、流量 q 分别为

$$V = \frac{\pi d^2}{4} zD\tan\alpha / 2\pi \tag{3-28}$$

$$q = \omega \frac{\pi d^2}{4} zD\tan\alpha\eta_{\mathrm{v}} / 2\pi \tag{3-29}$$

式中，d 为柱塞直径（mm）；D 为柱塞分布圆直径（mm）；z 为柱塞数量；α 为斜盘倾斜角（rad）；ω 为斜盘式轴向柱塞泵的角速度（rad/mm）；n 为斜盘式轴向柱塞泵的转速（r/min）；η_{v} 为斜盘式轴向柱塞泵的容积效率。

斜盘式轴向柱塞泵的瞬时流量是脉动的，其流量不均匀系数 δ 反映了流量的脉动率，其推导过程较烦琐，这里直接写出结果，即

$$\delta = \frac{\pi}{2z} \tan \frac{\pi}{4z} \quad （当 z 为奇数时） \tag{3-30}$$

$$\delta = \frac{\pi}{z} \tan \frac{\pi}{2z} \quad （当 z 为偶数时） \tag{3-31}$$

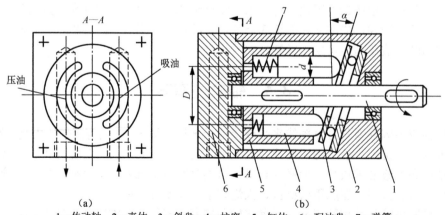

（a）　　　　　　　　　　　　（b）

1—传动轴　2—壳体　3—斜盘　4—柱塞　5—缸体　6—配油盘　7—弹簧

图 3-15　斜盘式轴向柱塞泵的简化结构

流量不均匀系数 δ 与柱塞数量 z 的关系见表 3-2。由表 3-2 中的数据可知,为了减小流量不均匀系数 δ 值,首先应采用奇数柱塞,然后尽量选取较多的柱塞。这就是斜盘式轴向柱塞泵采用奇数柱塞的原因,实际应用中多采用 $z=7$ 或 $z=9$。

表 3-2 流量不均匀系数 δ 与柱塞数量 z 的关系

z	3	4	5	6	7	8	9	10	11	12	13
δ (%)	14	32.5	4.98	13.9	2.53	7.8	1.53	5.0	1.02	3.45	0.73

从式(3-22)可以看出改变 α 角的大小和方向,就可以改变排量的大小和流向,从而改变流量的大小和流向,这就是斜盘式轴向柱塞泵的变量原理。

该柱塞泵因柱塞头部和斜盘之间的接触应力很大,一是容易磨损甚至胶合;二是弹簧容易疲劳、断裂。为了解决上述两个问题,实际应用中的斜盘式轴向柱塞泵采用了滑靴和回程盘结构。

3.4.2 斜盘式轴向柱塞泵典型结构

图 3-16 所示为 CY 型斜盘式轴向柱塞泵简化结构,该泵将分散布置在柱塞底部的弹簧改为中心弹簧 11。弹簧 11 的作用有两个:一是通过内套筒 12、钢球 14 和回程盘 15,将滑靴 3 压紧在斜盘上;二是通过外套筒 13 使缸体 5 压紧在配油盘 10 上。传动轴为半轴(故称为半轴型轴向柱塞泵),斜盘对滑靴柱塞组件的反作用力的径向分力由缸外大轴承 2 承受。由于传动轴只传递转矩而不承受弯矩,因此,传动轴可以做得较细,即直径小些。但由于缸外大轴承的存在,使转速的提高受到限制。

1. 柱塞滑靴和斜盘结构

图 3-17 所示为滑靴的静压支撑机构工作情况,在柱塞头部加上滑靴后,将点接触改为面接触,两者之间为液体润滑。当柱塞底部受高压作用时,液体压力通过柱塞将滑靴压紧在斜盘上。若压力太大,就会使滑靴的磨损严重,甚至烧坏而不能正常工作。为了减小滑靴与斜盘之间的接触应力,减少磨损,延长使用寿命,提高效率,斜盘式轴向柱塞泵根据静压平衡理论,采用油膜静压支撑结构。在滑靴和斜盘之间,缸体端面和配油盘之间都采用了这种结构。下面就具体分析滑靴和斜盘之间的静压支撑结构。

该泵工作时的油压 p 作用在柱塞上,对滑靴产生一个法向压紧力 N,使滑靴压向斜盘表面,而油腔 A 中的油压 p' 及滑靴与斜盘之间的液体压力给滑靴一个反推力 F,当 $F=N$ 时,滑靴与斜盘之间为液体润滑。液体润滑的形成过程:泵开始工作时,滑靴紧贴斜盘,油腔 A 中的油不流动而处于静止状态,此时 $p'=p$。设计时应使此状态下的反推力 F 稍大于法向压紧力 N,滑靴被逐渐推开,产生间隙 h,油腔 A 中的油通过间隙漏出并形成油膜。这时压力为 p 的油液经阻尼小孔 f 和 g 流到油腔 A,由于阻尼作用,$p'<p$,致使反推力 F 增大,直到与法向压紧力 N 相等为止。这时,滑靴和斜盘之间处于新的平衡状态,并保持一定的油膜厚度,从而形成液体润滑。

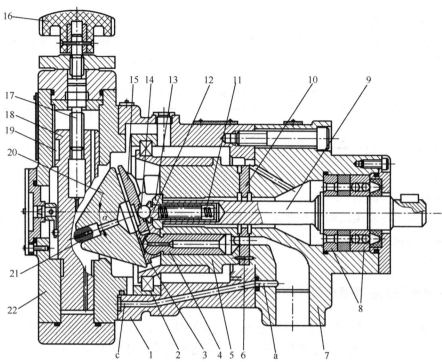

1—中间泵体　2—缸外大轴承　3—滑靴　4—柱塞　5—缸体　6—定位销　7—前泵体
8—轴承　9—传动轴　10—配油盘　11—中心弹簧　12—内套筒　13—外套筒　14—钢球　15—回程盘
16—调节手轮　17—调节螺杆　18—变量活塞　19—导向键　20—斜盘　21—销轴　22—后泵盖

图 3-16　CY 型斜盘式轴向柱塞泵简化结构

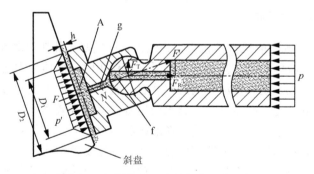

图 3-17　滑靴的静压支撑机构工作情况

设计滑靴时通常选取压紧系数 $m = N/F = 1.05 \sim 1.10$，这样可使滑靴和斜盘之间有一个最佳的油膜厚度，既可以保证其不因为压得太紧而加速磨损、滑靴不脱离斜盘，又能保证较高的容积效率。

2. 缸体结构

图 3-18 所示为缸体结构，轴向有 7 个均布的柱塞孔，孔底的进、出油口为腰形孔，其

宽度与配油盘上的腰形吸、排油窗口的宽度相对应。腰形孔的通流面积比柱塞孔小。因此，当柱塞压油时，液体压力对缸体产生一个轴向推力，它与定心弹簧的预压紧力构成缸体对配油盘的压紧力 F。

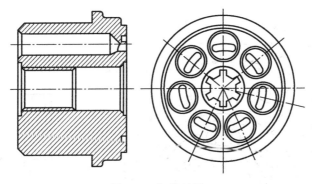

图 3-18　缸体结构

3．配油盘结构

（1）定量泵一般可作为液压马达使用，因此，定量泵配油盘的结构是对称的，如图 3-19 所示，因为 $a>b$，所以会产生困油现象。为此，在两个配油窗口 m、n 的端部均设置三角槽以消除困油现象。

（2）CY 型斜盘式轴向柱塞泵（变量泵）的配油盘结构如图 3-20 所示。其排油窗口及其内外密封带上的液体压力是企图推开缸体的反推力 F_2，F_2 的大小与 R_1、R_2、R_3、R_4 的大小有关。合理设计配油盘的尺寸，可以使压紧力稍大于反推力，从而使缸体压紧在配油盘上，既保证其密封性，又不使它过分磨损。通常，选取压紧系数 $m=F_1/F_2=1.02\sim1.08$。

配油盘 R_1 以外的环形端面上开有环形油槽，并有 12 个径向槽与其沟通，保证 R_1 以外的环形端面上没有液体压力作用。此面作为缸体的辅助支撑面，在吸、排油窗口之间的过渡区上设有阻尼小孔和不通孔，两个阻尼小孔分别与吸、排油窗口相通，以消除困油现象和液压冲击，不通孔则起储油润滑、缓冲和存污物的作用。在图 3-20 中，α_0 为柱塞孔底部腰形孔的中心角，$(\alpha_1+\alpha_3-\alpha_2)$ 为配油盘封油区的封油角。若 $(\alpha_1+\alpha_3-\alpha_2)>\alpha_0$，则呈封闭状态，此时，柱塞由吸油窗口在向排油窗口过渡的过程中，会出现困油现象；若 $(\alpha_1+\alpha_3-\alpha_2)=\alpha_0$，则呈零封闭状态，零封闭虽无困油现象，

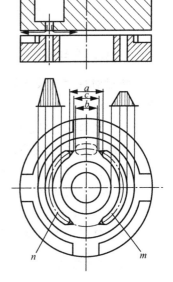

图 3-19　定量泵配油盘结构

但柱塞孔与吸、排油窗口接通的瞬间就会产生液压冲击和噪声。CY 型斜盘式轴向柱塞泵的配油盘采用负封闭结构，此时，$-1°<(\alpha_1+\alpha_3-\alpha_2)-\alpha_0<0°$，并在配油盘的封油区开有

阻尼小孔。这样，既能消除困油现象，又能在柱塞从左止点位置转入压油区的过程中，柱塞孔底部的腰形孔在角度为 2α 的区域内先经过阻尼小孔与排油窗口相通，起到缓慢升压的作用。当柱塞转入吸油区时，阻尼小孔则起到缓慢降压的作用，从而减小液压冲击和噪声。

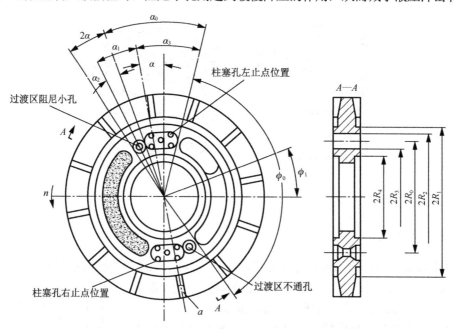

图 3-20 CY 型斜盘式轴向柱塞泵（变量泵）的配油盘结构

4. 柱塞和缸体

斜盘对柱塞的反作用力 F'（见图 3-17）可以分解为轴向力 $F_R = F' \cdot \cos\alpha$ 和径向力 $F_T = F' \cdot \sin\alpha$。轴向力 F_R 与柱塞底部的液体压力平衡；径向力 F_T 通过柱塞传递给缸体，它使缸体倾斜，造成缸体和配油盘之间出现楔形间隙，使液体泄漏量增大，而且使密封表面产生局部接触，导致缸体与配油盘之间的表面烧伤，同时也导致柱塞与缸体之间的磨损。为了减小径向力，斜盘的倾斜角一般不大于 20°。为使以上 3 对摩擦副能正常工作，还要合理选择零件的材料。一般情况下，摩擦副的材料要软硬配对。例如，对柱塞，选用 18CrMnTiA、20Cr、40Cr；对配油盘，选用 Cr12MoV、GCr15 等；对斜盘，选用 GCr15，但均要进行热处理。对缸体、滑靴，一般选用 ZQSn10-1、ZQAlFe9-4 或球墨铸铁等。

5. 变量机构

变量机构有手动变量机构、手动伺服变量机构、电液比例控制变量机构、恒流量变量机构、恒压变量机构、恒功率变量机构、总功率变量机构等，这里仅介绍其中的手动变量机构、伺服变量机构和恒功率变量机构。

1）手动变量机构

图 3-16 中就存在手动变量机构。转动调节手轮 16，使调节螺杆 17 转动（因轴向已经限位而不可能作轴向移动），带动变量活塞 18 作轴向移动（因导向键 19 的作用而使轴不可能转动）。销轴 21 是装在变量活塞上的，随变量活塞作轴向移动，从而带动斜盘 20 绕其中心摆动（斜盘通过两侧的耳轴支撑在后泵盖 22 上）。因此，改变其倾斜角 α，泵的排量也随之改变。

2）手动伺服变量机构

图 3-21 所示为伺服变量机构，该机构是由一个变量活塞和一个伺服滑阀组成的伺服系统。变量活塞 4 的小端 A 腔（直径为 D_2）连通泵的出油口，滑阀 2 连接 3 个油口：油口 a 连通进油口的高压油；油口 b 连通变量活塞大端的 B 腔；油口 c 连通低压油（回油）。当拉杆 1 静止时，滑阀 2 也不动，油口 a、b、c 被滑阀 2 封闭，变量活塞 4 的两端 A、B 腔

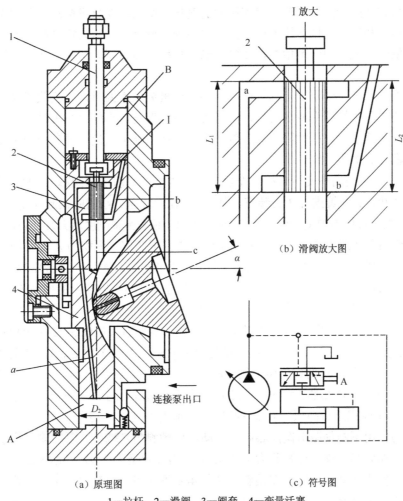

（b）滑阀放大图

（a）原理图　　　　　（c）符号图

1—拉杆　2—滑阀　3—阀套　4—变量活塞

图 3-21　手动伺服变量机构

也处于封闭状态，因此变量活塞也静止。此时的斜盘倾斜角 α 保持某一值不变，泵的排量也不变。当用手推动拉杆 1 带动滑阀 2 向上移动 Δx 时，油口 b、c 连通，变量活塞 B 腔中的油液经油口 b、c 流入泵体内，实现回油。变量活塞在 A 腔高压作用下向上移动 Δy，斜盘倾斜角 α 随之摆动而减小 $\Delta \alpha$。当 $\Delta y = \Delta x$ 时，滑阀 2 又将油口 a、b、c 封闭，变量活塞不动。泵的排量保持减小后的量不变。当推动拉杆向下移动 Δx 时，油口 b、c 被封闭，变量活塞两端的 A、B 腔通过油口 a 连通，都承受着高压油，但由于 B 腔的有效面积大，因此变量活塞向下移动 Δy，斜盘倾斜角 α 随之增加 $\Delta \alpha$，泵的排量也随之增加。当 $\Delta y = \Delta x$ 时，滑阀 2 将油口 a、b、c 通道封闭，变量活塞不动，泵的排量保持增加后的量而不变。拉杆带动滑阀 2 不断地上下移动，油口 a、b、c 上的通断状态随之改变，使得变量活塞不断地随着滑阀 2 上下移动，从而不断改变泵的排量。这就是手动伺服变量机构的工作原理。

　　3）恒功率变量机构

　　这种变量方式的特点是，流量随着压力的变化，恒功率变量机构动作并发生相应的变化，使泵的压力和流量特性曲线近似地按双曲线规律变化。即压力增高时，流量相应地减少；压力降低时，流量相应地增加，使泵的输出功率近似不变。恒功率变量又称为压力补偿变量。

　　恒功率变量泵最适合用于工程机械，因为工程机械如挖掘机，外负载变化比较大，且变化频繁，所以采用恒功率变量机构，可以实现自动调速，当外负载大时，压力升高，速度降低；当外负载小时，压力降低，速度升高。这样，就可以使机器充分利用发动机的功率，保证机器较高的生产率。

　　图 3-22 所示为恒功率变量机构。变量活塞 7 内装有伺服滑阀阀芯 6，伺服滑阀阀芯 6 与弹簧推杆 3 相连；弹簧推杆 3 上装有外弹簧 4（在油液压力小的时候起作用）和内弹簧 5（在液体压力大的时候内弹簧和外弹簧 4 一同起作用，使总弹簧刚度增大）。工作时液压油（压力为 p）经单向阀（图中未标出）进入变量活塞 7 的下腔室（面积为 A_b），经通道 c、b、a 进入环槽 d 和环槽 g，而环槽 e 通过通道 f 和上腔 h 相连。环槽 d 内的液压油（压力为 p）作用于伺服滑阀阀芯 6 下端的环形面积上，给伺服滑阀阀芯 6 以向上的推力 F。当压力 p 较小，推力 F 小于外弹簧力（设为 F_s），并且变量活塞上腔 h 面积 A_h 大于 b 腔面积 A_b，在压力 $p(A_h - A_b)$ 和弹簧力作用下伺服滑阀阀芯处于最下端位置（如图 3-22 所示位置）时，此时斜盘 10 的倾斜角 δ 最大，泵的输出流量也最大 [图 3-22（b）中 q_{max}]。当压力 p 增大，使推力 F 大于外弹簧力 F_s 时，伺服滑阀阀芯上移，环槽 g 保持关闭状态，向下使环槽 e 与伺服滑阀阀芯中心孔 O 相通。这时，上腔 h 中的油液通过通道 f、环槽 e、伺服滑阀阀芯中心孔 O 与泵体空腔相通而卸压（泵体空腔压力基本为大气压）。这样，变量活塞 7 在下端 b 腔的液体压力作用下随伺服滑阀阀芯向上运动，使倾斜角 δ 减小，泵的输出流量 q 也随之减小。伺服滑阀阀芯上移，外弹簧力 F_s 便增大，当外弹簧力 F_s 增大至与推力 F 相等时，伺服滑阀阀芯停止运动。此时泵在某斜盘倾斜角 δ 下对应一个输出流量 q。这就实现了输出流量 q 随压力 p 升高而自动下降的过程。

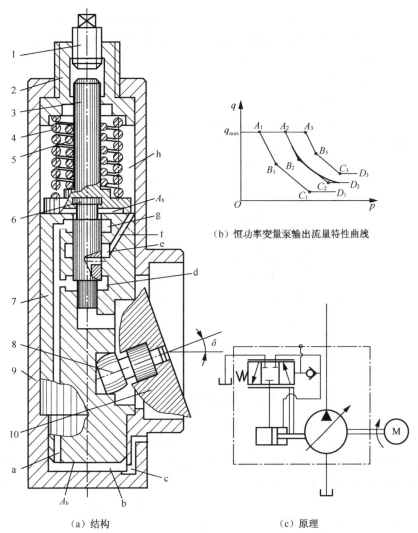

（b）恒功率变量泵输出流量特性曲线

（a）结构　　　　　　　　　　　（c）原理

1—限位螺钉　2—弹簧调节螺钉　3—弹簧推杆　4—外弹簧　5—内弹簧　6—伺服滑阀阀芯

7—变量活塞　8—拔销　9—变量头壳体　10—斜盘

图 3-22　恒功率变量机构

　　恒功率变量泵的输出流量特性曲线如图 3-22（b）所示。该曲线由 4 段折线组成，其中 $A_2B_2C_2D_2$ 近似双曲线，即近似恒功率变量。曲线的形状可根据泵的使用要求由弹簧调节螺钉 2 调整外弹簧的预压缩量，得到如图 3-22（b）所示的 $A_1B_1C_1D_1$ 和 $A_3B_3C_3D_3$ 曲线等。

3.4.3　总功率变量泵

　　单斗液压挖掘机的液压系统一般安装两台恒功率变量泵。根据恒功率控制压力信号的来源，恒功率变量泵可分为分功率变量泵和总功率变量泵两种。在分功率变量泵系统中，两台泵控制压力信号均来自各自的回路，与另一台泵的回路压力无关。在总功率变量泵系统中，控制压力信号来自两个回路，两台泵的流量总是相等的，其调节器称为同步调节器，流量的大小取决于两个回路的压力之和。

总功率变量泵的调节器在结构上有两种类型：一种是两台泵共用一个功率调节器，两泵之间用连杆联动，即两台泵之间是机械联系，其符号如图 3-23（a）所示；另一种是每台泵各有一个功率调节器，从每台泵的输出油路上分别引出控制油路到两台泵的功率调节器，即两台泵之间是液压联系，其符号如图 3-23（b）所示。

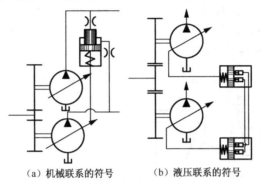

(a) 机械联系的符号　　　　(b) 液压联系的符号

图 3-23　总功率变量泵的液压符号

3.5　负载敏感泵

随着能源的日益紧缺和人们对环保要求的不断提高，机械的节能性指标越来越受到重视，对液压系统来说，主要涉及的变量有液压油的流量和压力，而流量和压力的乘积为功率（有时也称"液压功率"）。传统的恒压力变量泵和恒功率变量泵在工程机械等一些应用场合功率损失较大，过剩的流量和压力是液压系统产生能耗的根源。为改善这种状况，工程上采用负载敏感系统实现液压系统的节能控制。

负载敏感系统是从基本原理角度对系统的称呼，负载敏感系统的作用是提高原动机利用效益，减小系统发热量，达到机械设备结构紧凑和节能的目的。负载敏感系统也称为负载适应系统、负载匹配系统或功率匹配系统，有时直接称为"节能系统"。通过负载敏感系统，可以实现液压系统的节能供油。负载敏感系统供油方式分为开中心负载敏感系统供油和闭中心负载敏感系统供油，与目前最常用的定量泵+溢流阀供油方式相比，负载敏感系统供油方式的能量损失有明显的节能效果。3 种不同供油方式能量损失比较如图 3-24 所示，从图中可以看出，负载敏感系统在节能效果方面有明显的改进，闭中心负载敏感系统的能量损失最小，能量利用率最大。

本节以闭中心负载敏感系统为例，介绍其重要组成部分——负载敏感泵的节能工作原理和应用。

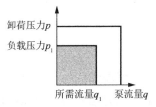

（a）传统定量泵+溢流阀供油方式

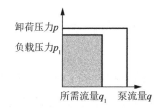

（b）开中心负载敏感系统供油方式

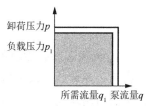

（c）闭中心负载敏感系统供油方式

图 3-24　3 种不同供油方式能量损失比较

3.5.1　负载敏感泵的节能工作原理

负载敏感泵能自动地将负载所需压力或流量变化信号，传递到敏感控制阀或液压泵变量控制机构的敏感腔，通过变量控制机构来控制液压泵的排量，使液压泵的输出压力和流量自适应负载需求。这样，液压泵仅输出负载所需要的液压功率（压力与流量的乘积），最大限度地减少溢流损失，提高液压系统的功率利用率，从而大幅提高液压系统效率。因此，负载敏感泵成为减小能量损失的调速措施之一。

需要说明的是，和前面内容介绍的齿轮泵、叶片泵或轴向柱塞泵不同，负载敏感泵并不是一个单独的元件。从变量的角度看，负载敏感泵是变量泵的一种变量控制方式。本节通过负载敏感系统说明负载敏感泵按需供油的节能工作原理，如图 3-25 所示。其中，用点画线框标示的部分 Ⅰ（包括变量泵 1、负载敏感控制阀 5 和变量伺服液压缸 6）才是所谓的负载敏感泵；节流阀 2 控制执行元件——液压缸 4 的速度，换向阀 3 使液压缸 4 实现运动方向的改变；节流阀 2 进、出油口两端的压力分别为 p_b、p_L（分别对应系统压力和负载压力），负载敏感控制阀 5 的两端跨接在节流阀 2 的进、出油口。

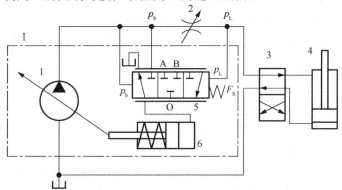

1—变量泵　2—节流阀　3—换向阀　4—液压缸　5—负载敏感控制阀　6—变量伺服液压缸

图 3-25　负载敏感泵的节能工作原理

负载敏感控制阀 5 在调节过程中的位移量很小，阀芯弹簧的弹性不大，为简化分析，可认为阀芯弹簧的设定压力 F_S 为定值。由此，可得阀芯的静力学平衡方程，即

$$p_b A_F = p_L A_F + F_S$$

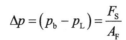
$$\Delta p = \left(p_{\mathrm{b}} - p_{\mathrm{L}}\right) = \frac{F_{\mathrm{S}}}{A_{\mathrm{F}}}$$

式中，A_{F} 为阀芯的有效面积。

当阀芯弹簧压力设定后，负载敏感控制阀 5 的阀芯在平衡位置时 Δp 恒定，与节流阀 2 进、出油口两端的压力差相等。负载敏感泵不仅能实现按需供油，同时也能按需供压，而且可以很小的能量损失实现调速。因此，它非常适用于负载压力较高、调速范围较大的液压系统。下面针对负载敏感泵的节能工作原理，从调整流量和压力两个方面分别进行说明。

当需要提高液压缸 4 的移动速度时，可以通过增大节流阀 2 的开口量实现目标。此时，由于变量泵 1 的变量控制滞后，节流阀 2 开口量增大，而 Δp 减小，则

$$p_{\mathrm{b}}A_{\mathrm{F}} < p_{\mathrm{L}}A_{\mathrm{F}} + F_{\mathrm{S}}$$

负载敏感控制阀 5 的阀芯将向左移动，B、O 口相通，液压油进入变量伺服液压缸 6 的右腔，使变量泵 1 的排量增加，流过节流阀 2 的流量也增加，Δp 增大。经过动态调整，直到负载敏感控制阀 5 的阀芯达到新的平衡。在这个过程，负载敏感泵实现了按需供应流量。

当负载压力 p_{L} 变化时，例如，当 p_{L} 减小时，由于变量泵 1 的变量滞后，因此变量泵 1 的输出压力暂时维持不变；又由于节流阀 2 的开口量不变，因此通过节流阀 2 的流量增加，则 Δp 增大。由于

$$p_{\mathrm{b}}A_{\mathrm{F}} > p_{\mathrm{L}}A_{\mathrm{F}} + F_{\mathrm{S}}$$

此时，负载敏感控制阀 5 的阀芯将向右移动，A、O 口相通，变量伺服液压缸 6 的右腔与油箱相通，液压缸活塞在弹簧的推动下向右移动，使变量泵 1 的排量减小，进而使通过节流阀 2 的流量减小，Δp 减小，p_{b} 降低。经过动态调整，直到负载敏感控制阀 5 的阀芯重新达到平衡。这样，在节流阀 2 开口量固定的情况下，变量泵 1 输出的流量保持恒定，但系统压力 p_{b} 比负载压力 p_{L} 高出一定值，实现按需供应系统压力。

从以上分析可知，负载敏感泵能够提高系统功率利用率。一方面，将负载所需要的压力与泵的输出压力匹配；另一方面，泵的输出流量正好满足负载驱动速度的需要。

3.5.2　负载敏感泵的应用

负载敏感泵能够使液压系统实现按执行元件需要提供相应的流量，同时按执行元件需要提供相应的压力（工程上常称为"按需供油、按需供压"）。因为节能效果显著，所以负载敏感泵在液压系统中的应用非常广泛。图 3-26 所示是包含负载敏感泵和一个执行机构的负载敏感系统，即单机构负载敏感系统。此外，以负载敏感泵搭配压力补偿阀的负载敏感系统很容易实现单泵驱动多个执行机构的独立调速。单泵驱动多个执行机构独立调速的优势除了"按需供油、按需供压"，还有各执行机构不受外部负载变动的影响和其他执行元件的干扰，尤其在负载差异比较大的单泵多负载系统中，保持各执行元件不受其他执行元件的干扰能力，是别的多执行机构抗干扰回路无法相比的。

以图 3-27 所示的双执行机构负载敏感系统为例，说明单泵驱动多执行机构负载敏感系统的应用。和单执行机构负载敏感系统相比，单泵驱动多执行机构负载敏感系统在每个执

行机构的控制阀前面增加了一个负载补偿阀，目的是通过消耗一部分能量，保持工作节流阀口的压力差基本不变，从而抑制负载压力变化（主要干扰因素）和油源压力波动（次要干扰因素），使通过流量阀的流量能保持不变。另外，系统中增加梭阀网络，可以检测所有执行机构中的最大负载压力信号，并把信号传送到负载敏感泵，使该泵的输出压力始终比最高负载压力高，达到所需的压力差。该系统在使用时，泵的最大输出流量必须大于所有负载所需流量之和；否则，系统失效。

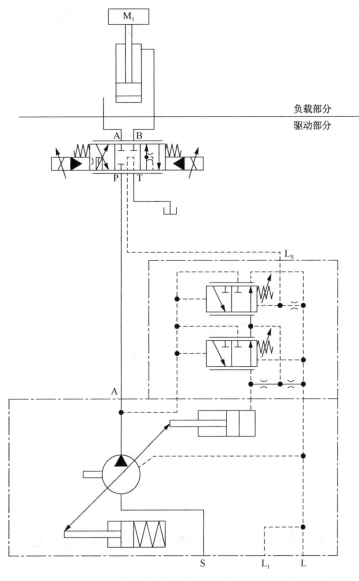

图 3-26　单一执行机构负载敏感系统

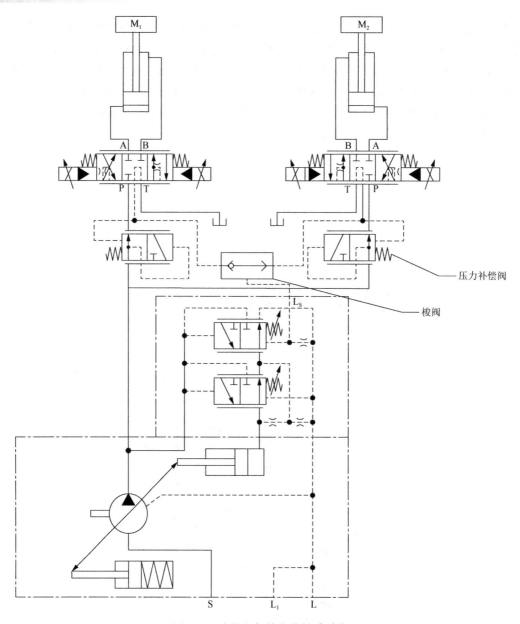

图 3-27　多执行机构负载敏感系统

3.6　多作用内曲线低速大转矩液压马达

多作用内曲线低速大转矩液压马达，如径向柱塞式液压马达具有结构紧凑、排量 V 大、传动转矩大、脉动率小、低速稳定性好（最低为 0.2～0.5r/min）、变速范围大、启动效率高等优点，得到了广泛应用。下面对内曲线径向柱塞式液压马达进行介绍。

3.6.1　结构组成

多作用内曲线径向柱塞式液压马达的结构如图 3-28 所示。

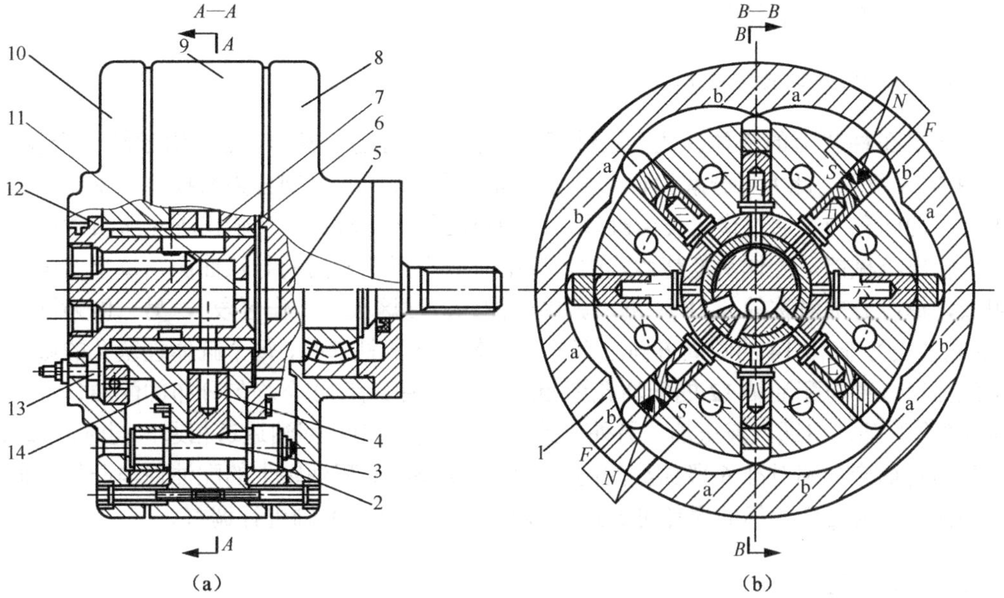

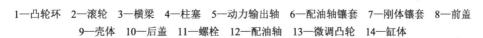

（a）　　　　　　　　　　　　　　　　　　（b）

1—凸轮环　2—滚轮　3—横梁　4—柱塞　5—动力输出轴　6—配油轴镶套　7—刚体镶套　8—前盖
9—壳体　10—后盖　11—螺栓　12—配油轴　13—微调凸轮　14—缸体

图 3-28　多作用内曲线径向柱塞式液压马达的结构

下面从工作原理角度，对其主要结构进行分析。

1. 动力输出轴

该液压马达通过动力输出轴向外输出机械能，输出轴 5 与缸体 14 连成一体，称为转子，转子通过轴承支撑在壳体 9 上。缸体的旋转中心处与配油轴配合，配油轴固装在壳体上，缸体在径向均匀分布若干柱塞孔。

2. 密封工作容积

在缸体的柱塞孔中装有柱塞 4，柱塞顶部装有横梁和滚轮组，滚轮顶在定子内表面上。柱塞、柱塞孔和配油轴形成了可变化的密封容积，此容积通过配油轴与进、回油管相通。

3. 定子和配油轴

由于该液压马达的定子内表面是由若干段曲线形成的，它每转一周，就多次吸油和排油，因此，这些曲线被称为多作用内曲线。密封工作容积的变化规律由该内曲线决定。配油轴位于缸体中心，在其配油部分的圆周上开有若干进、回油口（进、回油口相间排列），进、回油口数量与曲线段数量相等。为使马达连续正常旋转，配油机构必须与容积变化相适应，这要求配油轴与定子内表面曲线有严格的相对位置关系，即配油轴上的进、回油口必须分别与定子内表面曲线的不同区段完全对应，且进、回油口之间的隔墙必须大于或等于柱塞孔底部油孔的径向尺寸。

4. 力和转矩的传递机构

作用在柱塞上的液体压力，通过横梁、滚轮压向定子表面，定子给滚轮一个反力 N，如图 3-28 所示，此力可分解为径向分力 F 和切向分力 S。径向分力与柱塞所受的液体压力平衡；切向分力 S 通过横梁传给缸体，此力对缸体产生转矩，使输出轴克服负载而旋转，对外输出机械能。壳体 9 是整体式的，其上有两个形状相同的导轨曲面，每个曲面由六段组成，每段分成对称的 a、b 两侧，其中一侧为进油区段（工作区段），另一侧为回油区段（空载区段），缸体 14 的圆周方向上有 8 个均匀分布的柱塞孔，每个缸体柱塞孔的底部有一个配油口，并与配油轴 12 的配油孔道相通。配油轴上有 12 个均匀分布的配油口，其中一组（6 个）配油口通入液压油，另外一组（6 个）配油口与回油通道相通，同时，每组的 6 个配油孔均应分别对准 6 段曲线的同一侧面 a 或 b，而配油轴上的配油口与凸轮环曲面上进油区段对应相位角间的误差可通过微调凸轮 13 转动配油轴进行调整。

3.6.2 工作原理

当定子内表面曲线的 b 侧接通高压油、a 侧接通回油时，在图 3-28（b）所示瞬间柱塞一、五处于高压作用下，柱塞三、七处于回油状态，柱塞二、四、六、八处于过渡状态（与高、低压油均不相通）。在液压油作用下，柱塞一、五产生沿柱塞中心线方向的推力 N'，N' 作用在滚轮组的横梁上，并将滚轮压紧在轨道曲面上。轨道曲面产生一个反作用力 N，此作用力的切向分力经横梁传给缸体，产生转矩，驱动缸体沿顺时针方向旋转。当油口换接时（b 侧接通回油，a 侧接通高压油），则缸体在柱塞三、七所产生的转矩作用下，沿逆时针方向旋转。

本章小结

本章针对常用容积式液压泵液压马达，从主要概念和计算两个方面进行介绍，同时介绍了新型负载敏感泵的基本原理。

1. 主要概念

（1）容积式液压泵及液压马达的工作原理。

（2）液压泵和液压马达的常用基本参数及其国际单位（量纲），包括工作压力、排量、理论流量、实际流量、容积效率、（液压泵）输入转矩、（液压马达）输出转矩、机械效率、输入/输出功率、总效率，以及相关参数之间的关系。

（3）齿轮泵的泄漏及其主要途径。

（4）常用的液压泵（如齿轮泵、叶片泵和轴向柱塞泵）及相应液压马达的结构、工作原理、主要有缺点和应用。

（5）液压泵和液压马达的图形符号。

2．计算

重点介绍液压泵和液压马达的流量（理论流量、实际流量）、工作压力、输入/输出功率、效率（总效率、容积效率、机械效率）、转矩等参数的计算，为后续液压系统的设计和计算提供依据。

思考与练习

3-1　液压泵完成吸油和排油，必须具备什么条件？

3-2　要提高齿轮泵的压力需解决哪些关键问题？通常都采用哪些措施？

3-3　叶片泵能否实现反转？请说出理由并进行分析。

3-4　为什么轴向柱塞泵适用于高压场合？

3-5　简述齿轮泵、叶片泵、柱塞泵的优缺点及应用场合。

3-6　某个齿轮泵的模数 m=4 mm，齿数 z=9，齿宽 b=18mm，在额定压力下，当转速 n=2000 r/min 时，泵的实际输出流量 V =30 L/min，求泵的容积效率。

3-7　YB63 型叶片泵的最高压力 p_{max}=6.3MPa，叶片宽度 B=24mm，叶片厚度 δ =2.25mm，叶片数量 z =12，叶片倾斜角 θ =13°，定子内表面曲线长径 R=49mm，短径 r=43mm，泵的容积效率 η_v =90%，机械效率 η_m =90%，泵轴的转速 n=960r/min，试求：（1）该叶片泵的实际流量是多少？（2）该叶片泵的输出功率是多少？

3-8　斜盘式轴向柱塞泵的斜盘倾斜角 β =20°，柱塞直径 d=22mm，柱塞分布圆直径 D=68mm，柱塞数量 z=7，机械效率 η_m =90%，容积效率 η_v =97%，泵的转速 n=1450r/min，泵的输出压力 p=28MPa，试计算：

（1）平均理论流量。

（2）实际输出的平均流量。

（3）该泵的输入功率。

3-9　有一台齿轮泵，铭牌上注明其额定压力为 10 MPa，额定流量为 16 L/min，额定转速为 1000 r/min，拆开实测齿数 z =12，齿宽 b=26 mm，齿顶圆直径 D_e =45 mm 试求：

（1）该泵在额定工况下的容积效率；

（2）在上述情况下，当电动机的输出功率为 3.1 kW 时，求该泵的机械效率和总效率。

第4章 液 压 缸

教学要求

通过本章学习，了解液压缸的分类及其特点，掌握液压缸的典型结构及其设计与计算校核。

引 例

在使用液压系统的机械设备中，需要将液压泵输出的液压能转换为机械能，完成工作机构的工作要求，如牛头刨床往复移动的刀架，组合机床动力滑台的移动，液压叉车的举升架，液压式汽车起重机和抓斗式起重机（见例图 4-1）的支腿收放机构、起升机构、吊臂伸缩机构、变幅机构等一系列动作的实现。能够实现往复直线运动或摆动的能量转换装置即液压缸（见例图 4-2），属于液压系统中的执行元件。

液压缸的输入量是油液的压力和流量，输出量是速度和力。其结构简单，用途广泛，工作可靠。由于主机的运动速度、运动形式，以及负载大小、负载变化各不相同，因此，液压缸的规格和种类繁多，需要重视液压缸的设计，包括液压缸的参数计算及其结构设计、计算校核。

例图4-1 抓斗式起重机

例图4-2 液压缸

4.1 液压缸的分类和工作原理

4.1.1 液压缸的分类

液压缸用途广泛，种类繁多，分类方法各异。

按运动形式，液压缸分为往复直线运动式液压缸和摆动式液压缸。其中，往复直线运动式液压缸按结构形式分为活塞式、柱塞式两类；活塞式液压缸根据活塞杆数的不同，又可分为单杆活塞式液压缸和双杆活塞式液压缸。

按作用方式，液压缸分为单作用液压缸和双作用液压缸。单作用液压缸是单向液压驱动，回程需借助自重、弹簧力或其他外作用力来实现。双作用液压缸的两个运动方向都靠液体压力来实现，即双向液压驱动。

按液压缸的特殊用途，液压缸可分为串联液压缸、增压液压缸、增速液压缸、步进液压缸等。这些液压缸的缸筒是组合式缸筒，因此又称为组合缸。

按作用方式及结构形式，液压缸又可分成表 4-1 所示的类型。

表 4-1 液压缸的分类

类型	名　　称		图形符号	特　　点
单作用液压缸	柱塞式液压缸			柱塞仅作单向运动,返程利用自重或其他外力将柱塞推回
	单杆活塞式液压缸			活塞仅作单向运动,返程利用自重或其他外力将活塞推回
	双杆活塞式液压缸			活塞的两侧都装有活塞杆,只能向活塞一侧供给液压油,返程利用弹簧力、重力或其他外力推回
	伸缩式液压缸			以短缸获得长行程。有多个相互联动的活塞,用液压油由大到小逐节推出,由小到大靠外力逐节缩回
双作用液压缸	单活塞杆式	普通液压缸		活塞双向液压驱动,双向推力和速度不相等,到达行程终点时不减速
		不可调缓冲液压缸		活塞在行程终点时减速制动,减速值不变

续表

类型	名 称		图形符号	特 点
双作用液压缸	单活塞杆式	可调缓冲液压缸	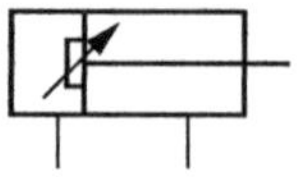	活塞在行程终点时减速制动，减速值可调
	双活塞杆式	等行程等速液压缸	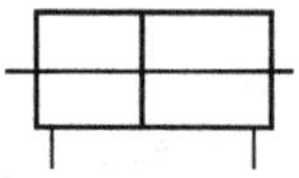	活塞双向液压驱动，双向推力和速度相等，可实现等速往复运动
		双向液压缸	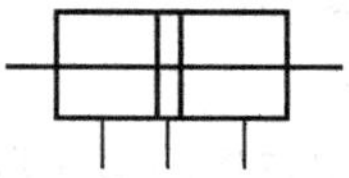	利用对油口的进、排油顺序的控制，可使两个活塞作多种配合动作的运动
	伸缩式套筒液压缸		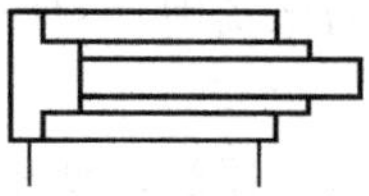	以短缸获得长行程。双向液压驱动，有多个相互联动的活塞，由大到小逐节推出，由小到大逐节缩回
组合液压缸	弹簧复位液压缸		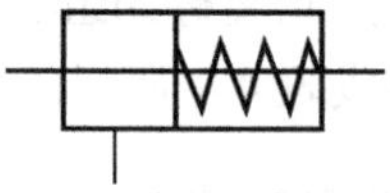	单向液压驱动，由弹簧力复位
	增压液压缸		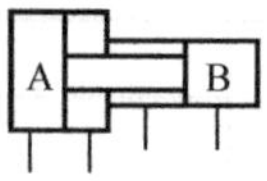	由 A 腔进油驱动，使得 B 腔输出高压油源
	串联液压缸		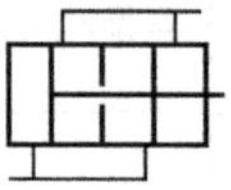	用于液压缸的直径受限制、而长度不受限制的场合，能获得较大推力
	齿条传动液压缸		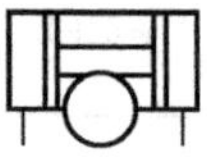	活塞的往复运动通过齿条驱动齿轮而获得往复回转运动

4.1.2 液压缸的工作原理

1．活塞式液压缸

活塞式液压缸根据使用要求的不同，可选用单杆活塞式液压缸和双杆活塞式液压缸。根据安装方式的不同，活塞式液压缸可分为缸体固定式和活塞杆固定式两种。

1）单杆活塞式液压缸

单作用活塞式液压缸的活塞只有一端带活塞杆。不管采用哪种安装方式，工作台移动范围都是活塞或缸体有效行程的两倍。采用缸体固定式安装形式时，往左腔输入液压油，当油的压力足以克服作用在活塞杆上的负载时，推动活塞向右运动，压力不再继续上升。

反之，往右腔输入液压油时，活塞向左运动，完成一次往复运动。采用活塞杆固定式安装形式，活塞杆固定，往左腔输入液压油时，缸体向左运动；往右腔输入液压油时，则缸体向右运动，完成一次往复运动。

可见，液压缸将输入液体的压力能（压力和流量）转变为机械能，用来克服负载做功，输出一定的推力和运动速度。因此，液压缸的输入量（压力和流量）、液压缸的输出量（推力和运动速度）是液压缸的主要性能参数。

图 4-1 所示为单杆活塞式液压缸，其采用缸体固定形式。下面分析该活塞缸在不同供油方式下各个参数之间的关系。

已知活塞直径（也是缸筒内径）为 D，活塞杆直径为 d，则 $A_1 = \dfrac{\pi}{4}D^2$ 为无杆腔（有时也称为大腔）有效面积，$A_2 = \dfrac{\pi}{4}(D^2 - d^2)$ 为有杆腔（有时也称为小腔）有效面积。

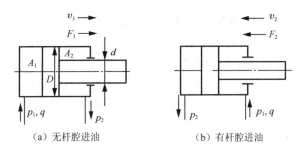

（a）无杆腔进油　　　　　　（b）有杆腔进油

图 4-1　单杆活塞式液压缸

（1）无杆腔进油，有杆腔回油。

在该供油方式下，推力和速度分别为

$$F_1 = (p_1 A_1 - p_2 A_2)\eta_{\mathrm{m}} = \frac{\pi}{4}[(p_1 - p_2)D^2 + p_2 d^2]\eta_{\mathrm{m}} \tag{4-1}$$

$$v_1 = \frac{q}{A_1}\eta_{\mathrm{v}} = \frac{4q}{\pi D^2}\eta_{\mathrm{v}} \tag{4-2}$$

当回油腔直接连接油箱时，

$$F_1 = p_1 \frac{\pi}{4}D^2 \eta_{\mathrm{m}}$$

（2）有杆腔进油，无杆腔回油。

在该供油方式下，推力和速度分别为

$$F_2 = (p_1 A_2 - p_2 A_1)\eta_{\mathrm{m}} = \frac{\pi}{4}[(p_1 - p_2)D^2 - p_1 d^2]\eta_{\mathrm{m}} \tag{4-3}$$

$$v_2 = \frac{q}{A_2}\eta_{\mathrm{v}} = \frac{4q}{\pi(D^2 - d^2)}\eta_{\mathrm{v}} \tag{4-4}$$

当回油腔直接连接油箱时，

$$F_2 = p_1 \frac{\pi}{4}(D^2 - d^2)\eta_{\mathrm{m}}$$

结论：由于此类液压缸两腔的有效面积不相等，分别为 A_1、A_2，在两个方向上的输出推力和速度也不相等。无杆腔进油时，活塞的推力大；有杆腔进油时，活塞的移动速度大。

定义两个方向上的速度比值为速比 λ_v，即

$$\lambda_v = \frac{v_2}{v_1} = \frac{1}{1 - (d/D)^2}$$

在进行液压缸设计时，已知液压缸的缸筒内径（也是活塞直径）和速比，则可得到活塞杆的直径：

$$d = D\sqrt{\frac{\lambda_v - 1}{\lambda_v}}$$

（3）液压缸左右两腔同时通入液压油。当油路为差动连接时（见图4-2），液压缸左右两腔同时通入液压油，但因为两腔的有效面积不相等，所以活塞向右运动。有杆腔排出的油液流量也进入无杆腔，使左腔的流量增大，从而加快了活塞的移动速度。若不考虑损失，则按差动连接的液压缸的活塞推力和移动速度分别为

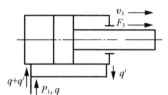

图4-2　差动连接

$$F_3 = p_1(A_1 - A_2)\eta_{\mathrm{m}} = p_1 \frac{\pi}{4}d^2 \eta_{\mathrm{m}} \qquad （4\text{-}5）$$

$$v_3 = \frac{q}{A_1 - A_2}\eta_v = \frac{4q}{\pi d^2}\eta_v \qquad （4\text{-}6）$$

油路的连接方式为差动连接时，活塞（或缸筒）只能向一个方向运动。若要使它反向移动时，则油路的连接方式必须和非差动连接相同。反向时，油路连接方式和有杆腔进油相同，即 F_2、v_2[见式（4-3）和式（4-4）]。若要使正反向移动速度相等，则必须使 $D = \sqrt{2}d$。

由式（4-5）和式（4-6）可知，当油路为差动连接时，此类液压缸的有效面积就是活塞杆的横截面积，工作台移动速度比无杆腔进油时的速度大，而输出力较小。

差动连接是在不增加液压泵容量和功率的条件下，实现快速运动的有效办法。这种连接方式被广泛应用于组合机床的液压传动系统和其他机械设备的快速运动中。

（4）浮动连接。单杆活塞缸的两个油口都直接回油箱时称为"浮动连接"，如图4-3所示。在该供油方式下，活塞杆受力为零，速度不恒定。

2）双杆活塞式液压缸

双杆活塞式液压缸的活塞两侧都有一根直径相等的活塞杆伸出，其图形符号见表4-1。它也有缸体固定式和活塞杆固定式两种安装方式。缸体固定式连接时，进、出油口布置在缸筒两端，活塞通过活塞杆带动工作台移动，工作台移动范围是活塞有效行程的3倍，占地面积大。活塞杆固定式连接时，活塞杆通过支架固定，缸体与工作台相连，动力由缸体输出，工作台移动范围是活塞有效行程的2倍，

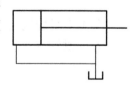

图4-3　浮动连接

占地面积小，但必须使用软管连接。

在缸体固定式安装方式下，当液压缸的右腔进油、左腔回油时，活塞向左移动；反之，活塞向右移动。由于两个活塞杆的直径是相等的，因此，当工作压力和输入流量不变时，两个方向上输出的推力和速度是相等的，两者的值分别为

$$F_1 = F_2 = (p_1 - p_2)A\eta_{\mathrm{m}} = (p_1 - p_2)\frac{\pi}{4}(D^2 - d^2)\eta_{\mathrm{m}} \tag{4-7}$$

$$v_1 = v_2 = \frac{Q}{A}\eta_{\mathrm{v}} = \frac{4Q}{\pi(D^2 - d^2)}\eta_{\mathrm{v}} \tag{4-8}$$

在活塞式液压缸中，活塞与缸筒内孔定向的配合精度要求较高，尤其对缸筒内孔的尺寸精度、几何精度和表面粗糙度都有较高的要求。当液压缸行程较长时，加工比较困难。

2. 柱塞式液压缸

柱塞式液压缸输出的推力和速度分别为

$$F = pA\eta_{\mathrm{m}} = p\frac{\pi}{4}d^2\eta_{\mathrm{m}} \tag{4-9}$$

$$v = \frac{q}{A}\eta_{\mathrm{v}} = \frac{4q}{\pi d^2}\eta_{\mathrm{v}} \tag{4-10}$$

式中，d 为柱塞直径（m）。

柱塞式液压缸只能是单作用液压缸，依靠液压油将柱塞顶出，借助工作机构的重力作用回位。由于柱塞较粗，有较大的刚性，柱塞在缸体内不接触缸壁，依靠镶嵌在缸体内的导向环保证柱塞沿中轴线移动，因此对缸体内壁的表面粗糙度没特殊要求，结构简单，制造工艺性好，特别适用于长行程的场合，如压制用液压缸、龙门刨、导轨磨、大型拉床等。为了得到双向运动，柱塞式液压缸常成对使用。为减轻质量，防止柱塞在水平放置时因自重而下垂，常把柱塞做成空心。图 4-4 所示为叉车上常用的一种柱塞式液压缸。

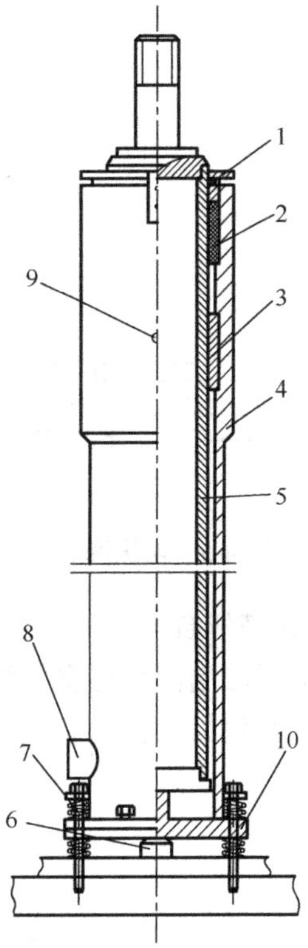

3. 其他液压缸

1）增压液缸

增压液缸利用两个不同有效面积的活塞获
得高压力，如图 4-5 所示。当输入活塞式液压缸的液体压力为 p_1，大活塞直径为 D，小活塞直径为 d 时，由受力平衡方程可得

1—缸盖 2—V 形密封圈 3—导向环 4—缸体
5—柱塞 6—球面支座 7—缓冲弹簧 8—通油口
9—放气螺钉 10—缸底

图 4-4 柱塞式液压缸

$$p_1 \frac{\pi}{4} D^2 \eta_{\mathrm{m}} = p_3 \frac{\pi}{4} d^2$$

输出的液体压力为高压力，其值为

$$p_3 = p_1 (D/d)^2 \eta_{\mathrm{m}} \tag{4-11}$$

2）伸缩式液压缸

伸缩式液压缸由两个或多个活塞式液压缸套装而成，前一级活塞式液压缸的活塞是后一级活塞式液压缸的缸筒，伸出时可获得较大的行程，缩回时可保持较小的轴向尺寸。常用于翻斗车、起重机和挖掘机等工程机械。图 4-6 所示为一种双作用两级伸缩式液压缸。伸出时各级活塞按有效面积大小依次先后动作，并在输入流量不变时，输出推力逐级减小，速度逐级加大，两者的值分别为

$$F_i = p_1 \frac{\pi}{4} D_i^2 \eta_{\mathrm{m}i} \tag{4-12}$$

$$v_i = \frac{4q}{\pi D_i^2} \eta_{\mathrm{v}i} \tag{4-13}$$

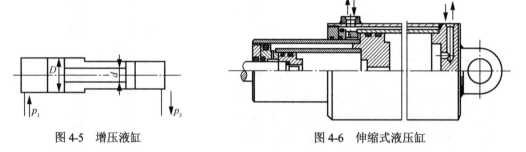

图 4-5　增压液缸　　　　　　　　　图 4-6　伸缩式液压缸

3）齿轮液压缸

齿轮液压缸由两个柱塞式液压缸和一套齿轮和齿条传动装置组成，如图 4-7 所示。柱塞的移动经齿轮齿条传动装置变成齿轮的转动，用于实现工作部件的往复摆动或间歇进给运动。

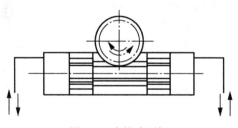

图 4-7　齿轮液压缸

齿轮液压缸的最大特点是将直线运动转换为回转运动，其结构简单，制造容易，常用于机械手和磨床的进刀机构、组合机床的回转工作台、回转夹具及自动生产线的转位机构。

【例 4-1】 某液压机在压制时负载为 $F = 1\,\text{MN}$，柱塞行程 $S = 3.6\,\text{m}$，移动速度为 $v = 0.6\,\text{m/s}$，系统压力为 $p = 21\,\text{MPa}$，设液压泵的总效率为 85%。求

（1）液压缸的柱塞面积。

（2）柱塞移动一次所需流量。

（3）所需的传动功率。

解：（1）液压缸的柱塞面积。

$$A = \frac{F}{p} = \frac{1 \times 10^6}{21 \times 10^6} = 0.0476\,\text{m}^2$$

（2）柱塞移动一次所需流量。

$$V = AS = 0.0476 \times 3.6 = 0.171\,\text{m}^3$$

因为柱塞的移动速度 $v = 0.6\,\text{m/s}$，所以所需流量为

$$q = Av = 0.0476 \times 0.6 = 0.0286\ (\text{m}^3/\text{s})$$

（3）所需的传递功率。

$$P = \frac{pq}{\eta} = \frac{21 \times 10^6 \times 0.0286}{0.85 \times 10^3} = 706.6\ (\text{kW})$$

【例 4-2】流量为 5 L/min 的液压泵驱动两个并联液压缸 A 和液压缸 B，两个液压缸垂直放置，已知液压缸 A 的活塞的重力为 10000 N，液压缸 B 的活塞的重力为 5000 N，两个液压缸活塞的有效面积均为 $100\,\text{cm}^2$，溢流阀的调整压力为 2 MPa。设两个活塞的初始位置都为缸体下端，试求两个活塞的移动速度和液压泵的工作压力。

解：根据液压系统的压力 p_p 决定于外负载这一结论，又由于液压缸 A 和液压缸 B 的质量不同，因此，可知液压缸 A 的活塞的工作压力为

$$p_\text{A} = \frac{G_\text{A}}{A_\text{A}} = \frac{10000}{100 \times 10^{-4}} = 1\ (\text{MPa})$$

液压缸 B 的活塞的工作压力

$$p_\text{B} = \frac{G_\text{B}}{A_\text{B}} = \frac{5000}{100 \times 10^{-4}} = 0.5\,\text{MPa}$$

从计算结果可知，两个活塞不会同时移动。

（1）液压缸 B 的活塞移动，而液压缸 A 的活塞静止，液压泵流量全部进入液压缸 B，此时

$$v_\text{B} = \frac{q}{A_\text{B}} = \frac{5 \times 10^{-3}}{100 \times 10^{-4}} = 0.5\ (\text{m/min})$$

$$v_\text{A} = 0$$

$$p_\text{p} = p_\text{B} = 0.5\ (\text{MPa})$$

（2）液压缸 B 的活塞移动到顶端后，使系统压力 p_p 上升至 p_A 时，液压缸 A 的活塞开始移动，液压泵流量全部进入液压缸 A，此时

$$v_A = \frac{q}{A_A} = \frac{5 \times 10^{-3}}{100 \times 10^{-4}} = 0.5 \, (\text{m/min})$$

$$v_B = 0$$

$$p_p = p_A = 1\text{MPa}$$

（3）液压缸 A 的活塞运动到顶端后，系统压力 p_p 继续升高，升至 2MPa 时，溢流阀开启，液压泵流量全部通过溢流阀回油箱，液压泵压力值稳定在溢流阀的调整压力值，即 $p_p = 2\text{MPa}$

4.2 液压缸的典型结构

4.2.1 液压缸的结构组成

图 4-8 所示的是一个较常用的双作用单杆活塞式液压缸，其主要由缸底 2、缸筒 11、缸盖 15、活塞 8、活塞杆 12 和导向套 13 等组成。

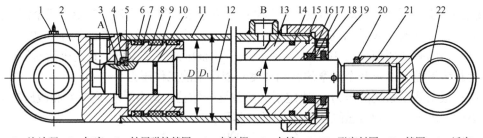

1—注油环　2—缸底　3—轴用弹性挡圈　4—卡键帽　5—卡键　6—Yx 形密封圈　7—挡圈　8—活塞
9—支承环　10，14—O 形密封圈　11—缸筒　12—活塞杆　13—导向套　15—缸盖　16—Y 形密封圈
17—挡圈　18—固紧螺钉　19—防尘圈　20—圆螺母　21—轴套　22—耳环

图 4-8　双作用单杆活塞式液压缸

缸筒的一端与缸底焊接，另一端与缸盖采用螺纹连接，以便拆装检修。此外，缸筒两端还设有油口 A 和油口 B。缸筒内壁表面光滑，为了避免缸筒与活塞因直接接触产生摩擦而造成"拉缸"，活塞上套有支承环（支承环用耐磨材料聚四氟乙烯或尼龙制成）。

为使结构紧凑和便于装卸，活塞与活塞杆采用卡键连接。活塞杆表面光滑并要保证活塞杆的移动不偏离中轴线，从而避免损伤缸壁和密封件。为改善活塞杆和缸盖孔的摩擦情况，在缸盖的一端设置了用青铜或铸铁等耐磨材料制成的导向套。考虑到活塞杆外露部分会黏附尘土，在缸盖孔口处设有防尘圈。

缸内两腔之间的密封，是依靠活塞内孔的 O 形密封圈及其外缘两个背靠安置的 Yx 形密封圈和挡圈来保证。导向套外缘设有 O 形密封圈，内孔设有 Y 形密封圈和挡圈，以防油液外漏。此外，在活塞行程终点的缸筒两端均设置了缓冲装置。

缸底端部和活塞杆头部都设有耳环，便于铰接。因此，这种液压缸在作往复运动时，其中轴线可随工作需要自由摆动，常用于液压挖掘机等工程机械。

4.2.2 液压缸的主要零件及装置

从上面所述的液压缸典型结构中可以看出，液压缸的结构基本上可以分为缸筒和缸盖、活塞和活塞杆、密封装置、缓冲装置与排气装置5个部分。

1. 缸筒和缸盖

缸筒是液压缸的主体，其内孔一般采用镗削、绞孔、滚压或珩磨等精密加工工艺制造。端盖装在缸筒两端，与缸筒形成封闭油腔，同样承受很大的液体压力。因此，端盖及其连接件都应有足够的强度。导向套对活塞杆或柱塞起导向和支撑作用，有些液压缸不设导向套，直接用端盖孔导向。一般来说，缸筒和缸盖的结构形式和其使用的材料有关。缸筒、端盖和导向套的材料选择和技术要求可参考液压设计手册。

缸筒和缸盖的连接有多种形式，图4-9所示为常见的缸筒和缸盖连接形式。

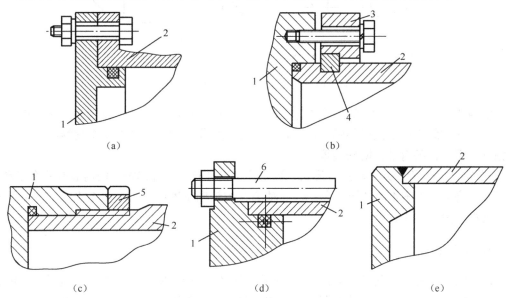

（a）法兰连接形式 （b）半环连接形式 （c）螺纹连接形式 （d）拉杆连接形式 （e）焊接连接形式

1—缸盖 2—缸筒 3—压板 4—半环 5—防松螺母 6—拉杆

图4-9 常见的缸筒和缸盖的形式连接

图4-9（a）所示为法兰连接形式，结构简单，容易加工，也容易装拆，但外形尺寸和质量都较大，常用在铸铁制造的缸筒上。图4-9（b）所示为半环连接形式，它的缸筒壁部因开了环形槽而削弱了强度，为此有时要加厚缸壁，但它容易加工和装拆，质量较小，常用于无缝钢管或锻钢制造的缸筒上。图4-9（c）所示为螺纹连接形式，它的缸筒端部结构

复杂，加工外径时要求保证内外径同心，装拆要使用专用工具，它的外形尺寸和质量都较小，常用于无缝钢管或铸钢制造的缸筒上。图4-9（d）所示为拉杆连接形式，该结构的通用性大，容易加工和装拆，但外形尺寸和质量较大。图4-9（e）所示为焊接连接形式，该结构简单，尺寸小，但缸底内径不易加工，并且可能引起变形。

2. 活塞和活塞杆

活塞和活塞杆的连接形式有很多种，如整体式活塞和分体式活塞。整体活塞是指把活塞杆与活塞做成一体，对于短行程的液压缸，这是最简单的形式。但是，当液压缸的行程较长时，这种整体式活塞组件的加工较费事，因此常把活塞和活塞杆分开制造，然后再连接成一体。图4-10所示为两种常见的活塞和活塞杆的连接形式。

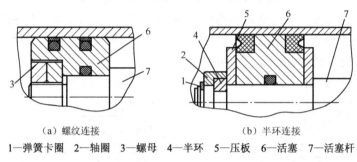

（a）螺纹连接　　　　　　　　　　（b）半环连接
1—弹簧卡圈　2—轴圈　3—螺母　4—半环　5—压板　6—活塞　7—活塞杆

图4-10　两种常见的活塞和活塞杆的连接形式

图4-10（a）所示为活塞和活塞杆之间采用螺纹连接，它适用负载较小、无冲击力的液压缸中。螺纹连接形式虽然结构简单，安装方便可靠，但在活塞杆上车前螺纹不仅削弱其强度，而且需备有螺帽防松装置。

图4-10（b）所示为半环连接形式。活塞杆7上开有一个环形槽，槽内装有两个半环4以夹紧活塞6，半环4由轴圈2套住，而轴圈2的轴向位置用弹簧卡圈1来固定。结构复杂，装拆不变，但工作较可靠。

3. 密封装置

液压缸中常见的密封装置如图4-11所示。图4-11（a）所示为间隙密封装置，它依靠运动件间的微小间隙防止油液泄漏。为了提高这种装置的密封效果，常在活塞的表面上制出几条细小的环形槽，以增大油液通过间隙时的阻力。它的结构简单，摩擦阻力小，可耐高温，但泄漏量大，加工要求高，磨损后无法恢复原密封效果，因此，它只在尺寸较小、压力较低、相对移动速度较高的缸筒和活塞间使用。

图4-11（b）所示为摩擦环密封装置，它依靠套在活塞上的摩擦环（尼龙或其他高分子材料制成）在O形密封圈的弹力作用下贴紧缸壁而防止泄漏。这种材料的密封效果较好，摩擦阻力较小且稳定，可耐高温，磨损后有自动补偿能力，但加工要求高，装拆较不便，适用于缸筒和活塞之间的密封。

图 4-11（c）和图 4-11（d）所示为密封圈（Yx 形密封圈、V 形密封圈等），它利用橡胶或塑料的弹性使各种截面的环形圈贴紧在静、动配合面之间防止泄漏。它结构简单，制造方便，磨损后有自动补偿能力，性能可靠，在缸筒和活塞之间、缸盖和活塞杆之间、活塞和活塞杆之间、缸筒和缸盖之间都能使用。

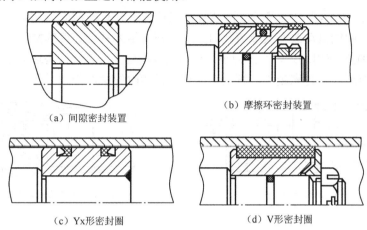

(a) 间隙密封装置　　　　　　　　(b) 摩擦环密封装置

(c) Yx形密封圈　　　　　　　　(d) V形密封圈

图 4-11　密封装置

由于活塞杆外伸部分很容易把污物带入液压缸，使油液受污染、密封件被磨损，因此常需要在活塞杆密封处增添防尘圈，并放在向着活塞杆外伸的一端。

4. 缓冲装置

液压缸一般都设置缓冲装置，特别是对大型、高速或要求高的液压缸，为了防止活塞在行程终点与缸盖或缸底相互撞击，引起噪声、冲击力，甚至造成液压缸或被驱动件的损坏，必须设置缓冲装置，如图 4-12 所示。

缓冲装置的工作原理是利用活塞或缸筒在其走向行程终点时，在活塞和缸盖、缸底之间封住一部分油液，强迫它从小孔或细缝中挤出，以产生很大的阻力，使工作部件受到制动，逐渐减小运动速度，达到避免活塞与缸盖、缸底相互撞击的目的。换句话说，当活塞快速运动到接近缸盖、缸底时，增大排油阻力，使活塞式液压缸的排油腔产生足够的缓冲压力，使活塞减速，从而避免与缸盖、缸底快速相撞。理想的缓冲装置应在整个工作过程中保持缓冲压力恒定不变，实际的缓冲装置很难做到这一点。

图 4-12（a）所示为间隙缓冲装置，当缓冲柱塞进入与其相匹配的缸盖上的内孔时，活塞与缸盖之间形成密闭空间，内孔中的液压油只能通过间隙 δ 排出，增加了排油阻力，使活塞移动速度降低。当缓冲柱塞进入上述内孔之后，油腔中的油只能经节流阀排出。这种缓冲装置结构简单，但缓冲压力不可调节，并且实现减速所需的行程较长。因此，其适用于移动部件惯性不大、移动速度不高的场合。

图 4-12（b）所示为可调节流缓冲装置。它不但有凸台和凹腔等结构，而且在端盖中

装有针形节流阀和单向阀。可以根据负载情况调节节流阀开口量大小，改变吸收能量的大小，因此使用范围较广。

由于节流阀是可调的，因此缓冲作用也可调节，但仍不能解决速度减低后缓冲作用减弱的缺点。

图 4-12（c）所示为可变节流缓冲装置，在活塞上开有横截面为三角形的轴向斜槽，在实现缓冲过程中能自动改变其节流孔口大小（随着活塞移动速度的降低，节流孔口相应变小），因而使缓冲作用均匀，冲击力小，制动位置精度高。随着柱塞逐渐进入与其相匹配的内孔中，其节流面积越来越小，解决了在行程最后阶段缓冲作用过弱的问题。

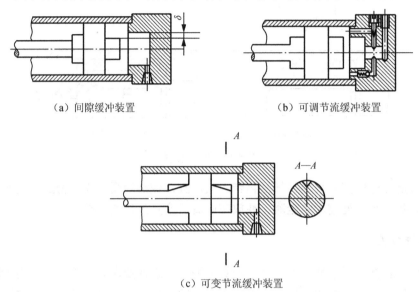

（a）间隙缓冲装置　　　　　　　　（b）可调节流缓冲装置

（c）可变节流缓冲装置

图 4-12　液压缸的缓冲装置

5. 排气装置

液压缸在安装过程中或长时间停放后重新工作时，液压缸里面和管道中会渗入空气，使液压系统工作不稳定，产生振动、爬行或前冲等现象。严重时，会使液压系统不能正常工作，需要把液压缸里面和管道中的空气排出。因此，设计液压缸时，必须考虑空气的排除。

一般，可利用空气较轻的原则。因液压缸内的空气都聚集在缸内最高部位，故将液压油进、出口布置在前、后盖板的最高处，以便把空气带走。如果不能在最高处设置油口，可在最高处安装排气装置。常见的排气装置有两种形式：一种是在缸盖的最高部位开排气孔，用长管道连接远处排气阀排气，如图 4-13（a）所示；另一种是在缸盖最高部位安放排气塞，如图 4-13（b）和图 4-13（c）所示。两种排气装置都是在液压缸排气时打开的，让它空行程往复移动数次，排气完毕后关闭。

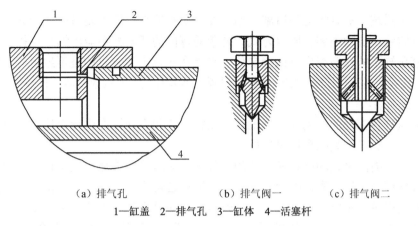

（a）排气孔　　　　　　（b）排气阀一　　　（c）排气阀二

1—缸盖　2—排气孔　3—缸体　4—活塞杆

图4-13　排气装置

一般双作用式液压缸不设专用的放气孔，而是将液压油出口布置在前后盖板的最高处。对大型双作用液压缸，必须在其前后盖板设放气栓塞；对单作用液压缸，液压油的进、出口一般设在缸筒底部，在最高部位设置放气栓塞。

4.3　液压缸的设计和计算

液压缸用于实现往复直线运动或摆动，是液压系统中最广泛应用的一种液压执行元件。液压缸有时需专门设计，在设计液压缸时，正确选择液压缸的类型是所有设计和计算的前提。在选择液压缸的类型时，要从机械设备的动作特点、行程长短、运动性能等要求出发，同时还要考虑主机的结构特征给液压缸提供的安装空间和具体位置。

设计液压缸的主要步骤如下：

（1）根据需要的推力计算液压缸的缸筒内径及活塞杆直径等主要参数。

（2）对缸壁厚度、活塞杆直径、螺纹连接的强度及液压缸的稳定性等进行必要的校核。

（3）确定各部分结构，其中包括密封装置、缸筒和缸盖的连接、活塞结构及缸筒的固定形式等。

（4）绘制装配图、零件图及编写设计说明书。

4.3.1　液压缸设计过程中应注意的问题

液压缸的设计和使用正确与否，直接影响到它的性能和可靠性。在这方面，经常碰到液压缸安装不当、活塞杆承受偏载、液压缸或活塞下垂以及活塞杆的压杆失稳等问题。因此，在设计液压缸时，必须注意以下几点：

（1）尽量使液压缸的活塞杆在受拉状态下承受最大负载，或在受压状态下具有良好的稳定性。

（2）考虑液压缸行程终点的制动问题和液压缸的排气问题。液压缸内若无缓冲装置和排气装置，则系统中需有相应的措施，但是并非所有的液压缸都要考虑这些问题。

（3）确定液压缸的安装、固定方式。若承受弯曲的活塞杆不能用螺纹连接，则要用止口连接。液压缸不能在两端用键或销定位，只能在一端定位，目的是不致阻碍它在受热时的膨胀。若负载使活塞杆压缩，定位件必须设置在活塞杆端；若负载使活塞杆拉伸，则定位件必须设置在缸盖端。

（4）液压缸各部分的结构需根据推荐的结构形式和设计标准进行设计，尽可能做到结构简单、紧凑、加工、装配和维修方便。

（5）在保证能满足运动行程和负载的条件下，应尽可能地缩小液压缸的轮廓尺寸。

（6）要保证密封性可靠，防尘效果良好。液压缸可靠的密封性是其正常工作的重要因素。如果泄漏严重，不仅降低液压缸的工作效率，而且会使其不能正常工作（如满足不了负载和运动速度要求等）。良好的防尘措施，有助于提高液压缸的工作寿命。

4.3.2　液压缸的主要尺寸确定

液压缸是液压传动的执行元件，它和主机工作机构有直接的联系，对于不同的机种和机构，液压缸具有不同的用途和工作要求。因此，在设计液压缸之前，必须先对整个液压系统进行工况分析，编制负载图，选定系统的工作压力；然后，根据使用要求选择结构类型，按负载情况、运动要求、最大行程等确定其主要工作尺寸，进行强度、稳定性和缓冲验算；最后，进行结构设计。

在前面章节已经介绍了如何选定系统压力，然后根据使用要求，结合不同种类液压缸的特点选择液压缸结构类型。下面只着重介绍如何确定和计算液压缸的结构尺寸。

液压缸的结构尺寸主要有 3 个：缸筒内径 D、活塞杆直径 d、缸筒长度 L。

（1）缸筒内径 D。计算液压缸的缸筒内径 D 时，需要根据负载的大小和选定的工作压力，或者根据往返速度比和输入流量，利用本章有关公式求得液压缸的有效面积，从而得到缸筒内径 D。然后，从 GB/T 2348—2018 国家标准中选取最接近的标准值作为所设计的缸筒内径。

（2）活塞杆直径 d。活塞杆直径 d 通常先根据满足速度或速度比的要求选择，然后再校核其结构强度和稳定性。也可根据活塞杆受力状况来确定（见表 4-2），均需按 GB/T 2348—2001 国家标准进行圆整后得出。此外，行业标准 JB/T 7939—1999 规定了单杆活塞式液压缸两腔面积比的标准系列。

表 4-2　机床液压缸活塞杆受力情况及直径推荐值

活塞受力情况	受拉伸作用	受压缩作用，工作压力 p_1 /MPa		
		$p_1 \leqslant 5$	$5 < p_1 \leqslant 7$	$p_1 > 7$
活塞杆直径 d	$(0.3 \sim 0.5)D$	$(0.5 \sim 0.55)D$	$(0.6 \sim 0.7)D$	$0.7D$

（3）缸筒长度 L。缸筒长度 L 由最大工作行程长度加上各种结构需要确定，即

$$L = l + B + A + M + C$$

式中，l 为活塞的最大工作行程（m）；B 为活塞宽度（m），一般为 $(0.6\sim1)D$；A 为活塞杆导向长度（m），其值选取 $(0.6\sim1.5)D$；M 为活塞杆密封长度（m），其值由密封方式确定；C 为其他长度（m）。

一般，缸筒长度最好不超过其内径的 20 倍。

4.3.3　液压缸的强度校核

对高压液压系统中液压缸的缸筒壁厚 δ、活塞杆直径 d 和缸盖固定螺栓的直径，必须进行强度校核。

1. 缸筒壁厚

在中、低压液压系统中，缸筒壁厚往往由结构工艺要求决定，一般不要求校核。而在高压液压系统中，缸筒壁厚需校核，校核时分薄壁和厚壁两种情况进行校核。

当 $D/\delta \geqslant 10$ 时，缸筒为薄壁，缸筒壁厚按下式进行校核：

$$\delta \geqslant \frac{p_y D}{2[\sigma]} \qquad (4\text{-}14)$$

式中，D 为缸筒内径（m）；p_y 为缸筒试验压力，当液压缸的额定压力 $p_n \leqslant 16\text{MPa}$ 时，选取 $p_y = 1.5 p_n$，当液压缸的额定压力 $p_n > 16\text{MPa}$ 时，选取 $p_y = 1.25 p_n$；$[\sigma]$ 为缸筒材料的许用应力，$[\sigma] = \sigma_b / n$，σ_b 为材料的抗拉强度；n 为安全系数，一般情况下 $n = 5$。

当 $D/\delta < 10$ 时，缸筒为厚壁，缸筒壁厚按下式进行校核：

$$\delta \geqslant \frac{D}{2}\left(\sqrt{\frac{[\sigma]+0.4 p_y}{[\sigma]-1.3 p_y}}-1\right) \qquad (4\text{-}15)$$

2. 活塞杆直径

活塞杆直径 d 按下式进行校核：

$$d \geqslant \sqrt{\frac{4F}{\pi[\sigma]}} \qquad (4\text{-}16)$$

式中，F 为活塞杆上的作用力；$[\sigma]$ 为活塞杆材料的许用应力，$[\sigma] = \sigma_b / 1.4$。

3. 缸盖固定螺栓直径

缸盖固定螺栓直径按下式计算：

$$d \geqslant \sqrt{\frac{5.2 k F}{\pi Z[\sigma]}} \qquad (4\text{-}17)$$

式中，F 为液压缸负载（N）；Z 为固定螺栓个数；k 为螺纹拧紧系数，$k = 1.12\sim1.5$；$[\sigma] = \sigma_s / (1.2\sim2.5)$，$\sigma_s$ 为材料的屈服极限（Pa）。

4.3.4 液压缸的稳定性校核

活塞杆受轴向压缩负载时，其直径 d 一般不小于自身长度 L 的 1/15。当 $L/d \geqslant 15$ 时，必须进行稳定性校核，应使活塞杆承受的力 F 不能超过使它保持稳定工作所允许的临界负载 F_K，以免发生纵向弯曲，破坏液压缸的正常工作。F_K 的值与活塞杆材料性质、截面形状、直径、长度及液压缸的安装方式等因素有关。活塞杆稳定性的校核按下式进行：

$$F \leqslant F_K / (2 \sim 4) \tag{4-18}$$

当活塞杆的细长比 $l/r_k > \psi_1 \sqrt{\psi_2}$ 时，

$$F_K = \psi_2 \pi^2 EJ / l^2$$

当活塞杆的细长比 $l/r_k \leqslant \psi_1 \sqrt{\psi_2}$ 时，且 $\psi_1 \sqrt{\psi_2} = 20 \sim 120$ 时，则

$$F_K = \frac{fA}{1 + \dfrac{a}{\psi_2} \left(\dfrac{l}{r_k} \right)^2} \tag{4-19}$$

式中，l 为安装长度（m），其值与安装方式有关，见表 4-4；r_k 为活塞杆横截面最小回转半径（m），$r_k = \sqrt{J/A}$；ψ_1 为柔性系数，其值见表 4-3；ψ_2 由液压缸支撑方式决定的末端系数，其值见表 4-4；E 为活塞杆材料的弹性模量（Pa）；J 为活塞杆横截面惯性矩（m⁴）；A 为活塞杆横截面积（m²）；f 由材料强度决定的实验值，其值见表 4-3；a 为系数，其值见表 4-3。

表 4-3　ψ_1、f、a 的值

材料	f /MPa	a	ψ_1
铸铁	560	1/1600	80
锻铁	250	1/9000	110
软钢	340	1/7500	90
硬钢	490	1/5000	85

表 4-4　液压缸支撑方式和末端系数 ψ_2 的值

支撑方式	支撑方式说明	末端系数 ψ_2
	一端自由，另一端固定	1/4
	两端都采用铰接	1

支撑方式	支撑方式说明	末端系数 ψ_2
	一端铰接，另一端固定	2
	两端都固定	4

4.3.5 缓冲计算

液压缸的缓冲计算主要是指估计缓冲时液压缸中出现的最大冲击力，以便用来校核缸筒强度、制动距离是否符合要求。在缓冲计算中，若发现工作腔中的液压能和工作部件的动能不能全部被缓冲腔所吸收时，制动过程中就可能产生活塞和缸盖相碰现象。

液压缸在缓冲时，缓冲腔内产生的液压能 E_1 和工作部件产生的机械能 E_2 分别如下：

$$E_1 = p_c A_c l_c \tag{4-20}$$

$$E_2 = p_p A_p l_c + \frac{1}{2} m v_0^2 - F_f l_c \tag{4-21}$$

式中，p_c 为缓冲腔中的平均缓冲压力（Pa）；p_p 为高压腔中的液体压力（Pa）；A_c，A_p 分别为缓冲腔、高压腔的有效面积（m²）；l_c 为缓冲行程长度（m）；m 为工作部件质量（kg）；v_0 为工作部件的运动速度（m/s）；F_f 为摩擦力（N）。

式（4-21）中等号右边第一项为高压腔中的液压能，第二项为工作部件的动能，第三项为摩擦能。当 $E_1 = E_2$ 时，工作部件的动能全部被缓冲腔液体所吸收，由以上两式整理得：

$$p_c = \frac{E_2}{A_c l_c} \tag{4-22}$$

若缓冲装置为节流口可调式缓冲装置，则在缓冲过程中缓冲压力逐渐降低。假定缓冲压力线性地降低，则最大缓冲压力即冲击力：

$$p_{c\max} = p_c + \frac{m v_0^2}{2 A_c l_c}$$

若缓冲装置为节流口变化式缓冲装置，则由于缓冲压力 p_c 始终不变，最大缓冲压力的值为

$$p_{c\max} = \frac{E_2}{A_c l_c}$$

4.3.6 拉杆计算

有些液压缸的缸筒和两端缸盖是用4根或更多根拉杆组装成一体的。拉杆端部有螺纹，

可用螺母把拉杆固定，直到给拉杆造成一定的应力为止，以使缸盖和缸筒不会在工作压力下松开而产生泄漏。拉杆计算的目的就是针对某一规定的分离压力值估算出拉杆的预加负载。

令 F_1 为预加在拉杆上的拉力，拉杆产生拉伸变形，同时缸筒产生压缩变形。

拉杆的变形量（伸长量）δ_T 为

$$\delta_T = \frac{F_1}{K_T} \tag{4-23}$$

式中，K_T 为拉杆的刚度（N/m），$K_T = \frac{A_T E_T}{L_T}$；$A_T$ 为拉杆的受力总截面积（m^2）；L_T 为拉杆的长度（m）；E_T 为拉杆材料的弹性模量（Pa）。

缸筒的变形量（压缩量）δ_C 为

$$\delta_C = \frac{F_1}{K_C}$$

式中，K_C 为缸筒的刚度（N/m），$K_C = \frac{A_C E_C}{L_C}$；$A_C$ 为缸筒的受力总截面积（m^2）；L_C 为缸筒的长度（m）；E_C 为缸筒材料的弹性模量（Pa）。

当液压缸在压力 p 下工作时，缸盖和缸筒之间的接触力变为 F_C，拉杆中的拉力将增大至 $F_T = F_C + pA_p$（A_p 为活塞的有效面积）。相应地，拉杆和缸筒因此都增加了相同的变形量，即

$$\Delta_T = \Delta_C$$

式中，$\Delta_T = \dfrac{F_T - F_1}{K_T}$，即拉杆增大的变形量（m）；$\Delta_C = \delta_C - \varepsilon_C L_C$，即缸筒增加的伸长量（m），$\varepsilon_C$ 为缸筒的轴向应变，$\varepsilon_C = \dfrac{F_C}{A_C E_C} - \dfrac{\mu(\sigma_h + \sigma_r)}{E_C} = \dfrac{F_C}{A_C E_C} - \dfrac{2\mu p A_p}{A_C E_C}$，$\sigma_h$ 和 σ_r 分别为缸筒筒壁中的切向应力和径向应力（Pa），μ 为缸筒材料的泊松比。

由以上分析可知，

$$F_T = F_1 + \frac{(1-2\mu)pA_p}{1 + \dfrac{K_C}{K_T}} = F_1 + \xi p A_p \tag{4-24}$$

式中的 ξ 定义为压力负载系数，其值与拉杆和缸筒的材料性质及结构尺寸有关。

$$\xi = \frac{1-2\mu}{1 + \dfrac{K_C}{K_T}} = \frac{1-2\mu}{1 + \dfrac{A_C E_C L_T}{A_T E_T L_C}} \tag{4-25}$$

当液压缸中的压力达到规定的分离压力 p_s 时，缸盖和缸筒分离，$F_C = 0$。此时 $F_T = p_s A_p$，由此可求得拉杆上应施加的预加负载，即

$$F_1 = (1-\xi)p_s A_p \tag{4-26}$$

上式适用于活塞到达全行程的终点且活塞上的压力全部由缸盖承受的场合。活塞在零行程处使缸盖和缸筒分离所需的压力比规定的分离压力还要高。

本 章 小 结

液压缸作为液压系统中的执行元件，实现往复直线运动或摆动，由于结构简单、设计制造容易等优点，因此在各类液压系统中应用得非常普遍。本章对常用的几种液压缸的结构特点、主要性能参数进行了介绍。

通过本章学习，要求了解各类液压缸的结构特点、性能特点及应用特点，掌握有关性能参数的计算方法。了解液压缸的设计和计算步骤，在设计和计算中要参照符合相关国家标准，如 GB/T 2348—2001，便于选用标准密封件和附件。

思考与练习

4-1 常见的液压缸有哪些类型？结构上各有什么特点？各用于什么场合？

4-2 液压缸的主要性能参数有哪些？如何计算？

4-3 简述液压缸的工作原理。

4-4 试述柱塞式液压缸的特点。

4-5 试述伸缩式液压缸的特点。

4-6 液压缸的缓冲装置的功用及类型有哪些？

4-7 液压缸为什么要设置排气装置？

4-8 分析单杆活塞式液压缸，活塞杆固定式的安装方式，在有杆腔供油、无杆腔供油和差动连接时各缸产生的推力、速度大小及运动方向。已知活塞和活塞杆的直径分别为 D、d，进入液压缸的流量为 q，压力为 p（要求画图，并标出运动方向）。

4-9 设有两个结构和尺寸均相同、相互串联的液压缸 1 和液压缸 2，无杆腔面积 $A_1 = 1 \times 10^{-2} \text{m}^2$，有杆腔面积 $A_2 = 0.8 \times 10^{-2} \text{m}^2$，输入压力 $p_1 = 0.9 \text{MPa}$，输入流量 $q_1 = 12 \text{L/min}$。不计损失和泄漏，试求：

（1）上述两个液压缸承受相同负载 $F_1 = F_2$ 时，负载和速度各为多少？

（2）$F_1 = 0$ 时，液压缸 2 能承受的负载 F_2 为多少？

（3）$F_2 = 0$ 时，液压缸 1 能承受的负载 F_1 为多少？

4-10 一个单杆活塞式液压缸快进时采用差动连接，快退时有杆腔供油。设该液压缸快进、快退的速度均为 0.1m/s，工进时活塞杆受压，推力为 25000N。已知输入流量 $q_1 = 25 \text{L/min}$，背压 $p_2 = 0.2 \text{MPa}$，试求：

（1）缸筒内径和活塞杆直径。

（2）缸筒壁厚，缸筒材料为 45 号钢。

（3）若活塞杆铰接，缸筒固定，安装长度为 1.5m，请校核活塞杆的纵向稳定性。

4-11 一个柱塞式液压缸的柱塞固定而缸筒运动，液压油从空心柱塞中通入。已知：压力为 p，流量为 q，缸筒内径为 D，柱塞外径为 d，内孔直径为 d_0，试求柱塞式液压缸所产生的推力 F 和运动速度 v。

4-12 简述液压缸的设计步骤。

4-13 已知某一差动液压缸的活塞面积 A_1 和活塞杆面积 A_2，求在下列条件下，活塞面积 A_1 和活塞杆面积 A_2 之比。

（1） $v_{快进}=v_{快退}$

（2） $v_{快进}=2v_{快退}$

4-14 某液压系统执行元件采用单杆活塞式液压缸（参考图4-1），其无杆腔面积 $A_1=20\text{cm}^2$，有杆腔面积 $A_2=12\text{cm}^2$，活塞式液压缸进油管道的压力损失 $\Delta p_1=5\times10^5\text{Pa}$，回油管道的压力损失 $\Delta p_2=5\times10^5\text{Pa}$，该液压缸的负载 $F=3000\text{N}$，试求：

（1）该液压缸的负载压力 p_L 为多少？

（2）液压泵的工作压力 p_p 为多少？

第 5 章　液压控制阀

教学要求

通过本章学习，掌握各种液压控制阀的基本定义、结构、工作原理、性能特点；会运用本章知识对液压系统中各类液压控制阀进行功能分析，为液压系统的设计、维护打下基础。

引 例

上海东方明珠广播电视塔建造在上海浦东陆家嘴，与外滩南京路一江之隔，与黄浦江上南浦大桥和杨浦大桥交相辉映，呈"双龙戏珠"之势。这座广播电视塔高 468m，成为上海的标志性建筑。

上海东方明珠广播电视塔的钢天线桅杆全长 118m，总重 450t。将其在地面组装后，整体提升到标高为 350m 的电视塔混凝土单筒体顶部安装就位，这是电视塔建设工程的技术关键。该工程采用了液压同步整体提升技术，解决了这一难题。钢天线桅杆液压同步整体提升的核心设备采用了电液比例流量阀、液控单向阀、电磁换向阀等一系列液压控制阀，获得了满意的提升和控制效果。

液压控制阀是指液压系统中用来控制液体压力、流量和方向的元件。其中，控制压力的阀称为压力控制阀，控制流量的阀称为流量控制阀，控制通、断和流向的阀称为方向控制阀。液压控制阀（简称液压阀）在液压系统中的功用是通过控制调节液压系统中油液的流向、压力和流量，使执行元件及其驱动的工作机构获得所需的运动方向、推力（转矩）及运动速度（转速）等。对于任何一个液压系统，不论其结构如何简单，都不能缺少液压阀；具有同一工艺目的的液压机械设备通过液压控制阀的不同组合使用，可以组成油路结构截然不同的多种液压系统方案。因此，液压控制阀是液压技术中品种与规格最多、应用最广泛的元件。

例图　东方明珠

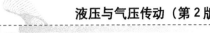

5.1 概　述

在液压系统中，除需要液压泵供油和液压执行元件驱动工作装置外，还需要配备一定数量的液压控制阀对液压油的流动方向、压力的高低及流量的大小进行控制，以满足负载的工作要求。因此，液压控制阀是直接影响液压系统工作过程和工作特性的重要元件。

各类液压控制阀虽然形式不同，控制的功能各有所异，但都具有共性。首先，在结构上，所有的阀都由阀体、阀芯和驱使阀芯动作的零部件（如弹簧、电磁铁）等组成；其次，在工作原理上，所有阀的开口量大小、阀的进油口和出油口之间的压力差及通过阀的流量之间的关系都符合孔口流量公式（$q = KA\Delta p^m$）。只是各种阀控制的参数不同而已，如压力控制阀控制压力，流量阀控制流量等。因而，根据其内在联系、外部特征、结构和用途等方面的不同，可将液压控制阀按以下不同的方式进行分类。

5.1.1　按功用分类

液压控制阀按功用可以分为压力控制阀、流量控制阀和方向控制阀。

（1）压力控制阀。这种阀简称压力阀，用来控制油路的压力，以实现执行机构对力（或力矩）的要求，如溢流阀、减压阀等。

（2）流量控制阀。这种阀简称流量阀，用来控制油路的流量，以实现执行机构对运动速度的要求，如节流阀、调速阀等。

（3）方向控制阀。这种阀简称方向阀，用来控制油路中液流的方向，以实现执行机构对运动方向的要求，如单向阀、换向阀等。

5.1.2　按控制方式分类

液压控制阀按控制方式，可以分为开关或定值控制阀、比例控制阀、伺服控制阀、数字控制阀。

（1）开关或定值控制阀（普通液压控制阀）。这是最常见的一类液压控制阀，这种阀借助手轮、手柄、凸轮、电磁铁、液体压力等控制液体的通路，定值地控制液体的流动方向、压力和流量，它们统称为开关阀，多用于普通液压系统。

（2）比例控制阀。这种阀以输入、输出成比例的电信号控制液体的通路，使其按一定的规律成比例地控制液压系统中的压力和流量，它多用于开环控制系统，满足一般工业生产对控制性能的要求。与伺服控制阀相比，其具有结构简单、价格较低、抗污染能力强等优点，因而在工业生产中得到广泛应用。

（3）伺服控制阀。这种阀能将微小的电信号转换成大的功率输出，以控制液压系统中液体的流动方向、压力和流量。伺服控制阀具有很高的动态响应和静态性能，但价格昂贵、抗污染能力差，它多用于高精度、快速响应的闭环控制系统。

（4）数字控制阀。这种阀可直接与计算机连接，用数字信号直接控制液压系统中液体的流动方向、压力和流量。与电液伺服控制阀、电液比例控制阀相比，数字控制阀的突出特点是可直接与计算机接口相连，无须数/模转换，结构简单、价廉、抗污染能力强、工作稳定可靠、功耗小、操作维护简单、抗干扰能力强。

5.1.3　按结构形式分类

液压控制阀按结构形式分为锥阀类[见图 5-1（a）]、滑阀类[见图 5-1（b）]、球阀类等，其中锥阀和滑阀是主要的结构形式，应用非常广泛。

（1）锥阀类、球阀类。此类液压控制阀利用锥形或球形阀芯的位移实现对液流的压力、流量和方向的控制。

锥阀的特点是具有良好的密封性，当其阀口的开口量小时，面积梯度 dA/dx（ x 为阀口的开口量， A 为阀口通流面积）比较大。

（2）滑阀类。此类液压控制阀通过圆柱形阀芯在阀体孔内的滑动，改变液流通路的通断和开口量的大小，以实现对液流的压力、流量和方向的控制。滑阀的特点和锥阀相反。

滑阀和锥阀的阀口通流面积变化比较如图 5-1 所示。

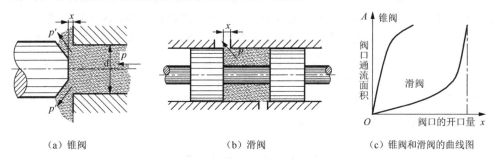

（a）锥阀　　　　　　　　（b）滑阀　　　　　　（c）锥阀和滑阀的曲线图

图 5-1　滑阀和锥阀的阀口通流面积变化比较

（3）喷嘴挡板阀类。此类液压控制阀利用喷嘴与挡板之间的相对位移实现对液流的压力、流量和方向的控制，常用作伺服控制阀、比例控制阀的先导阀。

5.1.4　按连接方式分类

1. 管式连接

通过螺纹直接与油管连接组成系统，结构简单、质量小，在移动式设备或流量较小的液压元件中应用较广。其缺点是元件分散布置，可能漏油的环节多，装拆维修不方便。

2. 板式连接

以这种方式连接的液压控制阀的各个连接口均布置在同一安装面上，先用螺钉固定在与液压控制阀有对应连接口的连接板上，再用管接头和管道与其他元件连接。由于元件集中布置且装拆时不会影响系统管道，安装、维修方便，因此应用十分广泛。

3. 集成连接

集成连接可以分为集成块连接、叠加阀、嵌入阀、盖板式插装阀和螺纹插装阀。

（1）集成块连接。集成块为六面体，将几个板式安装的液压控制阀用螺钉固定在一个集成块的不同侧面上，通过集成块内的孔，沟通各液压控制阀的孔道以组成不同回路。集成块连接有利于液压装置的标准化、系列化、通用化，有利于生产与设计，是一种良好的连接方式。

（2）叠加阀。叠加阀是在板式阀基础上发展起来的、结构更为紧凑的一种形式。液压控制阀的上、下面为连接接合面，各个连接口分别布置在这两个面上，并且同规格阀口的连接尺寸相同，每个阀除其自身功能外，还起通道作用，阀相互叠装构成回路，无须使用管道连接。因此，结构紧凑，沿程损失很小。这种集成形式在工程机械中应用较多，如多路换向阀。

（3）嵌入阀。将几个液压控制阀的阀芯合并在一个阀体内，阀间通过阀体内部油路沟通。这种集成形式结构紧凑，但复杂，专用性强，如磨床液压系统的操纵箱。

（4）盖板式插装阀。将液压控制阀按照标准参数做成阀芯、阀套等组件，插入特定设计加工的阀体内，并配置各种功能盖板以组成不同要求的液压回路。该阀具有通流能力强、密封性好、自动化和标准化程度高、结构紧凑等特点，特别适于高压力、大流量液压系统。

（5）螺纹插装阀。螺纹插装阀与盖板式插装阀类似，但插入件与集成块的连接是符合标准的螺纹，使安装简捷方便，整个体积也相对减小，主要适用于小流量液压系统。

液压系统对液压控制阀的基本要求是动作灵敏、使用可靠、密封性能好、结构紧凑、安装调整和使用维护方便、通用性强等。

5.2 压力控制阀

压力控制阀用来控制液压系统中的压力，简称压力阀。常见的压力控制阀有溢流阀、减压阀、顺序阀、平衡阀、压力继电器等。

5.2.1 溢流阀

溢流阀通过阀口的溢流，控制系统或回路的压力，从而实现稳压或限压作用。对溢流阀的主要要求是调压范围大、调压超调量小、压力振摆小、动作灵敏、过流能力大、噪声小。

根据工作原理不同，溢流阀分为直动型溢流阀和先导型溢流阀。

1. 直动型溢流阀

1）工作原理

图 5-2 为直动型溢流阀，该阀由阀体 1、阀芯 2、弹簧 3 和调整螺钉 4 等组成。阀芯在

弹簧力的作用下压在阀座上，阀呈关闭状态，液压油通过直径为 d 的孔作用于阀芯上。当油压对阀芯 2 的作用力大于弹簧的预紧力时，该溢流阀开启，液压油便通过阀口 O 溢流回油箱。

　　2）性能分析

　　对阀芯 2，列出其受力平衡方程，即

$$pA = k(x_0 + x) \tag{5-1}$$

整理得

$$p = \frac{k}{A}(x_0 + x)$$

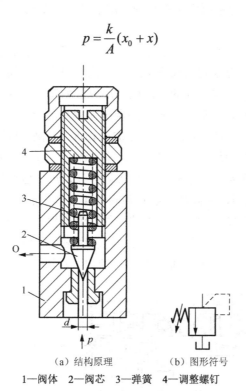

（a）结构原理　　　（b）图形符号

1—阀体　2—阀芯　3—弹簧　4—调整螺钉

图 5-2　直动型溢流阀

式中，p 为溢流阀的进口处的压力；A 为阀芯的有效承压面积，$A = \frac{\pi}{4}d^2$；x，x_0 分别为溢流阀的阀口开口量、弹簧预压缩量；k 为弹簧刚度。

　　当 $x = 0$ 时，$p_c = \frac{k}{A}x_0$ 称为开启压力；

　　当 $x = x_{max}$ 时，$p_n = \frac{k}{A}(x_0 + x_{max})$ 称为调定压力；

　　$\Delta p = p_n - p_c$ 称为静态超调量；

　　$\delta \frac{\Delta p}{p} \times 100\%$ 称为静态超调率。

上述直动型溢流阀结构简单、动作灵敏，但静态超调量大。而且在高压力、大流量情况下弹簧力很大，结构设计难以实现，常用作过载阀和缓冲补油阀。

2. 先导型溢流阀

先导型溢流阀由主阀和先导阀组成，图 5-3 所示为 YF 型三节同心先导型溢流阀（管式）。该阀的主阀芯 6 内部有中心孔，先导阀为直动型溢流阀。由于主阀芯 6 和阀体 4、主阀芯 6 与阀盖 3、阀体 4 与主阀座 7 都有同心配合要求，故称为三节同心结构。

1）工作原理

在图 5-3 中，液压油自进油口 P 进入，先通过主阀芯 6 上的阻尼小孔 5 进入主阀上腔，再由阀盖 3 上的通道 a 和先导阀锥阀座 2 上的小孔作用于先导阀的锥阀上，主阀芯 6 上腔的液体压力与弹簧力的合力与下腔的液体压力形成压力差，使主阀芯打开或关闭。当进油压力 p_1 经过阻尼小孔 5 后，其值小于先导阀调压弹簧 9 的调定值时，先导阀关闭，而且由于主阀芯上、下侧有效面积比（A_2/A_1）为 1.03～1.05，上侧有效面积稍大，作用于主阀芯上的液体压力和主阀弹簧力均使主阀口压紧，不溢流。当进油压力 p_1 升高时，经过阻尼小孔后其值达到先导阀的调定压力值时，先导阀被打开，形成自进油口 P 经主阀芯阻尼小孔 5、主阀芯上腔、先导阀口、主阀芯中心孔到阀体 4 下部出油口（溢流口）T 的流动回路。阻尼小孔 5 处的流动损失使主阀芯上、下腔中的油液产生一个随先导阀流量增加而增加的压力差。当作用在主阀芯上、下面的总压力差足以克服主阀弹簧力、主阀芯自重 G 以及摩擦力 F_f 时，主阀芯 6 开启。这时进油口 P 与出油口（溢流口）T 直接相通，溢流阀溢流。

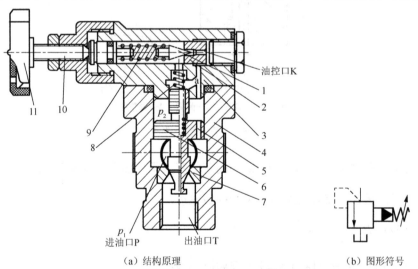

（a）结构原理　　　　　　　　　　　（b）图形符号

1—锥阀（先导阀）　2—先导阀锥阀座　3—阀盖　4—阀体　5—阻尼小孔　6—主阀芯
7—主阀座　8—主阀弹簧　9—先导阀调压弹簧　10—调节螺钉　11—调压手轮

图 5-3　YF 型三节同心先导型溢流阀（管式）

2）主要结构分析

主阀芯受力平衡方程为

$$A_1 p_1 - A_2 p_2 = k_y(y_0 + y) + G \pm F_f \qquad (5-2)$$

先导阀阀芯受力平衡方程为

$$A_c p_2 = k_x(x_0 + x) \qquad (5-3)$$

联立式（5-2）和式（5-3）得

$$p_1 = \frac{A_2}{A_1}\frac{k_x}{A_c}(x_0 + x) + \frac{1}{A_1}[k_y(y_0 + y) + G \pm F_f]$$

式中，A_c 为先导阀阀座孔的面积；k_y，k_x 分别为主阀弹簧和先导阀弹簧的刚度；y_0，x_0 分别为主阀弹簧和先导阀阀口弹簧的预压缩量；y，x 分别为主阀阀口和先导阀阀口的开口量；F_f 为主阀芯和阀体之间的摩擦力；G 为土阀芯自重。

先导型溢流阀中先导阀的主要作用是调节主阀上、下腔的压力差，而主阀用来溢流。主阀芯的启闭主要取决于其上、下侧的压力差。在主阀芯上、下腔无压力差即先导阀阀芯关闭时，主阀也关闭，故主阀弹簧很软，即 $k_y << k_x$，又因为 $A_c << A_1$，所以上式中第二项中 y 的变化对 p_1 的影响比第一项中 x 的变化对 p_1 的影响要小得多。也就是说，主阀芯因溢流量的变化而发生的位移不会引起被控压力的显著变化，而且由于阻尼小孔5的作用，使得主阀溢流量发生很大变化时只引起先导阀流量的微小变化，即 x 值很小。因此，当先导型溢流阀在溢流量发生大幅度变化时，被控制压力 p_1 只有很小的变化量。此外，由于先导阀的溢流量为主阀溢流量的 1% 左右，先导阀阀座孔的面积 A_c、开口量 x、调压弹簧的刚度 k_x 都不必很大，因此，先导型溢流阀广泛用于高压力、大流量场合。

主阀芯和导阀座上的阻尼小孔起到降压和阻尼的作用，有助于降低超调量和压力振摆，但使响应速度和灵敏度降低。

主阀为内泄式锥阀（也称内流式），稳态液动力起负弹簧作用，对液压控制阀的稳定性不利。为此，主阀芯下端做成尾蝶状，使流出方向与轴线垂直，甚至形成回流，以补偿液动力的影响。

3）溢流阀的特性

溢流阀是液压系统中极为重要的控制元件，其工作性能的优劣对液压系统的工作性能影响很大，工作性能分为静态性能和动态性能。

（1）静态特性。所谓溢流阀的静态性能，是指溢流阀在稳定工作状态下（系统压力无突变时）的开启压力-流量特性、启闭特性、压力稳定性及卸荷压力。

① 开启压力-流量特性（p-q 特性）。开启压力-流量特性又称为溢流特性（简称开启特性），表示溢流阀打开过程中溢流量的变化与阀进油口处的实际压力的关系，图5-4所示为直动型溢流阀、先导型溢流阀的开启特性曲线，即开启压力-流量特性曲线。先导型溢流阀的相关定义：溢流阀刚开启时（溢流量为额定溢流量的 1%）阀进油口处的压力 p_c 称为开启压力，溢流量为额定值 q_n 时所对应的压力 p_n 为溢流阀的额定压力。对溢流阀来说，

静态超调量越小，其性能越好。由图 5-4 可知，先导型溢流阀的特性曲线较陡，即静态超调量小，其稳定性能比直动型溢流阀好。因此，先导型溢流阀宜用于系统溢流稳压。

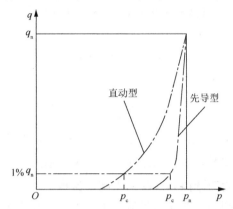

图 5-4　直动型和先导型溢流阀的开启特性曲线

② 启闭特性。溢流阀的启闭特性是指溢流阀从刚开启到通过额定流量（也称为全流量），再由额定流量到关闭整个过程中的压力-流量特性。溢流阀闭合时的压力 p_B 称为闭合压力，闭合压力 p_B 与额定压力 p_n 之比称为闭合比 $\overline{p}_B$，开启压力 p_c 与额定压力 p_n 之比称为开启比 $\overline{p}_c$。

在溢流阀开启、闭合时阀芯均受到稳态液动力的作用，而稳态液动力的方向总是向着使阀芯关闭的方向。因此，在相同的溢流量下，开启压力大于闭合压力，图 5-5 所示为直动型和先导型溢流阀的启闭特性曲线。图 5-5 中，实线为开启曲线，虚线为闭合曲线，两者不重合，两条曲线压力坐标的差值为不灵敏区（压力在此差值之间变动时，阀芯不起调节作用）。不灵敏区的存在使受溢流阀控制的系统的压力波动范围增大，先导型溢流阀的不灵敏区比直动型溢流阀小，为保证溢流阀有良好的静态特性，一般规定开启比应不小于90%，闭合比应不小于 85%。

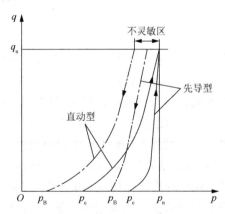

图 5-5　直动型溢流阀和先导型溢流阀的启闭特性曲线

③ 压力稳定性。溢流阀工作压力的稳定性由两个指标衡量：一是在额定流量 q_n 和额定压力 p_n 下，进油口处的压力在一定时间（一般为 3min）内的偏移值；二是在整个调压范围内，通过额定流量 q_n 时进油口处的压力的振摆值。对于中压系列的溢流阀，这两项指标均应不大于±0.2MPa。如果溢流阀的压力稳定性不好，就会出现剧烈的振动和噪声。

④ 卸荷压力。在调定压力下，通过额定流量时，将溢流阀的外控口与油箱连通，使主阀阀口的开口量最大，此时，液压泵卸荷。液压泵卸荷时溢流阀进、出油口的压力差称为卸荷压力。卸荷压力越小，油液通过阀口的能量损失就越小，发热也越少，溢流阀的性能越好。

（2）动态特性。当溢流阀的溢流量由零阶跃变化至额定流量时，其进油口处的压力（其控制的系统压力）将迅速升高并超过额定压力的调定值。然后，经过周期性振荡，最终稳定在一定压力值，从而完成其动态过渡过程。流量阶跃变化时溢流阀进油口处的压力响应特性如图 5-6 所示。

① 动态超调量。指最高瞬时压力峰值与额定压力值 p_n 的差值为动态超调量 $\Delta p_{动}$。则动态超调率为 $\Delta \overline{p}$。

$$\Delta \overline{p} = \frac{\Delta p_{动}}{p_n} \times 100\%$$

$\Delta \overline{p}$ 是衡量溢流阀动态定压误差的一个性能指标，要求 $\Delta \overline{p} \leqslant 10\% \sim 30\%$；否则，可能导致系统中的元件损坏、管道破裂或其他故障。

② 响应时间 t_1。指从起始稳态压力 p_0（$p_0 \leqslant 20\% \, p_n$）与最终稳态压力 p_n 之差的 10% 升到前述两者之差的 90% 所需的时间。

在图 5-6 中 A、B 两点间的时间间隔就是响应时间 t_1，其值越小，溢流阀的响应越快。

③ 过渡时间 t_2。指从 0.9（$p_n - p_0$）的 B 点过渡到最终时刻 C 点之间的时间。C 点以后的压力波形应落在图中给定的 0.95（$p_n - p_0$）～1.05（$p_n - p_0$）限制范围内；否则，C 点应后移，直到满足要求为止。t_2 越小，溢流阀的动态过程过渡时间越短。

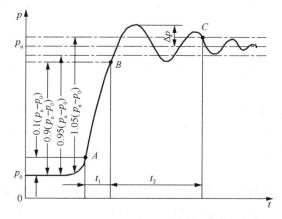

图 5-6　流量发生阶跃变化时溢流阀进油口处的压力响应特性

④ 升压时间 Δt_1 。指流量发生阶跃变化时，在 $0.1（p_n - p_0）\sim 0.9（p_n - p_0）$ 时间内，即图 5-7 中 A 和 B 两点的时间间隔，与上述响应时间一致。

⑤ 卸荷时间 Δt_2 。指卸荷信号发出后，在 $0.9（p_n - p_0）\sim 0.1（p_n - p_0）$ 的时间内，即图 5-7 中 C 和 D 两点的时间间隔。Δt_1 和 Δt_2 越小，溢流阀的动态性能越好。

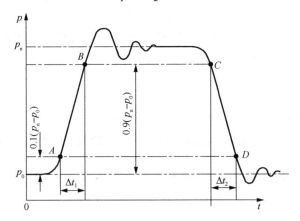

图 5-7　溢流阀升压与卸荷特性

3. 溢流阀的功用

溢流阀在液压系统中分别起定压溢流、安全保护、使泵卸荷、远程调压、形成背压等多种作用。

1）定压溢流

在系统采用定量泵供油的节流调速回路中，常在其进油管道或回油管道上设置节流阀或调速阀，从定量泵输出口流出来的油液一部分进入液压缸，另一部分油液经溢流阀流回油箱。溢流阀处于打开状态，系统压力在 p_c 和 p_n 之间变化，而溢流阀的静态超调量 $\Delta p_{静} = p_n - p_c$)，其值比较小，可认为 $p \approx C$ （常数），即溢流阀起定压作用[见图 5-8（a）]。

2）安全保护

系统采用变量泵供油时，其工作压力由负载决定。这时与液压缸并联的溢流阀仅在过载时打开，以保障系统的安全。因此，这种系统中的溢流阀又称为安全阀[见图 5-8（b）]。

3）使泵卸荷

在采用先导型溢流阀调压的定量泵系统，当该阀的外控口与油箱连通时，其主阀芯抬起，使泵卸荷，以减少能量损耗。在图 5-8（c）中，当电磁铁通电时，溢流阀的外控口连通油箱，因而能使泵卸荷。

4）远程调压

当先导型溢流阀的外控口（远程控制口）与调定压力较低的溢流阀（远程调压阀）连通时，其主阀芯上腔的油压只要达到低压阀的调整压力，主阀芯即可抬起溢流（其先导阀不再起调压作用），实现远程调压[见图 5-8（d）]。

5）形成背压

将溢流阀设置在液压缸的回油管道上，可使液压缸的回油腔有一定压力（形成背压），如图 5-8（e）所示。这样，可以提高运动部件的平稳性，具有这种用途的阀称为背压阀。

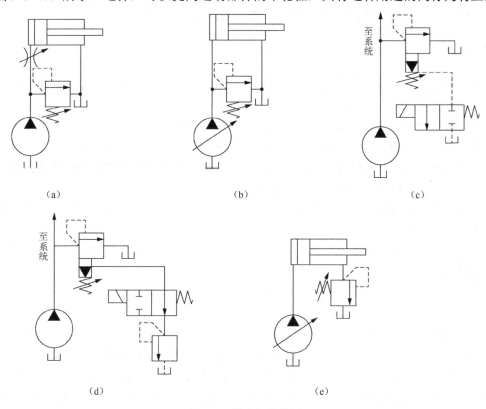

（a）　　　　　　　　　（b）　　　　　　　　　（c）

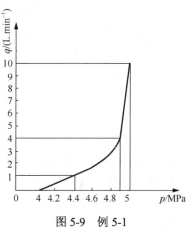

（d）　　　　　　　　　（e）

图 5-8　溢流阀的作用

【例 5-1】 某溢流阀的压力-流量特性曲线如图 5-9 所示，开启压力为 4 MPa，全流量压力为 5 MPa，定量泵流量为 10 L/min，当溢流量为 1 L/min 时，试分析溢流阀的稳压性能。

图 5-9　例 5-1

解： 当溢流量为 1L/min 时，从压力-流量特性曲线查得液压泵输出压力为 4.4MPa。由此可知，该压力点在拐点压力以下，溢流量稍有变化，就会引起较大的压力波动。因此，该工作点的稳压性能较差。通常，为使溢流阀的有较好的稳压性能，希望溢流阀的工作压力高于压力-流量特性曲线拐点处的压力，要求最小溢流量应大于 2~3L/min。

5.2.2 减压阀

减压阀是使出口压力低于进口压力的压力控制阀，减压阀可以分为定值减压阀、定差减压阀和定比减压阀。下面介绍前两种减压阀。

液压系统中某一支路（如夹紧、控制或润滑等油路中）需要的压力低，这时可利用减压阀使其出口处连通支路，以获得所需的油压。减压阀出口压力比进口压力低且保持出口压力恒定的减压阀称为定值减压阀；进口压力与出口压力之差恒定的减压阀称为定差减压阀；入口压力与出口压力比值一定的减压阀称为定比减压阀。

对定值减压阀的要求是，不管入口压力如何变化，出口压力应能维持恒定，并且不受通过阀的流量变化的影响。

对定差或定比减压阀的要求是，不管入口压力或出口压力如何变化，应使压力差恒定或比值恒定。

1. 定值减压阀

定值减压阀的作用是输出一路稳定的低压油。定值减压阀分为直动型减压阀和先导型减压阀。先导型减压阀更为常用，先导型减压阀由先导阀调压，主阀减压。

定值减压阀如图 5-10 所示，进口压力 p_1 经减压口减压后压力变为 p_2（出口压力），出口液压油向回路提供低压油，先通过阀体 6 下部和端盖 8 上的通道作用于主阀芯 7 的下腔，再经主阀芯上的阻尼小孔 9 进入主阀腔的上腔和先导阀前腔，然后通过锥阀座 4 中的孔作用在锥阀 3 上。当出口压力 p_2 低于进口压力 p_1 时，先导阀口关闭，在阻尼小孔 9 中没有液体流动，主阀上、下两端的油压力相等，主阀在弹簧力的作用下处于最下端位置，减压口全开，不起减压作用，即 $p_1 \approx p_2$。当出口压力 p_2 达到调定压力值时，出油口部分油液经阻尼小孔 9 及主阀芯中心孔、先导阀口、阀盖 5 上的泄油口 L 流回油箱。阻尼小孔 9 有液体通过，使主阀上、下腔产生压力差（$p_2 > p_3$）。当此压力差所产生的作用力大于主阀弹簧力时，主阀上移，使节流孔口（也称为减压口）减小，减压作用增强，直至出口压力 p_2 稳定在先导阀所调定的压力值。此时，若忽略稳态液动力，则先导阀和主阀的力平衡方程分别为

$$p_3 A_c = k_x (x_0 + x) \tag{5-4}$$

$$p_2 A - p_3 A = k_y (y_0 + y_{max} - y) \tag{5-5}$$

式中，A，A_c 分别为主阀和先导阀有效面积；k_x，k_y 分别为先导阀和主阀弹簧刚度；x_0，x 分别为先导阀弹簧预压缩量和阀口的开口量；y_0，y，y_{max} 分别为主阀弹簧预压缩量、主阀阀口的开口量和最大开口量。

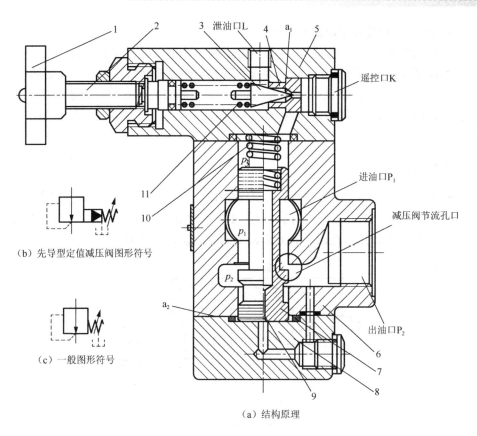

（b）先导型定值减压阀图形符号

（c）一般图形符号

（a）结构原理

1—调压手轮　2—调节螺钉　3—锥阀　4—锥阀座　5—阀盖　6—阀体
7—主阀芯　8—端盖　9—阻尼小孔　10—主阀弹簧　11—调压弹簧

图 5-10　定值减压阀

联立式（5-4）和式（5-5）求解，得

$$p_2 = \frac{k_x(x_0 + x)}{A_c} + \frac{k_y(y_0 + y_{\max} - y)}{A}$$

由于 $x \ll x_0$，$y \ll y_0 + y_{\max}$，并且 k_y 很小，因此

$$k_y(y_0 + y_{\max} - y) \approx k_y(y_0 + y_{\max}) = C_1(\text{常数})$$

解得

$$p_2 \approx \frac{k_x x_0}{A_c} + C_1 = C$$

由计算结果可知，p_2 基本保持恒定。

因此，调节调压弹簧 11 的预压缩量 x_0，即可调节减压阀的出口压力 p_2。若系统压力 p_1 升高，则 p_2 也升高，主阀芯上移，节流口减小，使 p_2 降低，在新位置处于平衡，而出口压力 p_2 维持调定值基本不变。

先导型减压阀和先导型溢流阀不同之处：

① 减压阀保持出口压力基本不变，而溢流阀保持进口压力基本不变。

② 为保证减压阀正常工作，它的导阀弹簧腔需通过泄油口 L 单独外接油箱（这种通过单独卸油口卸油的方式称为外卸）；而溢流阀的出油口是连通油箱的，因此它的导阀弹簧腔和泄漏油可通过阀体内的通道和出油口连通，不必单独外接油箱（这种卸油方式称为内卸）。

2. 定差减压阀

定差减压阀（见图 5-11）可使进、出油口的压力差保持定值。高压油 p_1 经节流孔口（开口量为 x）减压后以低压 p_2 流出，同时低压油将压力 p_2 传至阀芯左边的 a 腔（b 腔油的压力为 p_1），其进、出口压力在阀芯有效面积上的压力差与弹簧力平衡。

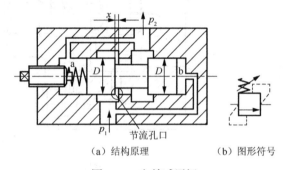

（a）结构原理　　　　（b）图形符号

图 5-11　定差减压阀

$$\Delta p = p_1 - p_2 = \frac{k(x_0 + x)}{\pi D^2 / 4}$$

式中，k，x_0 为分别为弹簧刚度、预压缩量。

只要尽量减小弹簧刚度 k 并使 $x \ll x_0$，就可使压力差 Δp 近似保持定值。

5.2.3　顺序阀

顺序阀（见图 5-12）主要是用来控制液压系统中各执行机构动作的先后顺序。根据控制压力来源的不同，分为内控式顺序阀和外控式顺序阀；内控式顺序阀利用进口压力控制阀芯的启闭，外控式顺序阀利用外来的压力控制阀芯的启闭。顺序阀还可分为直动型顺序阀和先导型顺序阀两种，直动型顺序阀用于低压系统，先导型顺序阀用于中、高压系统。

图 5-12（b）所示为内控式先导型顺序阀。P_1 为进油口，P_2 为出油口，与溢流阀不同之处在于它的出油口 P_2 不连接油箱，而是通向某一条液压油路，因而其泄油口 L 必须接回油箱（外卸）。内控式顺序阀在进口压力未达到调定压力值之前，阀口一直是关闭的。达到调定压力值之后，阀口才开启，使进油口 P_1 处的液压油从出油口 P_2 流出，驱动该阀后面的执行元件。

若将内控顺序阀的底盖旋转 90° 并打开螺塞，即可成为外控式顺序阀，如图 5-12（a）

所示。外控式顺序阀的阀口开启与否，与阀的进口压力大小没有关系，仅取决于控制压力的大小。

顺序阀与单向阀并联可构成单向顺序阀，单向顺序阀也有内外控之分。

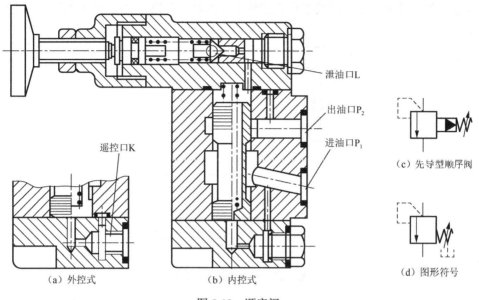

图 5-12 顺序阀

5.2.4 平衡阀

若将单向顺序阀的出油口接通油箱，并且将外泄式改为内泄式，即可把它作为平衡阀使用。顺序阀和平衡阀的图形符号见表 5-1。

表 5-1 顺序阀和平衡阀的图形符号

控制与泄油方式	内控+外泄	外控+外泄	内控+外泄+单向阀	外控+外泄+单向阀	内控+内泄+单向阀	外控+内泄+单向阀
名 称	内控式顺序阀	外控式顺序阀	内控式单向顺序阀	外控式单向顺序阀	内控式平衡阀	外控式平衡阀
图形符号						

平衡阀是工程机械和液压起重机上应用较多的阀。为防止液压起重机的起升、变幅和伸缩机构下降时超速，使垂直放置的液压缸不因自重而下落，或为防止全液压行走式工程机械超速，在相应液压回路中设置平衡阀。平衡阀的工作原理如图 5-13 所示，将平衡阀串联在液压缸下腔，当活塞上升时，液压油经单向阀进入液压缸下腔，平衡阀关闭；当活塞

下降时，只有平衡阀压力达到其调定压力值时，阀口才开启，液压缸下腔回油，活塞才能动作。这种液压回路称为平衡回路（或者限速回路）。平衡阀的启闭性能和溢流阀相同，其开启压力值一般为调定压力值的 75%～80%，而闭合压力值为调定压力值的 70%～75%，均比溢流阀低。此外，平衡阀的工作稳定性十分重要，否则，重物下降时会出现忽快忽慢的现象。

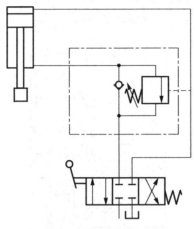

图 5-13　平衡阀的工作原理

5.2.5　专用平衡阀

前面所介绍的平衡阀为滑阀结构，用于限速时可以得到比较稳定的速度，但滑阀式平衡阀不能用于锁紧。起重机上有些机构既要限速又要锁紧，因此起重机采用了既有柱面又有锥面的专用平衡阀，即组合式平衡阀，如图 5-14 所示。

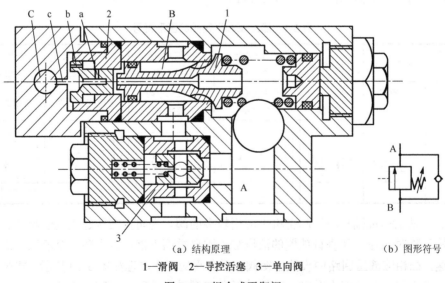

（a）结构原理　　　　　　　　　　　　　　　　（b）图形符号

1—滑阀　2—导控活塞　3—单向阀

图 5-14　组合式平衡阀

5.2.6　压力继电器

压力继电器是利用液体的压力启闭电气触点的液压电气转换元件。当系统压力达到压力继电器的调定压力值时，发出电信号，触发电气元件（如电磁铁、电机、时间继电器、电磁离合器等）动作，使油路卸压、换向；执行元件实现顺序动作，或关闭电机使系统停止工作，或起安全保护作用等。

压力继电器有柱塞式、膜片式、弹簧管式和波纹管式 4 种结构形式，下面介绍柱塞式压力继电器（见图 5-15）的工作原理。当从压力继电器下端进油口 3 进入的液体压力达到调定压力值时，推动柱塞 2 上移，此位移通过杠杆放大后推动微动开关 4 电路。改变弹簧 1 的压缩量，可调节压力继电器的动作压力。

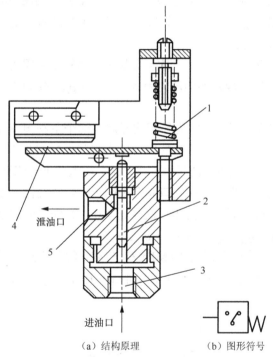

（a）结构原理　　（b）图形符号

1—弹簧　2—柱塞　3—进油口　4—微动开关　5—泄油口

图 5-15　柱塞式压力继电器

【例 5-2】　在图 5-16 中，将两个规格相同、调定压力分别为 p_1 和 p_2（$p_1 > p_2$）的定值减压阀并联使用。若进口压力为 p_i，不计管道损失，试分析出口压力 p_c 如何确定。

解： 并联支路的出口压力 p_o 和阀的出口压力相等且与负载压力 p_L 有关，下面分 3 种情况进行讨论。

（1）若负载压力 $p_L > p_2$，则阀 1 和阀 2 的先导阀均关闭，$q_{c1} = 0$，$q_{c2} = 0$，主阀阀口全开，不起减压作用，$p_i = p_o = p_1$，各支路的流量关系：$q_1 = q_2 = 0.5q_i$，并且 $q_o = q_i$。

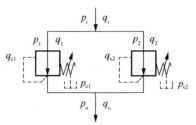

q_i、q_0—并联支路的进、出口流量 p_i、p_0—并联支路的进、出口压力

p_1、p_2—阀1、阀2的调定压力 q_1、q_2—通过阀1、阀2的主阀阀口的流量

q_{c1}、q_{c2}—通过阀1、阀2的先导阀的流量 p_{c1}、p_{c2}—阀1、阀2的先导阀前的压力

图 5-16　例题 5-2

（2）若 $p_2 < p_L < p_1$，则阀2的先导阀开启，$q_{c2} > 0$，主阀阀口减小；处于另一支路的阀1的先导阀仍然关闭，$q_{c1} = 0$，主阀阀口仍全开，不起减压作用。因此，$p_i = p_o = p_L$，各支路的流量关系为 $q_1 > q_2$。

这种情况下，阀2的出口压力大于调定压力 p_2，经阀2主阀的阻尼小孔流至先导阀的流量 q_{c2} 应大于设计值，以形成足够的压力差 $\Delta p_2 = p_L - p_{c2}$，使阀2的主阀阀芯上升至主阀阀口，趋于关闭。

3）若 $p_L > p_1$，则两个减压阀的先导阀均开启，两个主阀阀口都起减压作用，该并联支路进、出口压力关系：$p_0 = p_1$。阀2的出口压力与其先导阀前的压力差比第二种情况中的压力差大，在阀2内部形成更大的压力损失，经主阀阻尼小孔流至先导阀的流量 q_{c2} 将更大，主阀阀芯进一步上移，直至主阀阀口完全关闭为主，流经阀2的流量 $q_2 = 0$。由于出口压力无法推动负载，故并联支路的出口流量 $q_0 = 0$，并联支路的进口流量仅满足两个先导阀的流量需求，即 $q_i = q_{c1} + q_{c2}$，而 $q_{c2} > q_{c1}$。

【例 5-3】　将调定压力值分别为 10 MPa 和 5 MPa 的顺序阀 F_1 和 F_2 串联或并联使用，如图 5-17 所示。试分析它们都处于工作状态时进口压力、出口负载压力和阀口压力损失情况。

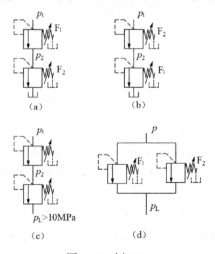

图 5-17　例 5-3

解：顺序阀的调定压力是指能使阀打开溢流时该阀的进口压力，因此按出口负载不同的工况分析。

当两个顺序阀串联时：

1）若 F_1 阀在前，F_2 阀在后，并且阀的出口连接回油箱，如图 5-17（a）所示。

要使 F_1 阀开启，其进口压力 $p_1=10MPa$；F_2 阀的调定压力为 $p_2=5MPa$，此时 F_2 阀一定会开启，因此该支路总的进口压力为 $p_1=10MPa$，F_1 阀的阀芯受力平衡，阀口的开口量为一定值，阀口压力损失 $\Delta p_1 = p_1 - p_2 =$（10-5）MPa=5MPa；F_2 阀的阀芯受力平衡，阀口的开口量为一定值，阀口压力损失 $\Delta p_2 = 5MPa$。

（2）若 F_2 阀在前，F_1 阀在后，并且阀的出口连接回油箱，如图 5-17（b）所示。

因为 F_1 阀的进口压力 $p_1=10MPa$，所以要使该支路处于工作状态，F_2 阀的进口压力（总的进口压力）不再是 5MPa，而是 10MPa，于是 F_2 阀的阀口全开，作用在其阀芯的液体压力大于弹簧力和液动力之和，阀口压力损失 $\Delta p_2 = 0$；当达到 F_1 阀的调定压力时，F_1 阀的阀口处于打开状态，但开口较小，阀芯受力平衡，阀口压力损失 $\Delta p_1 = 10MPa$。

（3）无论 F_1 阀在前还是在后，两个顺序阀串联后的出口负载压力 $p_L > 10MPa$。此时，若要两个顺序阀处于工作状态，则两个顺序阀串联后总的进口压力 $p_1 \geq p_L$。这时两个阀的阀口全开，压力损失近似为零，如图 5-17（c）所示。

当两个顺序阀并联时[如图 5-17（d）]：

（1）两个顺序阀并联后的出口负载压力 $p_L < 5MPa$，则调定压力低的 F_2 阀开启通流，F_1 阀的阀口关闭，进口压力 $p = 5MPa$。因此，F_2 阀的阀芯受力平衡，阀口压力损失 $\Delta p = (5 - p_L)MPa$。

（2）若两个顺序阀并联后的出口负载压力 $5MPa < p_L < 10MPa$，则进口压力 $p = p_L$。因此，F_1 阀的阀口关闭，F_2 阀的阀口全开，作用在 F_2 阀的阀芯上的液体压力大于弹簧力与液动力之和，其阀口压力损失近似零。

（3）若两个顺序阀并联后的出口负载压力 $p_L > 10MPa$，进口压力 $p = p_L$，则此时 F_1 阀的阀口、F_2 阀的阀口均全开，阀口压力损失近似为零。

5.3　流量控制阀

流量控制阀的作用是，通过改变阀口通流面积的大小改变油液阻力并控制通过阀口的流量，以达到调节执行元件（液压缸或液压马达）移动速度的目的。常用的流量控制阀有节流阀、单向节流阀、调速阀、分流集流阀和单路稳流阀等。

在液压系统中，对流量控制阀的要求如下。

（1）具有足够大的调节范围。

（2）能保证稳定的最小流量。

（3）温度和压力变化对流量的影响要小。

（4）调节方便，泄漏量小。

5.3.1 节流阀和单向节流阀

1. 工作原理

1）节流阀工作原理

图 5-18 所示为可调式节流阀，节流孔口采用轴向三角槽式结构。液压油从进油口 P_1 进入，从出油口 P_2 流出。调节手轮 1，使阀芯 3 作轴向移动，便可改变节流孔口的通流面积，从而实现对流量的控制。

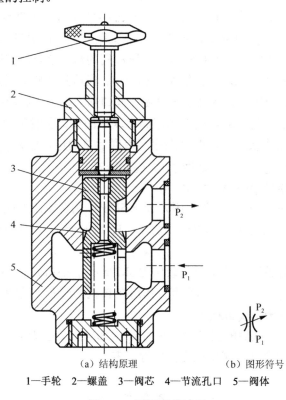

（a）结构原理   （b）图形符号

1—手轮　2—螺盖　3—阀芯　4—节流孔口　5—阀体

图 5-18　可调式节流阀

2）单向节流阀工作原理

单向节流阀如图 5-19 所示，当液压油从进油口 P_1 流向出油口 P_2 时，该阀起节流阀作用；反向时，起单向阀作用。

2. 流量特性

通过节流阀的流量 q 和通过其前后的压力差 Δp 的关系可表示为

$$q = KA(\Delta p)^m \tag{5-6}$$

式中，m 为由孔口形状决定的指数；K 为节流系数（对于薄壁小孔，$K = C_d\sqrt{2/\rho}$，$m = 0.5$；

对于细长孔，$K = d^2/32\mu L$，$m = 1$）；C_d 为流量系数；ρ，μ 分别为液体密度和动力黏度；d，L 分别为细长孔的直径和长度；A 为节流阀的通流面积。

式（5-6）为节流阀的流量特性方程，当采用薄壁小孔时不同开度下节流阀的流量特性曲线如图 5-20 所示。

3. 节流阀的刚度 T

节流阀的刚度反映它在负载压力变动时保持流量稳定的能力，它定义为流量通过节流阀前后的压力差 Δp 对流量 q 的导数，即

$$T = \frac{d(\Delta p)}{dq} \tag{5-7}$$

将式（5-6）代入式（5-7），即

$$T = \frac{(\Delta p)^{1-m}}{KAm} \tag{5-8}$$

结合式（5-8）和图 5-20 可知，刚度 T 相当于流量特性曲线上某点的切线与横坐标之夹角 β 的余切：

$$T = \cot \beta \tag{5-9}$$

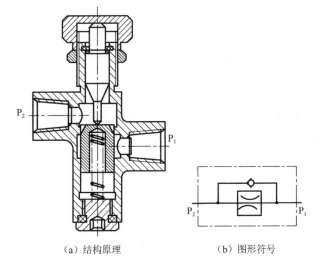

（a）结构原理　　（b）图形符号

图 5-19　单向节流阀

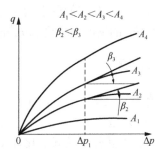

图 5-20　不同开口量下节流阀的流量特性曲线

结合图 5-20 和式（5-9）可得出结论：

（1）在节流阀的压力差 Δp 相同的情况下，节流阀开口面积 A 小时，刚度大。

（2）节流阀的开口面积 A 一定时，其前后压力差 Δp 越小，刚度越低。因此，节流阀只能在大于某一最低压力差 Δp 的条件下才能正常工作，但提高 Δp 将引起压力损失增加。

（3）减小 m 值可以提高刚度，因此，目前的节流阀多采用 $m = 0.5$ 的薄壁小孔型的节流孔。

（4）当节流阀的节流孔为细长孔时，油温越高，液体动力黏度 μ 越小，节流系数 K 越

大，流量的增量越大，节流阀的刚度就越小。当采用 $m=0.5$ 的薄壁小孔型的节流孔时，油温变化对流量稳定性几乎没有影响。

4. 节流孔堵塞和最小稳定流量

节流阀在小开口量下工作时，特别是在进、出口压力差较大时，虽然不改变油温和阀的压力差，但是流量会出现时大时小的脉动现象，开口量越小，脉动现象越严重，甚至在阀口还没有关闭时就完全断流，这种现象称为节流孔口堵塞。产生堵塞的原因如下：

（1）油液中的机械杂质或因氧化析出的胶质、沥青、炭渣等污物堆积在节流缝隙处。

（2）由于油液老化或受到挤压后产生带电的极化分子，而节流缝隙的金属表面上存在电位差，故极化分子被吸附到缝隙表面，形成牢固的边界吸附层，吸附层厚度一般为 5～8 μm，影响节流缝隙的大小。当堆积物、吸附物增长到一定厚度时，会被液流冲刷掉，随后又重新附在阀口上。这样周而复始，就形成流量的脉动。

（3）阀口压力差较大时，阀口温升高，液体受挤压的程度增强，金属表面也更易受摩擦作用而形成电位差，容易产生堵塞现象。

减轻堵塞的措施如下：
（1）选择水力半径大的薄刃节流孔口。
（2）精密过滤并定期更换油液。
（3）适当选择节流孔口前后的压力差。
（4）采用电位差较小的金属材料，选用抗氧化、稳定性好的油液，减小节流孔口的表面粗糙度。

针形及偏心槽式节流孔口因节流通道长，水力半径小，其最小稳定流量在 80cm³/min 以上；薄刃节流孔口的最小稳定流量为 20～30cm³/min。特殊设计的微量节流阀能在压力差为 0.3MPa 的情况下达到 5cm³/min 的最小稳定流量。

5.3.2 调速阀

节流阀的流量不仅取决于节流孔口面积大小，还与节流孔口前、后的压力差有关。因此，节流阀只适用于执行元件负载变化小和速度稳定性要求不高的场合。若能使节流阀前、后的压力差不随外部负载变化而变化，其稳定性（刚度 T）就可以提高。为此，可将节流阀与定差减压阀串联得到高稳定性的调速阀。

1. 工作原理

图 5-21 所示的调速阀由定差减压阀和节流阀串联而成。p_1 为调速阀进油口压力，p_3 为调速阀出油口压力（此处也是负载压力），节流阀前、后的压力 p_2 和 p_3 分别传到定差减压阀阀芯的右、左两端，当负载压力 p_3 增大，这时作用在定差减压阀芯左端的液体压力增大，阀芯向右移动，减压阀的节流孔口加大，压降减小，使 p_2 也增大，从而使节流阀前、后的压力差（p_2-p_3）保持不变。这样就使调速阀的流量恒定不变，即流量不受负载的影响。

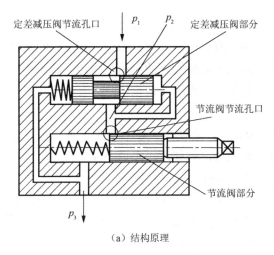

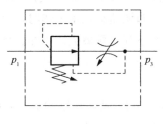

（b）详细图形符号

（a）结构原理

（c）一般图形符号

图 5-21 调速阀

2. 静态特性

设定差减压阀的阀口和节流阀的阀口均为薄壁小孔口，对定差减压阀列出力平衡方程（忽略定差减压阀的阀芯自重和摩擦力）：

$$k(x_0 + x) = (p_2 - p_3)A \tag{5-10}$$

则有

$$\Delta p = p_2 - p_3 = \frac{k(x_0 + x)}{A}$$

式中，k 为定差减压阀弹簧刚度；x_0，x 为减压阀弹簧预压缩量、定差减压阀的阀口开口量；A 为减压阀的阀芯有效面积。

因为

$$x << x_0$$

所以

$$\frac{k(x + x_0)}{A} \approx \frac{kx_0}{A} = 常数$$

由上式看出，节流孔口前后压力差 Δp 近似一个常数，通过该节流孔口的流量基本不变，即流量不随外部负载变化而变化。调速阀和节流阀的流量特性曲线如图 5-22 所示。

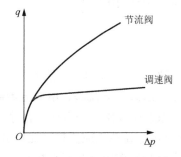

图 5-22 调速阀和节流阀的流量特性曲线

由图 5-23 看出，调速阀的速度稳定性比节流阀的速度稳定性好，但它有一个最小工作压力差，即调速阀正常工作时，至少应有 0.5MPa 的压力差；否则，减压阀的阀芯在弹簧力的作用下开口量最大，不能起到稳定节流阀前后压力差的作用。因此，调速阀在压力差小的情况相当于节流阀，只有当调速阀上的压力差大于一定数值时，流量才基本处于稳定状态。

【例 5-4】 某液压缸的活塞面积 $A_0 = 100\text{cm}^2$，负载在 $500 \sim 40000\text{N}$ 的范围内变化。为使负载变化时活塞移动速度稳定，在液压缸的进口处使用一个调速阀。

（1）将液压泵的工作压力调到额定压力 6.4MPa，试问是否适宜？

（2）当调速阀的节流孔为薄壁小孔时，阀口前后压力差 $\Delta p = 0.3\text{MPa}$，调速阀节流孔口的开口面积 $A = 0.1 \times 10^{-4}\,\text{m}^2$ 时，通过该阀的流量 $q = 10\text{L/min}$。如果调速阀的开口面积不变，当阀口前后压力差变为 0.5MPa 时，活塞的移动速度是多少？

解：（1）该液压缸的最大工作压力。

$$p = \frac{F}{A} = \frac{40000}{100 \times 10^{-4}}(\text{MPa}) = 4(\text{MPa})$$

一般情况下，调速阀在正常工作时的最小压力差 $\Delta p = 0.5\text{MPa}$。因此，液压泵的工作压力为

$$p_{\text{p}} = p + \Delta p = (4 + 0.5)\text{MPa} = 4.5(\text{MPa})$$

如果将液压泵的工作压力调到 6.4MPa，调速阀就有良好的稳定流量，但是对节省液压泵的能耗不利。调速阀在负载变化时才有稳定的流量，必须使调速阀进、出口压力差至少保持在 0.5MPa。如果该压力差过小，那么减压阀全开，其性能相当于节流阀；如果该压力差过大，那么功率损失太大。

（2）根据式（5-6）所示的节流阀的流量特性方程，以及调速阀节流孔的开口面积不变，求得

$$q_1 = \frac{q_1 \sqrt{\Delta p_1}}{\sqrt{\Delta p}} = 10 \times \sqrt{\frac{0.5}{0.3}}(\text{L}/\min) = 12.9(\text{L}/\min)$$

$$v = \frac{q_1}{A_0} = \frac{12.9 \times 10^{-3}}{100 \times 10^{-4} \times 60} = 0.0125(\text{m/s})$$

5.3.3 分流集流阀

分流集流阀是集液压分流阀[见图 5-23（a）]和集流阀[见图 5-23（b）]功能于一体的独立液压器件[见图 5-23（c）]，是液压阀中分流阀、单向分流阀、单向集流阀和比例分流阀的总称。分流阀的作用是在液压系统中使同一个能源向两个执行元件供应相同的流量（等量分流），或者按一定比例向两个执行元件供应流量（比例分流），从而实现两个执行元件的速度保持同步或定比关系。集流阀的作用是从两个执行元件收集等流量或按比例的回油量，以实现两个执行元件的速度同步或速度等比例的关系。

（a）分流阀图形符号

（b）集流阀图形符号

（c）分流集流阀图形符号

图 5-23　分流集流阀图形符号

1. 分流阀的工作原理

图 5-24 所示为等量分流阀的工作原理。设进口处液体压力为 p_0，流量为 q_0，进入该分流阀后通过两个面积相等的固定节流孔 1、2，分别进入油室 a、b，然后由可变节流孔口 3、4 经出油口 Ⅰ 和 Ⅱ 通往两个执行元件。如果两个执行元件的负载相等，那么分流阀的出口压力 $p_3 = p_4$，因为阀中两支流道的尺寸完全对称，所以输出流量也对称，即 $q_1 = q_2 = q_0/2$，且 $p_1 = p_2$。当由于负载不对称而出现 $p_3 \neq p_4$（假设 $p_3 > p_4$）时，阀芯来不及运动而处于中间位置，此时 $q_1 < q_2$，由于两支流道上的总阻力相同，因此必定使 $(p_0 - p_1) < (p_0 - p_2)$，则 $p_1 > p_2$。此时，阀芯在不对称液体压力作用下向左移动，使可变节流孔口 3 增大，可变节流孔口 4 减小，从而使 q_1 增大，q_2 减小，直到 $q_1 \approx q_2$，$p_1 \approx p_2$，阀芯才在一个新的平衡位置上稳定下来，即输往两个执行元件的流量相等，当两个执行元件的尺寸完全相同时，运动速度同步。

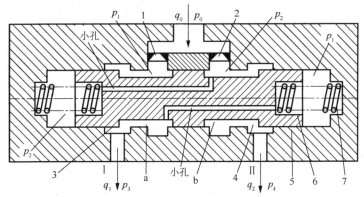

1,2—固定节流孔口　3,4—可变节流孔口　5—阀体　6—滑阀　7—弹簧

图 5-24　等量分流阀的工作原理

2. 分流集流阀的工作原理

分流集流阀如图 5-25 所示。其中，图 5-25（a）为分流集流阀的结构原理图。阀芯 5、6 在各弹簧力作用下处于中位的平衡状态。处于分流工况时[见图 5-25（b）]，由于 p_0 大于 p_1 和 p_2，因此阀芯 5、6 处于相离状态，互相勾住。当出口负载压力 $p_4 > p_3$ 时，如果要使阀芯仍保持在中位，那必须使 $p_2 > p_1$。这时连成一体的阀芯将向左移动，可变节流孔口 3 减小，使 p_1 值上升，直至 $p_1 \approx p_2$，阀芯停止运动。由于两个固定节流孔 1 和 2 的面积相

等，因此通过两个固定节流孔的流量 $q_1 \approx q_2$，而不受出口负载压力 p_3、 p_4 变化的影响。

处于集流工况时[见图 5-25（c）]，由于 p_0 小于 p_1 和 p_2，因此两个阀芯处于互相压紧状态。设负载压力 $p_4 > p_3$，要使阀芯仍保持在中位，必须使 $p_2 > p_1$。这时压紧成一体的阀芯向左移动，可变节流孔口 4 减小，使 p_2 值下降，直至 $p_2 \approx p_1$，阀芯停止运动。因此，$q_1 \approx q_2$，而不受进口压力 p_3 及 p_4 变化的影响。

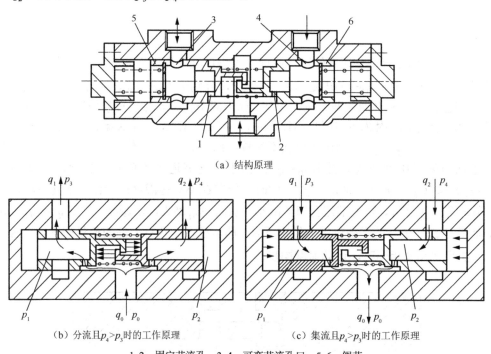

（a）结构原理

（b）分流且 $p_4 > p_3$ 时的工作原理　　　　　（c）集流且 $p_4 > p_3$ 时的工作原理

1，2—固定节流孔　3，4—可变节流孔口　5，6—阀芯

图 5-25　分流集流阀

5.3.4　单路稳流阀

单路稳流阀是工程机械常用的专用分流阀。它的特点是在输入流量发生变化时，能保证单路输出稳定流量。单路稳流阀常用于叉车和装载机的转向系统，当发动机转速变化或转向负载变化引起液压泵流量变化时，通过单路稳流阀以稳定流量供给转向系统，从而保证转向的稳定性。下面介绍两种单路稳流阀。

1. 单泵单路稳流阀

单泵单路稳流阀（见图 5-26）由壳体 1、主阀芯 2、节流片 3、调节杆 4、溢流阀 5 和弹簧组成。液压油（压力为 p）从 P 油口进入后分两路，一路直接由 A 油口通向工作系统（图中其为关闭状态），另一路经主阀芯 2 的径向孔、轴向中心孔和节流片的节流孔（直径为 d）流向转向系统（B 油口）。主阀芯 2 两端分别承受液压油，液压油通过阻尼小孔 6 至主阀芯 2 的左腔, 而主阀芯 2 右边的压力为转向油路的压力。当作用在主阀芯左右两端的压力差足以克服弹簧力时, 主阀芯向右移动。

当主阀芯处于平衡状态时, 可写出下列方程:

$$pA = p_B A + k(x_0 + x) \tag{5-11}$$

式中, A 为主阀芯有效承压面积; k 为主阀芯弹簧刚度; x_0, x 分别为主阀芯弹簧预压缩量和阀口开口量。

由于设计时 k 很小, 即 $x \ll x_0$, 因此

$$p - p_B = kx_0/A = 常数$$

通过 B 口的流量:

$$q_B = C_d A \sqrt{\frac{2}{\rho}(p - p_B)}$$

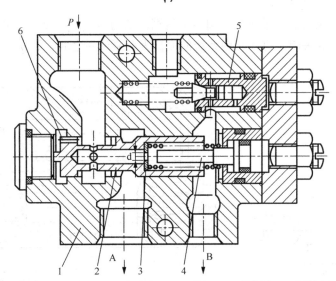

1—壳体　2—主阀芯　3—节流片　4—调节杆　5—溢流阀　6—阻尼小孔

图 5-26　单泵单路稳流阀

由上式知, 通过 B 油口的流量基本保持不变。单泵单路稳流阀的稳流精度高, 可达 3%～10%, 但因发热量较大, 只适用于小功率的工程机械。

2. 双泵单路稳流阀

双泵单路稳流阀由两个液压泵供油, 保证一条油路有稳定的流量, 它被广泛用于大、中型铰接式装载机的转向系统。

双泵单路稳流阀如图 5-27 所示。图中, 转向泵和辅助泵向双泵单路稳流阀供油。转向泵的液压油进入该阀后分成两路: 一路通过节流孔口①和节流孔口②进入转向系统, 进入转向系统的同时通过通道③到达阀芯 2 的右腔, 阀芯 2 的右腔压力为 p_3; 另一路通过孔 d

进入阀芯 2 的左腔 c，该腔压力为 p_1。辅助泵的液压油进入该阀后也分成两路：当压力差 $p_1 - p_3$ 足以推动弹簧 4 时，阀口 b 打开，经通道 e 推开单向阀 6 进入工作系统；当压力差 $p_1 - p_3$ 小于弹簧力时，液压油经阀口 a 推开单向阀 3，经通道 f 流过节流孔口②进入转向系统。

由阀芯 2 的平衡方程可以推出：

$$p_1 - p_3 = \frac{k(x_0 + x)}{A} \tag{5-12}$$

式中，k 为弹簧 4 的刚度；A 为阀芯 2 的有效承压面积；x_0，x 分别为弹簧 4 的预压缩量、伸缩量（阀芯位移量），并且 $x \ll x_0$。

可知，$p_1 - p_3 = \dfrac{kx_0}{A} =$ 常数，即进入转向系统的流量 q_3 为常数。

双泵单路稳流阀有 3 种工况：

1）发动机转速在低速区

转向泵和辅助泵的供油量较少，阀芯 2 两端压的力差 $p_1 - p_3$ 较小，阀芯 2 处于左端，阀口 a 全开，阀口 b 关闭，进入转向系统的流量为两泵流量之和，即 $q_3 = q_1 + q_2$。

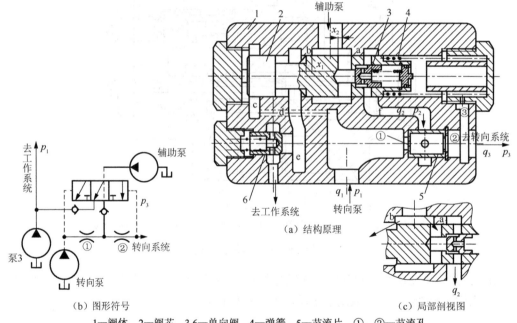

（a）结构原理

（b）图形符号

（c）局部剖视图

1—阀体　2—阀芯　3,6—单向阀　4—弹簧　5—节流片　①，②—节流孔

图 5-27　双泵单路稳流阀

2）发动机转速在中速区

转向泵和辅助泵的泵供油量有较大增加，阀芯 2 两端的压力差 $p_1 - p_3$ 也增加，使阀芯向右移动，阀口 b 开启。此时，辅助泵的流量分两路[见图 5-27（c）]：一部分经阀口 a 进入转向系统，其余部分经阀口 b 进入工作系统的油路。随着发动机转速的继续增加，转向泵的流量 q_1、压力差 $p_1 - p_3$ 和阀芯位移量 x 都相应增大，阀口 a 不断变小而阀口 b 变大，

辅助泵进入转向系统流量减少，但因转向泵的流量增加，故转向系统流量 q_3 恒定。

3）发动机转速在高速区

由于压力增加，阀芯随之继续向右移动，将阀口 a 关闭。此时，转向系统仅由转向泵供油，其流量（$q_3 = q_1$）随转速的升高而直线上升，不能保持恒定。

双泵单路稳流阀的流量和转速的关系如图 5-28 所示。

由图 5-28 可以看出，虽然在整个发动机工作区转向流量不是恒定的，但是采用稳流阀后可缩小转向流量的变化率，使转向更平稳。

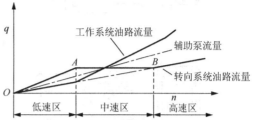

图 5-28 双泵单路稳流阀的流量 q 和转速 n 的关系

5.4 方向控制阀

方向控制阀主要用于控制油路中油液的通断，从而控制液压系统中执行元件的换向、启动和停止。方向控制阀按其用途可分为单向阀和换向阀两大类。

5.4.1 单向阀

单向阀有普通单向阀和液控单向阀。

1. 普通单向阀

普通单向阀的作用是使液体只能沿一个方向流动，不允许它反向流动。对单向阀的要求如下：

（1）正向通过液流时，压力损失要低；反向截止时，密封性要好。

（2）动作灵敏，工作时无撞击和噪声。

单向阀如图 5-29 所示，液流从 P_1 油口流入，克服弹簧力将阀芯顶开，流向 P_2 油口。当液流反向流入时，阀芯在液体压力和弹簧力的共同作用下关闭阀口，使液流截止。

图 5-29（a）所示为球式单向阀，其结构简单，但密封功能容易失效，工作时易产生振动和噪声，一般用于流量较小的场合。

图 5-29（b）所示为直通锥式单向阀，其方向性和密封性好，工作比较平稳；可以直接安装在管道上，安装方法比较简单，但液流阻力损失较大，而且维修、装拆、更换弹簧不便。为了克服其不足，可应用图 5-29（c）直角锥式单向阀。在直角锥式单向阀中，液流顶开阀芯后，直接从阀体内部的铸造通道流出，压力损失小，而且只要打开端盖即可对其内部进行维修，十分方便。

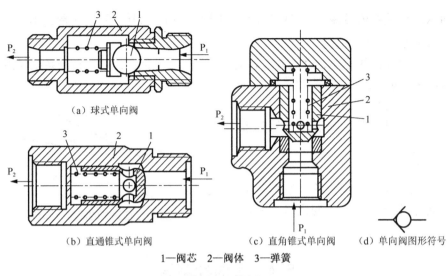

（a）球式单向阀

（b）直通锥式单向阀　　　　　（c）直角锥式单向阀　　　（d）单向阀图形符号

1—阀芯　2—阀体　3—弹簧

图 5-29　单向阀

单向阀中的弹簧主要用来克服阀芯的摩擦阻力和惯性力，为了使单向阀工作灵敏可靠，普通单向阀的弹簧刚度一般都选得较小，以免油液流动时产生较大的压力损失。一般单向阀的开启压力为 0.035～0.05MPa，通过其额定流量时的压力损失不应超过 0.1～0.3MPa。若将单向阀置于回油路中作为背压阀使用时，单向阀中的弹簧应换成刚度较大的弹簧。此时，单向阀的开启压力约为 0.2～0.6MPa。没有弹簧的单向阀在系统中安装时必须垂直安置，阀芯依靠自重停止在阀座上。

单向阀通常安装在液压泵的出口处，以防止系统中的液体反向冲击而影响液压泵的工作；还可用来分隔通道，防止管道间的压力相互干扰等。

2. 液控单向阀

液控单向阀如图 5-30 所示，液控单向阀比普通单向阀多一个控制油口。当 C 油口无液压油通入时，它和普通单向阀一样，液压油只能从 P_1 油口流向 P_2 油口，不能反向流动。当需要反向导通时，可使 C 油口接通控制油压 p_c，即可推动活塞 1（承压面积为 A_c），顶开单向阀的阀芯 4，使反向截止作用得到解除，液体即可反向流动。

液控单向阀按活塞泄油方式的不同，分为内泄式和外泄式液控单向阀。内泄式液控单向阀的活塞上腔与 P_1 油口相通。这时反向开启所需的控制压力 p_c 较大；外泄式液控单向阀的活塞上腔直通油箱（液压油从泄油口 L 处流出），这时反向开启所需的控制压力 p_c 相应降低。

在高压力、大流量系统中，液控单向阀的 P_2 油口往往承受很高的油压，这个油压作用在阀芯 4 上使得反向开启控制压力很高。为此，应采用带卸荷阀芯的液控单向阀，如图 5-30（c）所示。这种液控单向阀的反向开启分两步进行：首先，活塞推开卸荷阀芯 6（卸荷阀芯面积小，需要的控制压力比较低），卸荷阀芯 6 打开后，P_1、P_2 油口相通，P_1、P_2 油口的压力相同（平压），作用在阀芯 4 上的液体压力消失了，若要打开阀芯 4，只需克服主阀弹簧力即可。因此，这种液控单向阀工作时先卸荷后通流，需要的控制压力 p_c 比较低。

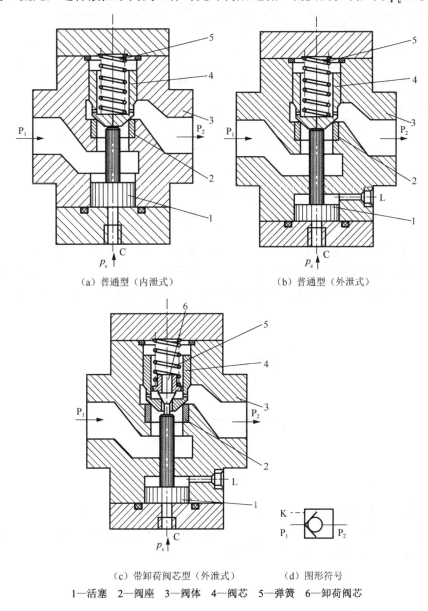

（a）普通型（内泄式）　　（b）普通型（外泄式）

（c）带卸荷阀芯型（外泄式）　　（d）图形符号

1—活塞　2—阀座　3—阀体　4—阀芯　5—弹簧　6—卸荷阀芯

图 5-30　液控单向阀

工程机械中常采用双液控单向阀，称为双向液压锁，其工作原理如图 5-31 所示。该阀将两个液控单向阀布置在同一个阀体内。其工作原理如下：当 A 口通入液压油时，单向阀 1 打开，油液进入 A_1 腔；同时液压油使控制活塞 3 向右移动，直到顶开单向阀 2，使 B_1 腔向 B 腔排油。也就是说，当一个油腔正向进油时，另一个油腔就反向出油。

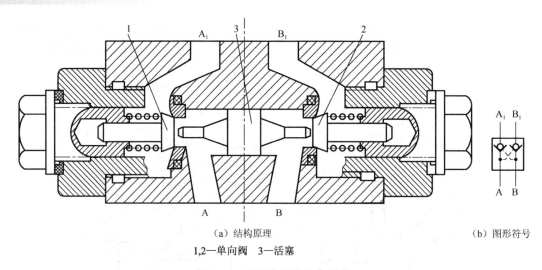

（a）结构原理 　　　　　　　　　　　　　　（b）图形符号

1,2—单向阀　3—活塞

图 5-31　双向液压锁工作原理

【例 5-5】 图 5-32 所示为某一液压缸，$A_1=30\text{cm}^2$，$A_2=12\text{cm}^2$，$F=30000\text{N}$，其中，液控单向阀（外泄式）起闭锁作用，以防止液压缸加速下滑。液控单向阀内活塞面积 A_c 是阀芯承压面积 A 的 3 倍。若摩擦力、弹簧力均忽略不计，试计算需要多大的控制压力才能开启液控单向阀？开启前液压缸中的最高压力为多少？

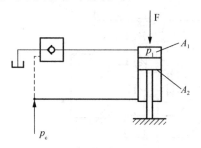

图 5-32　液压缸

解： 由图 5-32 可知，液控单向阀正向不通，只有活塞上的控制压力 p_c 足够大才能把单向阀阀芯打开，使 A_1 腔的油液通过液控单向阀反向流回油箱，液压缸才可以向下运动。液控单向阀活塞顶开单向阀阀芯的最小控制压力为

$$p_c = \frac{A}{A_c}p_1 = \frac{1}{3}p_1$$

液压缸受力平衡方程为

$$p_1 A_1 = p_c A_2 + F$$

联立以上两式求解，得到开启液控单向阀所需要的控制压力，即

$$p_c = \frac{F}{3A_1 - A_2} = \frac{30000}{(3 \times 30 - 12) \times 10^{-4}} = 3.85\text{MPa}$$

此时，液压缸无杆腔的压力为

$$p_1 = 3p_c = 11.55\text{MPa}$$

液控单向阀开启前在液压缸中产生的压力为

$$p_1 = \frac{F}{A_1} = \frac{30000}{30 \times 10^{-4}} = 10\text{MPa}$$

计算结果表明，在液控单向阀没有打开时，液压缸中的压力为 10MPa；在液控单向阀打开时，液压缸中的压力将增大。开启液控单向阀需要的控制压力为 3.85MPa，开启前液压缸中的最高压力为 11.55MPa。

5.4.2　换向阀

换向阀可借助阀芯与阀体之间相对位置的改变控制油路的通断，实现液压系统中的执行元件的换向。

对换向阀的基本要求如下：

（1）液流通过换向阀时压力损失小（一般 $\Delta p < 0.1 \sim 0.3$MPa）。

（2）互不相通的油口间的泄漏量小。

（3）换向平稳可靠。

换向阀的分类见表 5-2。

表 5-2　换向阀的分类

分类方法	类　型
按阀的操纵方式分类	手动、机动、电磁驱动、液动、气动
按阀芯的工作位置数量分类	二位、三位、四位
按控制通道数量分类	二通、三通、四通、五通、六通

1. 滑阀式换向阀

1）滑阀式换向阀工作原理

滑阀是一个具有多段环形槽的圆柱体，阀芯有若干凸台，阀体孔内有若干沉割槽。每条沉割槽都通过相应的孔道与外部相连，与外部连接的孔道称为"通"；为改变液流的方向，阀芯相对阀体的不同工作位置称为"位"。图 5-33 所示是一个二位四通换向阀，该阀有两个工作位置，有 4 个外接油口。其中，P 油口为进油口，T 油口为回油口，A 油口和 B 油口连通液压缸的两腔。当阀芯处于图 5-33（a）所示位置时，通过阀芯上的环形槽使 P 油口与 A 油口、T 油口与 B 油口相通，液压缸活塞向右移动。当阀芯向左移动到图 5-33（b）所示位置时，P 油口与 B 油口、A 油口与 T 油口相通，液压缸活塞向左移动。

2）滑阀式换向阀主体部分的结构形式

常用滑阀式换向阀主体部分的结构形式和图形符号见表 5-3。

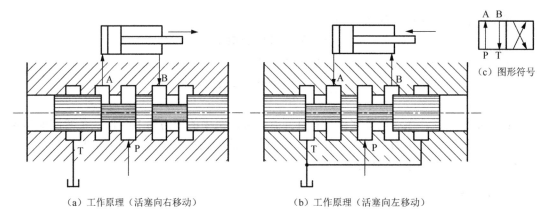

（c）图形符号

（a）工作原理（活塞向右移动）　　　　（b）工作原理（活塞向左移动）

图 5-33　二位四通换向阀

表 5-3　常用滑阀式换向阀主体部分的结构形式和图形符号

名称	结构形式	图形符号	图形符号的含义
二位二通			（1）用方框表示换向阀的工作位置，有几个方框就表示有几"位"。 （2）方框内的箭头表示油路处于连通状态，但箭头的方向不表示液流的实际方向。 （3）方框内符号"⊥"或"⊤"表示该路不通。 （4）方框外部连通的油口数有几个，就表示几"通"。 （5）一般情况下，换向阀与系统供油路连通的进油口用字母 P 表示；换向阀与系统回油路连通的回油口用字母 O（有时用 T）表示；而换向阀与执行元件连接的油口用 A、B 等字母表示。有时在液压元件的图形符号中用 L 表示泄油口。
二位三通			
二位四通			
二位五通			

续表

名称	结构形式	图形符号	图形符号的含义
三位四通		A B ↑↓ ⊥⊤ ✕ P T	（6）换向阀都有两个或两个以上工作位置。图形符号中的中位是三位阀的常态位。利用弹簧复位的二位阀则以靠近弹簧方框内的通路状态为其常态位。 （7）绘制系统图时，油路一般应连接在换向阀的常态位上
	A P B T		
三位五通		A B T₁ P T₂	
	T₁ A P B T₂	T₁ P T₂	

3）三位四通换向阀的中位机能

滑阀阀芯处于不同工作位置，其各油口的连通情况也不同。三位四通换向阀的阀芯处于中间位置所能控制的功能称为滑阀的中位机能。表5-4 列出了三位四通换向阀的各种中位机能。

表5-4 三位四通换向阀的中位机能

滑阀机能	中位符号	特点	滑阀机能	中位符号	特点
O 型	A B ⊤⊤ P O	各油口全关闭，液压系统保持压力恒定	P 型	A B P O	O 油口关闭，该连接方式与液压缸组成差动连接
H 型	A B P O	各油口全部连通，液压系统卸荷，执行元件浮动，来油直接回油箱	J 型	A B P O	P 油口关闭，保持压力恒定；A 油口关闭，B 油口连接回油箱
Y 型	A B P O	A、B、O 油口连通，P 油口保持压力，执行元件两腔连通并通向油箱，执行元件浮动	C 型	A B P O	P 油口与 A 油口通入液压油，B 油口与 O 油口关闭
K 型	A B P O	P、A、O 油口连通，液压泵卸荷，B 油口关闭	N 型	A B P O	P 油口关闭，保持压力恒定；B 油口关闭，A 油口连接回油箱
M 型	A B P O	P、O 油口连通，A、B 油口关闭，液压泵卸荷，执行元件制动	X 型	A B P O	4 个油口半开启相通，P 油口保持一定压力

4）换向阀的操纵方式

换向阀利用阀芯所在位置的不同实现其不同的机能，改变阀芯的位置需要通过外力实现。根据外力的不同就有不同的操纵方式：手动、机动、电磁驱动、液动和气动等。

2. 几种常用的换向阀

1）手动换向阀

图 5-34 所示为三位四通手动换向阀图 5-34（a）所示为弹簧自动复位式三位四通手动换向阀的结构原理，用手操纵手柄，推动阀芯相对阀体移动以改变阀芯的工作位置。要想维持阀芯在左位或右位，必须用手扳住手柄不放，一旦松开手柄，阀芯就会在弹簧力的作用下，自动弹回中位，即弹簧自动复位。图 5-34（b）所示为弹簧钢球定位式三位四通手动换向阀的，它可以在 3 个工作位置定位。

手动换向阀有二位和三位，二通、三通、四通和六通之分。因为操纵力所限，滑阀式手动换向阀常应用于中、小流量系统。

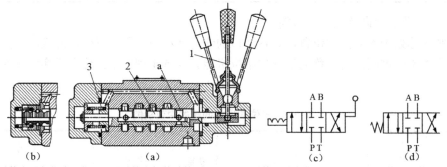

（a）弹簧自动复位式三位四通手动换向阀的结构原理　（b）弹簧钢球定位式三位四通手动换向阀的结构原理
（c）弹簧钢球定位式三位四通手动换向阀的图形符号　（d）弹簧自动复位三位四通手动换向阀的图形符号

1—手柄　2—阀芯　3—弹簧

图 5-34　三位四通手动换向阀

2）机动换向阀

机动换向阀用来控制机械运动部件的行程，故又称为行程换向阀。它利用挡铁或凸轮推动阀芯实现换向。当挡铁（或凸轮）的运动速度 v 一定时，可通过改变挡铁斜面角度 α，以改变换向时阀芯移动速度、调节换向过程的快慢。机动换向阀通常是二位的，有二通、三通、四通和五通。常用的二位二通机动换向阀如图 5-35 所示。

3）电磁换向阀

电磁换向阀是利用电磁铁吸力推动阀芯改变阀芯的工作位置。由于它可借助按钮开关、行程开关、限位开关、压力继电器等发出的信号进行控制，因此易于实现控制的自动化。

（1）阀用电磁铁。根据所用电源的不同，阀用电磁铁分为交流型阀用电磁铁、直流型阀用电磁铁和本整型阀用电磁铁。

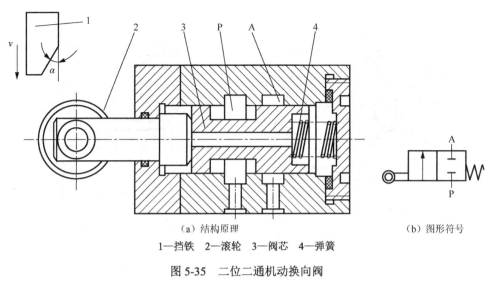

（a）结构原理　　　　　　　（b）图形符号

1—挡铁　2—滚轮　3—阀芯　4—弹簧

图 5-35　二位二通机动换向阀

① 交流型阀用电磁铁。其使用电压有 110V、220V 和 380V。电气线路配置简单，费用低廉，特点是启动力较大，换向时间短（其吸合和释放的时间约为 10ms 左右）。但换向冲击力大，工作时温升高（故其外壳设有散热筋）；当阀芯卡住或吸力不足而使铁芯吸不上时，电磁铁会因电流过大易而烧坏，因此切换频率不许超过 30 次/分；寿命较短，仅可工作几百万次到 1 千万次。

② 直流型阀用电磁铁。其使用电压一般为 12V、24V 和 110V，优点是不会因铁芯卡住而烧坏，体积小，工作可靠，允许切换频率为 120 次/分，甚至可达 300 次/分；换向冲击力小，寿命可高达 2 千万次以上，启动力比交流型阀用电磁铁小。缺点是在无直流电源时，需整流设备。

③ 本整型（变交本机整流型）电磁铁。这种电磁铁本身带有半波整流器，可以在直接使用交流电源的同时，具有直流电磁铁的结构和特性。

根据电磁铁的铁芯与线圈是否浸油，阀用电磁铁分为干式阀用电磁铁、湿式阀用电磁铁和油浸式阀用电磁铁三种。

① 图 5-36（a）所示的干式阀用电磁铁的动铁芯与线圈的间隙介质为空气。电磁铁与换向阀的连接处、推杆 3 外圈设置的密封圈不仅避免了油液进入电磁铁，而且使装拆和更换电磁铁十分方便。

② 湿式阀用电磁铁的推杆和阀芯连成一体[见图 5-36（b）]，因取消了推杆处的动密封（减小了阀芯运动的摩擦阻力，提高了可靠性），故铁芯腔室充满油液（但线圈是干的），不仅改善了散热条件，还因油液的阻尼作用而减小了切换时的冲击力和噪声。因此，湿式阀用电磁铁具有撞击声小、寿命长、散热快、温升低、可靠性好等优点。

③ 油浸式阀用电磁铁的铁芯和线圈都浸在油液中工作，具有散热快、寿命更长、工作更平稳可靠等特点，但造价高。

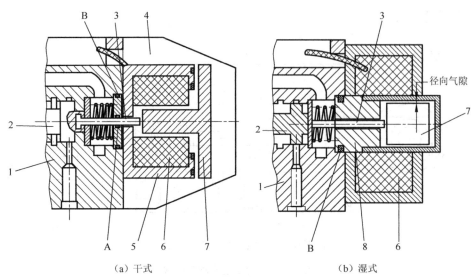

（a）干式　　　　　　　　　　（b）湿式

A—动密封　B—静密封

1—阀体　2—阀芯　3—推杆　4—外壳　5—静铁芯　6—线圈　7—动铁芯　8—挡块

图 5-36　阀用电磁铁

（2）电磁换向阀的典型结构。图 5-37 为三位四通电磁换向阀。图中，当左右两边电磁铁都不通电时，阀芯 2 两边在对中弹簧 4 的作用下处于中位，P、T、A、B 油口互不相通；当右边电磁铁通电时，推杆 6 将阀芯 2 推向左端，P 油口与 A 油口通，B 油口与 T 油口通，当左边电磁铁通电时，P 油口与 B 油口通，A 油口与 T 油口通。

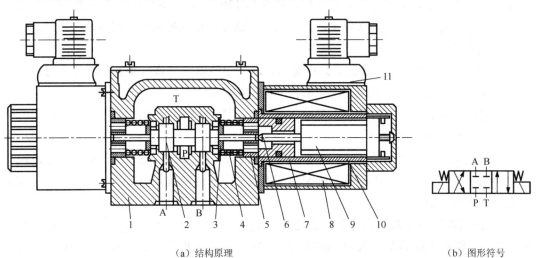

（a）结构原理　　　　　　　　　　　　　　　　　（b）图形符号

1—阀体　2—阀芯　3—定位套　4—对中弹簧　5—挡圈　6—推杆

7—环　8—线圈　9—衔铁　10—导套　11—插头组件

图 5-37　三位四通电磁换向阀

必须指出，由于电磁铁吸力有限（≤120N），因此，电磁换向阀只适用于流量不太大的场合。

4）液动换向阀

液动换向阀是利用控制油路的液压油改变阀芯位置的换向阀。图 5-38 所示为三位四通液动换向阀，该阀阀芯两端分别连通 K_1 和 K_2 油口。当 K_1、K_2 油口均连通油箱时，阀芯在弹簧作用下保持中位；当 K_1 油口通入液压油且 K_2 油口回油时，阀芯向右移动，P 油口与 A 油口连通，B 油口与 T 油口连通；当 K_2 油口通入液压油且 K_1 油口回油时，阀芯向左移动，P 油口与 B 油口连通，A 油口与 T 油口连通。

该阀的优点是结构简单，轴向尺寸较短，应用广泛；缺点是对中弹簧要有较大的力才能克服作用在阀芯上的各种阻力，由于弹簧力较大，因此控制力较高。

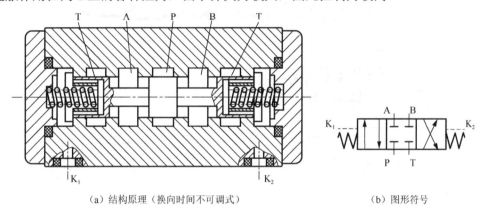

（a）结构原理（换向时间不可调式）　　　　（b）图形符号

图 5-38　三位四通液动换向阀

5）电液换向阀

电液换向阀由电磁换向阀和液动换向阀组合而成。其中，电磁换向阀起先导作用，用来改变控制液流的方向，从而改变液动换向阀的工作位置。由于操纵主阀的液压推力可以很大，因此主阀芯的尺寸可以做得很大，允许大流量通过。这样，用较小的电磁铁就能控制较大的流量。

图 5-39 所示为弹簧对中式三位四通电液换向阀。在这个阀中电磁换向阀作为先导阀，电磁换向阀右侧电磁铁通电时 a 油口通入液压油、b 油口回油，阀芯在液体压力作用下向右移动，P 油口和 A 油口连通、B 油口和 T 油口连通；当左侧电磁阀通电时，b 油口通入液压油、a 油口回油。阀芯在液体压力作用下向左移动；则 P 油口和 B 油口连通、A 油口和 T 油口连通，即主阀芯（液动换向阀阀芯）在两端液压油压力差的作用下移动，实现主油路（工作油路）的换向；电磁换向阀两侧电磁铁均断电后，液动换向阀阀芯两端的控制腔均连通油箱，液动换向阀两侧无控制压力，阀芯靠两侧弹簧力的作用回到中位。

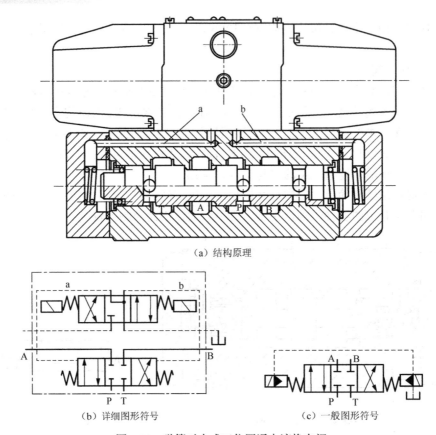

（a）结构原理

（b）详细图形符号　　　　　　　　　　（c）一般图形符号

图 5-39　弹簧对中式三位四通电液换向阀

5.5　工程机械常用液压阀

多路换向阀和减压阀式先导阀在工程机械中是最常用的液压阀，这两种阀都是组合式液压阀。组合式液压阀是根据机械液压系统的不同功能，将所需的液压阀以一定的方式组装在一起构成的一组阀，在液压系统中用点画线方框标示出。液压阀的集成简化了系统的设计、安装和维修，克服了管道的振动、噪声和漏油，减小了体积，提高了效率。

5.5.1　多路换向阀

多路换向阀是以两个以上手动换向阀为主体，根据不同的工作要求加装安全阀、单向阀、补油阀等辅助装置的多路组合阀。

多路换向阀具有结构紧凑、通用性强、流量特性好、不易泄漏以及制造简单等特点。多路换向阀按滑阀的连通方式分为并联油路多路滑阀式换向阀、串联油路多路滑阀式换向阀、串并联油路多路滑阀式换向阀、复合油路多路滑阀式换向阀。

1. 多路换向阀的基本油路形式和工作原理

1）并联油路多路滑阀式换向阀

并联油路换向阀如图 5-40 所示，将各个换向阀之间的进油路并联，将回油路也并联，就构成并联油路。滑阀可各自独立操作，当同时操作两个或两个以上滑阀时，负载小的工作机构先动作。

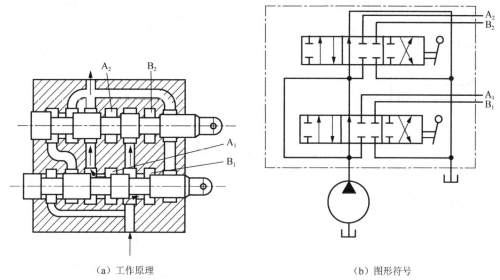

（a）工作原理　　　　　　　　　　　　　　　　（b）图形符号

A_1，B_1 分别为连通第一个执行元件的进、出油口

A_2，B_2 分别为连通第二个执行元件的进、出油口

图 5-40　并联油路多路换向阀

2）串联油路多路滑阀换向阀

串联油路多路滑阀式换向阀如图 5-41 所示。多路换向阀的各个换向阀之间的进油路串联，即上游滑阀工作油液的回油与下游滑阀工作油液的进油口连接，当同时操作两个或两个以上滑阀时，相应的机构同时动作。串联油路中液压泵出口压力等于各个工作机构压力之和。

3）串并联油路多路滑阀式换向阀

串并联油路多路滑阀式换向阀如图 5-42 所示，沿着油液流动的方向，下游滑阀的进油腔与上游滑阀中位油口相通，各个滑阀的回油腔又都直接与总回油路相通。当上游某一滑阀换向时，其下游滑阀的进油口均被切断，因此，不能两个换向阀同时工作。若要同时操纵两个换向阀，只能允许上游滑阀工作；要想下游滑阀工作，必须使上游滑阀回到中位。因此这样的油路又称为互锁油路或优先油路。

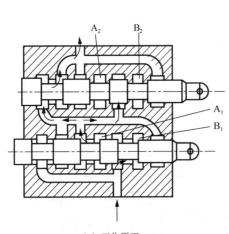
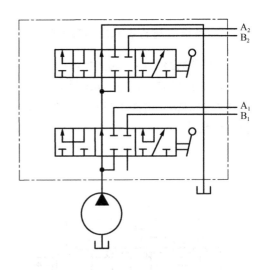

（a）工作原理 　　　　　　　　　　　　　（b）图形符号

A₁，B₁分别为连通第一个执行元件的进、出油口

A₂，B₂分别为连通第二个执行元件的进、出油口

图 5-41　串联油路多路换向阀

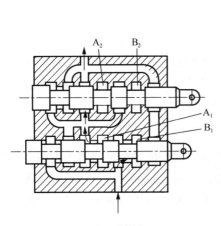
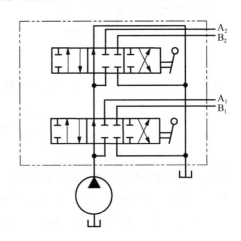

（a）工作原理 　　　　　　　　　　　　　（b）图形符号

A₁，B₁分别为连通第一个执行元件的进、出油口

A₂，B₂分别为连通第二个执行元件的进、出油口

图 5-42　串并联油路多路换向阀

4）复合油路多路滑阀式换向阀

由上述基本油路中的任意几种油路组成的多路换向阀，称为复合油路多路换向阀。

2. 多路换向阀的滑阀机能

对应各种操纵机构的不同使用要求，多路换向阀可选用多种滑阀机能。对于并联和串并联油路，有 O 形、A 形、Y 形、OY 形 4 种滑阀机能；对于串联油路，有 M 形、K 形、H 形、MH 形 4 种滑阀机能，如图 5-43 所示。

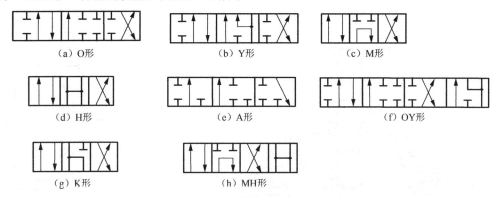

（a）O 形　　　　　（b）Y 形　　　　　（c）M 形

（d）H 形　　　　　（e）A 形　　　　　（f）OY 形

（g）K 形　　　　　（h）MH 形

图 5-43　多路换向阀的滑阀机能

5.5.2　减压阀式先导控制阀

图 5-44 是减压阀式先导型控制阀的结构原理和图形符号。它由一个手柄操纵两对结构相同的先导型控制阀，每对先导型控制阀控制一个液动换向阀。通过对手柄的操纵，实现对液动换向阀（弹簧对中型）的比例控制，使执行机构获得不同的速度。因阀体上装有 4 个先导型控制阀，故称之为组合阀。

在该阀中，P′油口进油，O′油口回油，A′油口和 B′油口是控制油口，分别与液动换向阀两端的控制腔相通。手柄 1 处于中立位置时，减压阀阀芯 8 的凸台将进 P′油口封闭，A′、B′油口经 e 油道与回 O′油口相通，液动换向阀两端无压力时，阀芯依靠弹簧对中。

手柄 1 向左扳动时，蝶形盘压下触头 2、经滑动套 4、平衡弹簧 5 和导杆 6，使减压阀阀芯 8 下移，将进 P′油口和 A′油口连通，同时 A′油口和回 O′油口之间的 b 油口被切断。控制液压油经减压阀口 a 节流后，再经油道 e，A′油口对液动换向阀进行控制。右侧减压阀仍保持原中立位置，B′油口将液动换向阀动作产生的回油从回 O′油口排出。

由于减压阀口 a 的节流作用，控制压力 p'_A 低于 P 油口的控制压力，p'_A 是推动液动换向阀的阀芯换向的油压。在某一个稳定状态，减压阀阀芯的力平衡方程为

$$p'_A A + F_{S2} = F_{S1}$$

根据该方程得

$$p'_A = \frac{K_1}{A}(x_{01} + x_1) \tag{5-13}$$

式中，F_{S2} 为回位弹簧 9 的作用力，刚度 k_2 很小，$F_{S2} = k_2(x_{02} + x_2)$；$F_{S1}$ 为平衡弹簧 5 的作用力，$F_{S1} = k_1(x_{01} + x_1 + x_2)$；$A$ 为减压阀阀芯 8 的承压面积；x_{02} 为回位弹簧预压缩量，$x_2 \ll x_{02}$；x_{01} 为平衡弹簧预压缩量；$x_1 - x_2$ 为平衡弹簧工作时的变形量；k_2 和 x_2 的值都较小，可以忽略不计。

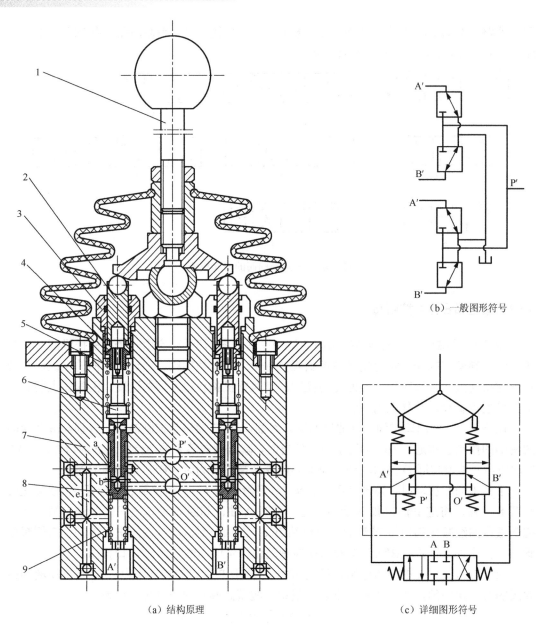

（a）结构原理 （c）详细图形符号

（b）一般图形符号

1—手柄　2—触头　3—固定套筒　4—滑动套　5—平衡弹簧　6—导杆　7—阀体　8—减压阀阀芯　9—回位弹簧

图 5-44　减压阀式先导型控制阀

根据式（5-13），可以近似地认为控制压力 p'_A 与触头 2 的压下的变形量 x_1 成正比。控制压力 p'_A 的大小与液动换向阀阀口的开口量呈线性关系。因此，通过对手柄的控制，可以实现对主阀工作油流量的控制。在工程机械上采用减压阀式先导阀，还可以减小操作员的操纵力度，降低其劳动强度。

减压阀式先导型控制阀的工作压力一般为 1～3MPa，流量为（0.25～0.5）×$10^{-3}\text{m}^3/\text{s}$，

换向频率为 40～50 次/分。这类阀广泛应用于挖掘机和装载机，也可以用于控制泵的变量机构、液压制动器和离合器等。

5.6 新型液压阀

前面介绍的压力阀、流量阀和方向阀都属于开关型和定值型的控制阀。随着机械工业的发展，自动化程度不断提高，计算机技术也有了突飞猛进的发展，电子技术、数字技术与液压技术的相互结合可以实现对参数的连续控制、远程控制和自动控制。电液结合成为液压技术发展趋势之一。下面介绍近年来电液结合技术比较成熟的"电液比例阀和数字阀。

5.6.1 电液比例阀

电液比例阀简称比例阀，又称为比例控制阀，它以传统工业用液压阀为基础，采用电-机械转换装置，将电信号转换为位移信号，按输入电信号指令连续、成比例地控制液压系统的压力、流量或方向等参数。电液比例阀是依据电磁铁输入的电压信号，产生相应动作，使工作阀阀芯产生位移，阀口尺寸发生改变并以此完成与输入电压成比例的压力、流量输出的元件，它是介于普通阀和伺服阀之间的一种液压控制元件，电液比例阀与普通液压阀比较，能连续地、按比例地控制液压系统的压力和流量，对执行元件实现位置、速度和压力的控制，并能减少压力变换时的液压冲击。普通液压阀只能通过预调的方式对液流的压力、流量进行定值控制。当设备在工作过程中要求对液压系统的压力、流量参数进行调节或连续控制，或者要求工作台在工作进给时按慢—快—慢连续变化的速度实现进给，使用普通液压阀就很难实现这种进给，此时可以用电液比例阀对液压系统进行控制。

电液比例阀是电子控制与液压控制的接口元件，它与电子控制装置组合在一起，可以十分方便地对各种输入、输出信号进行运算和处理，从而实现复杂的控制功能。由于电液比例阀一般都具有压力补偿功能，因此它的输出压力和流量可以不受负载变化的影响，与手动调节的普通液压阀相比，它能提高系统参数的控制水平。与电液伺服阀相比，它虽然在某些性能方面稍稍逊色，但是它的结构简单，工作可靠，成本低，并且抗污染能力强。因此，它被广泛应用于要求对液压参数进行连续远程控制或程序控制，但对控制精度和动态特性要求不太高的液压系统。

根据用途和工作特点的不同，电液比例阀可以分为比例压力阀（如比例溢流阀、比例减压阀）、比例流量阀 （如比例节流阀、比例调速阀） 和比例方向阀（电液比例换向阀）三类。电液比例阀以结构形式划分主要有两类：一类是螺旋插装式电液比例阀，另一类是滑阀式电液比例阀。

下面以电磁比例压力阀和高频响比例伺服阀为例介绍电液比例阀的工作原理。

1）电磁比例压力阀

图 5-45 所示为一种电磁比例压力阀，它由压力阀 6 和电磁移动式力矩马达 5 两大部分

组成。当电磁移动式力矩马达 5 的线圈中通入电流 I 时，推杆 4 通过钢球 3、弹簧 2 把电磁推力传给锥阀 1，电磁推力的大小与电流 I 成比例。当阀的进油口 P 处的液压油作用在锥阀 1 上的力超过弹簧力时，锥阀 1 打开，油液通过阀口由出油口 O 排出。这个阀的阀口开口量不影响电磁推力，连续地改变电流的大小，即可连续地按比例地控制锥阀的开启压力。

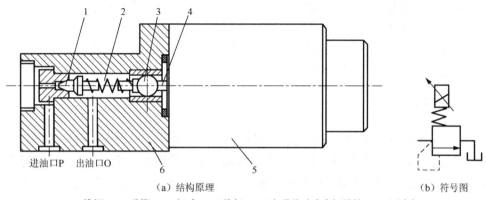

（a）结构原理　　　　　　　　　　　　　　　　　　（b）符号图

1—锥阀　2—弹簧　3—钢球　4—推杆　5—电磁移动式力矩马达　6—压力阀

图 5-45　电磁比例压力阀

2）高频响比例伺服阀

高频响比例伺服阀也称电液比例阀，因其带有多种内反馈方式及电校正等手段，该类阀的稳态精度、动态响应和稳定性相对于典型比例阀有了极大的提高。高频响比例伺服阀的构成相当于利用大电流的比例电磁铁作为电-机械转换装置，采用伺服阀的阀芯阀套式结构，频响接近伺服阀，但可靠性却优于普通伺服阀。

高频响比例伺服阀是比例阀中动态响应性能最接近伺服阀，虽然频率和敏感度比不上伺服阀，但是它无零位死区，高精度、高频响,对油液的清洁度要求比伺服阀低，具有更高的工作可靠性。它的构成相当于在普通流量阀、压力阀和方向阀上，装一个带位置反馈和放大器的电磁铁，使其系统精度提高，从而十分方便地对各种输入、输出信号进行放大运算和处理，将实际输出的速度和位置所对应的液压信号转变成电信号，从而实现复杂的控制功能。

图 5-46 所示为 DLHZO 型高频响比例阀。它由位置传感器，数字型集成式电子放大器以及比例阀组成。阀芯 2 与阀套 3 相互配合，阀芯 2 连接位置传感器 5，数字型集成式电子放大器 6 与比例阀相互配合工作。数字型集成式电子放大器 6 在闭环系统中按输入信号成比例地控制阀芯位置、流量或压力，提高了比例阀的响应速度，该阀的死区和增益可通过软件进行调整。使比例阀的性能可与伺服阀相媲美。

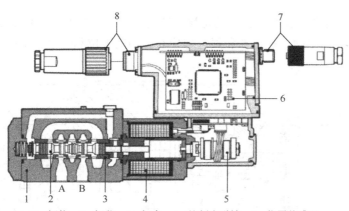

1—阀体　2—阀芯　3—阀套　4—比例电磁铁　5—位置传感器
6—数字型集成式电子放大器　7—通信插头　8—主插头

图 5-46　DLHZO 型高频响比例伺服阀

5.6.2　数字阀

电液数字控制阀简称数字阀，可用数字信号直接控制阀的流量、方向、压力大小等。数字阀可直接与计算机接口，不需要 D/A 转换器。与伺服阀、比例阀相比，这种阀结构简单，工艺性好，抗污染能力强，功耗小，并且具有良好的开环控制精度。数字阀与传感器、微处理器的紧密结合大大增加了系统的自由度，使阀控系统能够更灵活地结合多种控制方式；由于它的控制、反馈信号均为电信号，因此可使系统的压力流量参数实时反馈控制器，并应用电液流量匹配控制技术，根据阀的信号控制液压泵的排量。

数字阀的重要应用就是利用其高频特性达到快速启闭开关的效果或生成相对连续的压力和流量。近年来，数字阀与控制驱动器已实现高度集成化，其控制驱动器可实现编程控制，使用十分方便可靠。因此，数字阀也被广泛应用于机械工程领域。目前，采用新形式、新材料执行器，以及降低阀芯质量和合理的信号控制方式，使数字阀的频响提高，应用范围越来越广。然而，对于高压力、大流量系统，普遍存在电-机械转换器推力不足、阀芯启闭时间存在滞环等问题。

根据控制方式的不同，数字阀可分为两种类型：一类为增量式数字阀，另一类为高速开关式数字阀。这两类阀的工作原理、性能特点、控制方式都有较大的不同。增量式数字阀采用由脉冲数字调制演变而成的增量式控制方式，脉冲信号通过控制驱动器使步进电动机动作，驱动液压阀芯工作。高速开关式数字阀能直接将 ON/OFF 数字信号转化成流量信号，使数字信号直接与液压系统结合。

1. 增量式数字阀

图 5-47 为增量式数字阀结构。步进电动机 1 与螺套 10 通过键固定连接，步进电动机 1 带动螺套 10 旋转相同的角度，螺栓 2 与阀芯 7 通过圆柱销 8 固定连接，螺栓-螺套结构

将螺套 10 的转动角度转换为阀芯 7 的位移。通过控制阀芯的不同位置,最终实现液体的方向和流量控制,限位结构 4、端盖 5 和限位螺栓 6 起轴向限位和转动限位的作用。

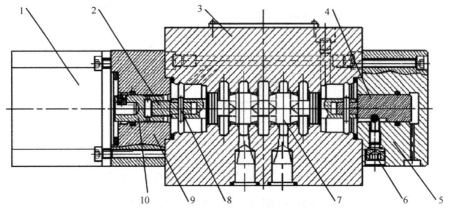

1—步进电动机　2—螺栓　3—阀体　4—限位结构　5—端盖　6—限位螺栓

7—阀芯　8—圆柱销　9—步进电动机的支架　10—螺套

图 5-47　增量式数字阀结构

下面介绍采用步进电动机直接驱动的数字阀。

图 5-48 所示由步进电动机直接驱动的数字流量阀。步进电动机 4 依据计算机发出的指令转动,通过滚珠丝杠 5 把转角变为轴向位移,使节流阀的阀芯 6 的阀口开启,从而控制了流量。这个阀有两个节流孔口,它们的面积梯度不同。阀芯移动时首先打开右边节流孔口,由于非全周界通流,故流量较小;继续移动时打开全周界通流的节流孔口,流量增大。在这里,由于液流从轴向流入且流出时与轴线垂直,因此阀在开启时的液动力可以将向右作用的液体压力部分抵消。这个阀从阀芯 6、阀套 1 和连杆 2 的相对热膨胀中获得温度补偿。

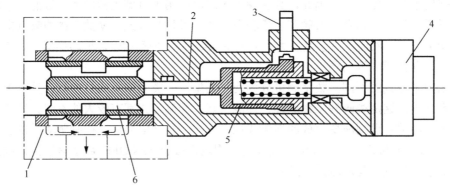

1—阀套　2—连杆　3—零位移传感器　4—步进电动机　5—滚珠丝杠　6—阀芯

图 5-48　步进电动机直接驱动的数字流量阀

2. 高速开关式数字阀

高速开关式数字阀大多采用脉宽调制（PWM）、脉码调制（PCM）、脉频调制（PFM）、脉幅调制（PAM）、脉数调制（PNM）等，最常用的是脉宽调制，它能直接将 ON/OFF 数字信号转换成脉冲信号。这类阀也可用于控制液压执行器，从而构成一个数字式伺服控制系统，具有结构简单、价格便宜、抗污染能力强等优点，但也存在一些不足：在阀开启和关闭的瞬间，会对系统造成压力尖峰和流量脉动，使液压执行器的运动出现不连续的现象；控制流量较小，控制精度较差，响应频率不高。高速开关式数字阀适用于精度要求不高且工作环境不好的场合，以实现电液系统数字控制。目前，这类阀广泛应用于汽车燃油发动机喷射、ABS 制动系统、车身悬架控制以及电网的切断场合。随着计算机控制技术、机电一体化技术和自动化技术的进步，其应用已呈扩大趋势。

高速开关式数字阀是一种新型的数字式电液转换控制元件，以下介绍其控制原理和结构。

1）高速开关式数字阀的控制

高速开关式数字阀的控制原理如图 5-49 所示。计算机根据控制要求发出脉冲信号，该信号经过脉宽调制放大器调制放大，作用于电-机械转换装置，然后电-机械转换装置驱动液压阀工作，系统多为开环控制。高速开关式数字阀由电磁式驱动器和液压阀组成，因为输入信号是一系列脉冲，所以液压阀只有快速切换的开启和关闭两种状态，并以开启时间的长短控制流量或压力，其驱动部件主要是力矩马达和各种电磁铁。由于其一直在全开或全闭状态下工作，因此可以将数字信号直接转换成流体脉冲信号，使计算机控制无须 D/A 转换接口便可实现与液压系统的有机结合。

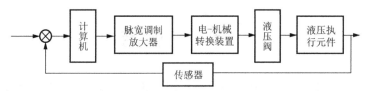

图 5-49　高速开关式数字阀的控制原理

高速开关式数字阀组成的液压系统主要包括驱动电路、PWM 信号发生器、电磁铁、阀芯组件以及泵站，其中部分驱动电路集成了 PWM 信号电路。驱动电路的电流信号经过 PWM 信号发生器产生 PWM 信号，通过控制 PWM 信号的频率及占空比激励电磁铁产生不同的电磁力，阀芯在电磁力、液体压力、弹簧力的共同作用下开始启闭动作。

2）典型高速开关式数字阀的结构

图 5-50 为典型高速开关式数字阀的结构示意，该类阀为常闭结构。在通电时，动铁芯 1 带动推杆 5 往下移动，克服定位弹簧 6 和助力弹簧 7 等阻力让阀芯 12 周围打开空隙，使下油口的油流进上油口所在腔，使阀打开。在断电时，阀芯 12 在弹簧的作用下回到原位，

阀关闭。线圈骨架 3 与动衔铁之间有一个导磁套 11，套在隔磁环 10 的两端，对隔磁环 10 起定位作用。进油油路是从进油口端盖 13 上平均分布的 4 个孔进油的，回油油路是由平均分布在下阀体 4 上的 4 个回油口组成的。

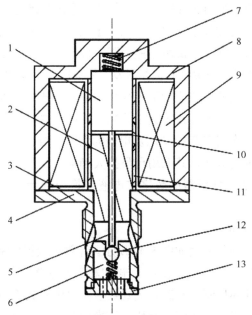

1—动铁芯 2—磁轭 3—线圈骨架 4—下阀体 5—推杆 6—定位弹簧
7—助力弹簧 8—上端盖 9—线圈 10—隔磁环 11—导磁套 12—阀芯 13—进油口端盖

图 5-50 典型高速开关式数字阀的结构示意

本 章 小 结

本章主要介绍一些液压控制阀（简称液压阀）的工作原理、结构特点及应用。为了更好地巩固和应用这些知识，下面把本章主要内容加以归纳总结。

液压控制阀从功用上主要分为方向控制阀、压力控制阀和流量控制阀三大类。方向控制阀通过控制和改变液压系统中的液流方向控制液压执行元件的运动方向，压力控制阀用来控制和调节液压系统中液流的压力，流量控制阀通过控制和调节液压系统中的流量控制液压执行元件的运动速度。

各类液压控制阀的组成示意如图 5-51 所示。

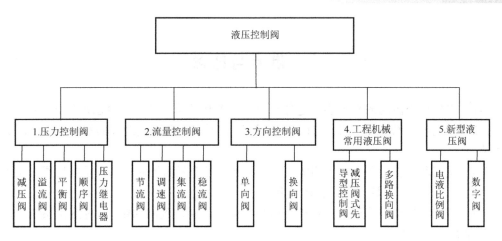

图 5-51　各类液压阀的组成示意

各类液压控制阀的主要用途见表 5-5。

表 5-5　各类液压控制阀的主要用途

类别		主要用途
方向控制阀	单向阀	（1）单向阀用于减压系统中，以防止油液反向流动。 （2）作背压阀用（需更换刚度较大的弹簧）。 （3）液压单向阀液控口未通入液压油时单向导通，通入液压油时可以双向导通，可作为液压锁
	换向阀	实现液压油路的接通、切断、换向等
压力控制阀	溢流阀	（1）作溢流阀用，保持系统压力的稳定。 （2）作安全阀用，保证系统安全。 （3）远程调压或多级调压。 （4）作卸荷阀用。 （5）作背压阀用
	减压阀	用于将出口压力调节到低于进口压力的场合，并能自动保持出口压力稳定
	顺序阀	（1）利用油路本身的压力控制液压执行元件，实现顺序动作。 （2）可作卸荷阀用。 （3）作背压阀。 （4）单向顺序阀可作平衡阀用，以防止执行机构因其自重而自行下滑或加速下滑，起平衡支撑作用
	压力继电器	将压力信号转换为电信号，控制其他元件动作
流量控制阀	节流阀	通过改变节流口的大小控制所通过的油液流量，以改变液压执行元件的速度。它适用于负载变化不大或对速度稳定性要求不高的液压系统
	调速阀	能准确地调节和稳定通过阀的流量，适用于执行元件负载变化大、运动速度稳定性要求较高的液压系统

思考与练习

5-1 先导型溢流阀的阻尼小孔起什么作用？若将其堵塞或加大会出现什么情况？

5-2 分别说明 O 形、M 形、H 形、Y 形和 P 形三位四通换向阀的阀芯在中位时的性能特点。

5-3 现有两个压力阀，由于铭牌失落，分不清哪个是溢流阀，哪个是减压阀，又不希望将阀拆开，如何根据特点做出正确判断？

5-4 若把先导型溢流阀的远程控制口当成泄油口连接到回油箱，这时液压系统会产生什么现象？为什么？

5-5 将调速阀的定差减压阀改为定值减压阀，是否仍能保证液压执行元件速度的稳定？为什么？

5-6 根据结构原理图和图形符号，说明溢流阀、顺序阀和减压阀的异同点。

5-7 如图 5-52 所示，油路中溢流阀 A、B、C 的调定压力分别为 6MPa、4 MPa、2MPa，如果外负载趋于无限大，那么图 5-52（a）和图 5-52（b）所示油路的供油压力各为多大？

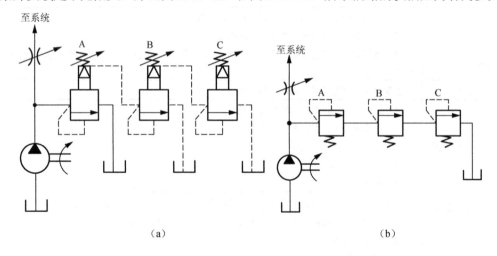

（a）   （b）

图 5-52　题 5-7

5-8 在图 5-53 所示的液压系统中，两个液压缸有效面积相等，即 $A_1 = A_2 = 100 \times 10^{-4} \, \mathrm{m^2}$，液压缸 1 的负载 $F = 3.5 \times 10^4 \mathrm{N}$，液压缸 2 运动时负载为零，不计摩擦阻力、惯性力和管道损失。溢流阀、顺序阀和减压阀的调整压力分别为 4.0MPa、3.0MPa 和 2.0MPa，求下列 3 种情况下 A、B 和 C 点的压力。

（1）液压泵启动后，两个换向阀处于中位。

（2）电磁铁 1YA 通电，液压缸 1 的活塞移动及活塞运动到行程终点时。

（3）电磁铁 1YA 断电，电磁铁 2YA 通电，液压缸 2 的活塞运动至活塞杆碰到固定挡铁时。

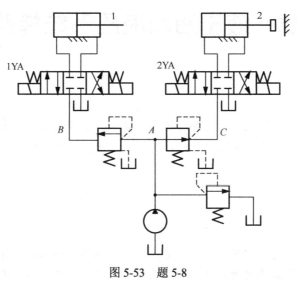

图 5-53　题 5-8

第6章 液压油和液压系统辅助元件

教学要求

通过本章学习，了解液压油的特性和选用要求，了解液压系统中不同辅助元件类型及其特点、作用，掌握液压系统辅助元件的安装、使用，以及维护、故障诊断与排除。

引例

液压传动的一个优点是能够自行润滑，可简化保养，因为液压传动是依靠液压油进行能量转换的，液压油就起到润滑作用。液压系统中的工作液体既是传递功率的介质，又是液压元件的冷却液、防锈剂和润滑剂。在液压系统工作过程中产生的磨粒和来自外界的污染物也要依靠工作液体带走。因此，工作液体的黏性对减小间隙的泄漏量、保证液压元件的密封性都起着很重要的作用。液压油在液压系统中的功能相当于人体中的血液，至关重要。液压油的储存、运输以及性能的保持，需要油箱、管道、管接头（见例图 6-1）、过滤器（见例图 6-2）和热交换器共同作用，保证液压元件和系统可靠地工作。

在液压系统中，由于换向阀突然换向，使液压执行元件的运动突然停止，甚至人为地执行元件紧急制动等原因，会使管道内的液体流动发生急剧变化，产生巨大的冲击能量。这种冲击能量往往会使系统中的仪表、元件和密封装置发生故障甚至损坏，或发生管道破裂。此外，还会使系统产生明显的振动。为吸收和缓和这种液压冲击能量，可在控制阀或液压缸冲击源之前安装一个辅助装置——蓄能器，如例图 6-3 所示。液压系统是通过转换液体的压力能完成工作的，因此，油液的泄漏是影响液压效率的一个重要因素。同时，油液的泄漏还会污染环境、弄脏设备，因此，密封工作是液压系统中的关键因素。

在液压系统中，除液压执行元件、动力元件、控制元件之外的其他各类元件，如蓄能器、过滤器、油箱、热交换器、管件等元件，统称为液压系统辅助元件，简称辅助元件。辅助元件对于液压系统来说是不可或缺的，对于提高液压系统的动态性能、工作可靠性、使用寿命，以及减小噪声和温升、泄漏量等有直接的影响，应予以重视。

例图 6-1　管接头

例图 6-2　过滤器

例图 6-3　蓄能器

6.1　液　压　油

6.1.1　液压系统对液压油的基本要求

液压油质量的优劣在很大程度上影响液压系统的工作可靠性和使用寿命。液压系统对液压油的基本要求如下：

（1）液压油要有合适的黏度及良好的黏温特性（黏度与温度关系）、黏压特性（黏度与压力关系）。不同的液压系统和不同的工作条件，对油液的黏度有着不同的要求。合适的油液黏度，能保证液压系统的容积效率和机械效率，因此，要求液压油在压力、温度和剪切力的作用下，黏度变化较小，即要有好的黏温特性和黏压特性。

（2）润滑性能好。液压油的润滑作用是防止零件之间干摩擦的必备条件，而且，液压泵和液压马达在启动时，液压油的润滑作用对其启动性能的特性影响很大。

（3）质地纯净，杂质少。

（4）对金属和密封件有良好的相容性。液压油和由橡胶材料制作的密封件要具有良好的相容性，不易使密封件变质、变形，而且要求液压油有较强的防锈性和抗腐蚀性，使金属表面不生锈、不腐蚀。

（5）液压油有良好的氧化安定性。液压系统在高压、高温条件下工作时，液压油会因温度升高而发生氧化、水解等反应，使油液内生成腐蚀性物质。这种腐蚀性物质会堵塞过滤装置，使液压系统的过滤性能下降。因此，液压油应具有抗氧化和抗水解的安定性，使液压系统中的有害腐蚀物质生成量尽量小，以延长液压油的使用寿命。

（6）抗泡沫性好，抗乳化性好。液压油中含有少量的空气，当它从油液中析出时会产生振动和噪声，使液压系统的性能急剧下降。因此，液压系统要求液压油产生的气泡和泡沫尽量少，而且消失得越快越好。液压油在工作过程中会混入少量的水，含水的液压油在高速剧烈的搅拌下会产生乳化液，产生沉淀物，这对液压系统的危害极大。因此，液压油要有良好的抗乳化性能，并且使油和水容易分离。

（7）体积膨胀系数小。

（8）流动点和凝固点低，闪点、燃点等较高。闪点是指明火能使油面上的油蒸汽闪燃但油本身不燃烧时的温度。

（9）对人体无害，成本低。

6.1.2　液压油的特性

液压系统中使用的工业液压油的种类见表 6-1。其中，植物型液压油除了用于仪器仪表，其他场合较少使用。下面只介绍石油型和难燃型液压油。

表 6-1　工业液压油的种类

石油型液压油								植物型液压油	难燃型液压油				
机械油	汽轮机油	普通液压油	专用液压油					蓖麻油	乳化液		合成液		
			抗磨液压油	低温液压油	液压-导轨油	高黏度指数液压油	其他专用液压油		水包油乳化液	油包水乳化液	水-乙二醇液	磷酸酯液	其他

1. 石油型液压油

石油型液压油是以机械油为基料，精炼后按需要加入适当的添加剂制成的。这种液压油的润滑性好，但抗燃性差。

机械油是一种工业用润滑油，价格虽较低，但物理化学性能较差，使用时易产生黏稠胶质，堵塞元件，影响液压系统的性能。因经，常用于不重要的液压系统。

汽轮机油为深度精加工后的润滑油，并加入用于抗氧化、抗泡沫、防腐蚀的添加剂。和机械油相比，汽轮机油氧化安定性好，使用寿命长，与水混合后能迅速分离，纯净度高。

普通液压油是采用汽轮机油馏分作为基础油，加入用于抗氧化、防锈和抗泡的添加剂后调和制成的。这类液压油在液压系统中使用最广，但只适用于 0℃ 以上的工作环境。

抗磨液压油的基础油也与普通液压油相同，除了添加用于抗氧化、抗腐、抗泡、防锈的添加剂，还添加了抗磨剂，以减小液压件的磨损，适用于高压、高速工程机械和车辆液压系统。

低温液压油是用低凝点的机械油或汽轮机油加添加剂调和而成的。低温下有良好的启动性能，在正常的温度下有很好的工作性能，而且其抗剪切性能好，适用于低温地区的户外高压系统。

液压-导轨油的基础油与普通液压油相同，除普通液压油所具有的全部添加剂外，还添加了油性剂，适用于机床液压和导轨润滑合用的系统。

高黏度指数液压油是用低黏度的变压器油分馏后加增黏剂、抗磨剂、油性剂、抗氧化剂等调和而成的。其黏温特性比低温液压油好，并且抗剪切安定性好，还有较好的润滑性，以保证不发生低速爬行和低速不稳定现象，适用于数控精密机床及高精度坐标镗床的液压系统。

其他专用液压油按照场合的不同，可分为航空液压油、炮用液压油、舰用液压油、舵机液压油、液压设备防锈油、合成锭子油和专用锭子油。

2. 难燃型液压油

难燃型液压油分为乳化液和合成液。乳化液又分两大类：一类是少量油（油约占 5%～10%）分散在大量的水中，其中还有各种添加剂，微小油滴均匀地分布在水中，称为水包油乳化液；这类乳化液润滑性差，适用于液压支架和水压机系统。另一类是外相为油、内相为水的白色乳状液，水分散在大量的油中（油约占 60%），称为油包水乳化液（W/O）；

这类乳化液具有较好的润滑性、防锈性，又可抗燃，但使用温度不能高于 65℃。

合成液中的水-乙二醇液适用于要求防火的液压系统，例如，液体长期在高于 65℃的温度下工作，水分的蒸发使它的黏度上升。因此，必须经常检验。它在低温下的黏度小，而且润滑性比石油型液压油差，对大多数橡胶材料密封件均能相容，但会使许多油漆脱落。

磷酸酯液自燃点高，抗氧化安定性好，润滑性好，可使用的温度范围广，对大多数金属没有腐蚀性，有毒性，但能溶解许多非金属材料。因此，必须选择合适的橡胶材料制作密封件。

6.1.3　液压油的选择和使用

1. 液压油的选择

正确而合理地选择液压油，对液压系统适应各种工作环境的能力、延长系统和元件的使用寿命、提高系统工作的可靠性都有重要的影响。

选择液压油时的考虑因素见表 6-2。

表 6-2　选择液压油时的考虑因素

液压系统工作条件方面的考虑因素	压力范围（润滑性、承载能力） 温度范围（黏度、黏温特性、剪切损失、热稳定性、氧化率、挥发度、低温流动性）
油液质量方面的考虑因素	物理化学指标 对金属和密封件的相容性 过滤性能、吸斥水性能、吸气性能、抗水解能力、对金属的作用情况、去垢能力、防锈及抗腐蚀能力 抗氧化稳定性 抗剪切稳定性 电学特性（耐电压冲击强度、介电强度、导电率、磁场中极化程度）
经济性方面的考虑因素	价格及使用寿命 维护、更换的难易程度
液压系统工作环境方面的考虑因素	是否抗燃（闪点、燃点） 抑制噪声的能力（空气溶解度、消泡性） 废液再生处理及环境污染要求 毒性和气味

在众多的考虑因素中，最重要的因素是液压油的黏度。若黏度太大，则液流的压力损失和发热量大，使液压系统效率降低；若黏度太小，则泄漏量增大，使液压系统效率降低。因此，应选择使液压系统能正常、高效和可靠工作的液压油黏度。

在液压系统中，液压泵的工作条件最为严峻，不但压力大、转速和温度高，而且液压油被液压泵吸入和排出时受到剪切力作用。因此，一般情况下，需要根据液压泵的要求确定液压油的黏度。液压油的黏度见表 6-3。

表 6-3　液压油的黏度

名称	黏度范围（×$10^{-6}m^2/s$）	
	允许黏度范围	最佳黏度范围
叶片泵（转速为 1200r/min）	16～220	26～54
叶片泵（转速为 180r/min）	20～220	26～54
齿轮泵	4～220	25～54
径向柱塞泵	10～65	16～48
轴向柱塞泵	4～76	16～47
螺杆泵	19～49	—

前面已经介绍，油温对黏度的影响极大。因此，为了发挥液压系统的最佳运转效率，应依具体情况控制油温，使液压泵和液压系统在液压油的最佳黏度范围内工作。过高的油温不仅会大大改变液压油的黏度，而且会使常温下平和、稳定的液压油变得有腐蚀性，分解出有害的成分，或因过量汽化而使液压泵吸入空气，无法正常工作。

液压油的选择一般要经历下述 4 个基本步骤：

（1）确定所用液压油的某些特性（黏度、密度、蒸汽压、空气溶解率、体积模量、抗燃性、温度界限、压力界限、润滑性、相容性、毒性等）的允许范围。

（2）查看说明书，找出符合或基本符合上述各项特性要求的液压油。

（3）进行综合权衡，调整各方面的要求和参数。

（4）征询液压油制造厂的最终意见，确定所用液压油的型号、标准。

2．液压油的使用

根据一定的要求选择或配制液压油之后，不能认为液压系统工作介质的问题已全部解决了。事实上，使用不当还是会使液压油的性质发生变化的。例如，通常认为液压油在某一温度和压力时黏度是一定值，与流动情况无关，实际上液压油被过度剪切后，黏度会显著减小，因此在使用液压油时应注意以下几方面问题：

（1）对长期使用的液压油，氧化、热稳定性是决定其温度界限的因素，因此，应使液压油长期处于低于它开始氧化的温度下工作。

（2）在储存、搬运及加注过程中，应防止液压油被污染。

（3）对液压油定期抽样检验，并建立定期换油制度。

（4）油箱的储油量应充分，以利于液压系统散热。

（5）保持液压系统的密封性，一旦有泄漏发生，就应立即排除。

6.1.4　液压油的污染及其控制

1．污染的原因及危害

液压油中的污染物来源：液压装置组装时残留下来的污染物（如切屑、毛刺、型砂、磨粒、焊渣、铁锈等）；从周围环境混入的污染物（如空气、尘埃、水滴等）；在工作过程中产生的污染物（如金属微粒、锈斑、涂料剥离片、密封材料剥离片、水分、气泡及液压油变质后的胶状生成物等）。

固体颗粒使元件加速磨损，使用寿命缩短，泵和阀的性能下降，甚至使阀芯卡死、滤油器堵塞。水的侵入不仅会产生汽蚀，而且还将加速液压油的氧化，并与添加剂起作用产生黏性胶质，堵塞滤油器。空气的混入将降低液压油的体积模量和润滑性能，导致泵气蚀及执行元件低速爬行。

2. 固体颗粒污染度的测定

液压油的污染度是指单位容积液压油中固体颗粒污染物的含量（含量可用质量或颗粒数表示）。固体颗粒污染度的测定方法如下：

1）称重法

把 100mL 的液压油样品进行真空过滤并烘干后，在高精度天平上称出颗粒的质量，按标准定出污染度。此方法使用的设备简单、可重复操作、精度高，但只能表示液压油中固体颗粒污染物的总量，不能反映固体颗粒尺寸的大小及分布情况。因此，适用于液压油日常性的质量管理场合。

2）固体颗粒计数法

测定单位容积液压油中含有某给定尺寸范围的固体颗粒数的测定方法有以下两种：

（1）显微镜固体颗粒计数法：将 100mL 液压油样品进行真空过滤，并把得到的固体颗粒进行溶剂处理后，放在显微镜下，找出其尺寸大小及数量，然后依标准确定液压油的污染度。此方法的优点是能直接看到固体颗粒的种类、大小及数量，从而推测污染的原因；缺点是时间长、劳动强度大、精度低，并且要求熟练的操作技术。

（2）自动固体颗粒计数法：利用光源照射液压油样品，根据液压油中固体颗粒在光电传感器上投影后所发出的脉冲信号测定固体油的污染度。由于信号的强弱和多少与固体颗粒的大小和数量有关，因此，将测得的信号与标准固体颗粒产生的信号相比较，即可算出液压油样品的固体颗粒的大小与数量。此方法能自动计数，简便、迅速、精确，可以及时从高压管道中抽样测定。因此，得到了广泛的应用，但这种方法不能直接观察到固体颗粒污染物。

3. 液压油的污染控制

为了减少液压油的污染，可采取以下措施：

（1）液压元件在加工的每道工序结束后都应净化，装配后应严格清洗。液压系统在组装前，油箱和管道必须清洗，用机械方法除去残渣和表面氧化物，然后进行酸洗。液压系统在组装后，用该系统工作时使用的液压油（加热后）进行全面清洗，不可用煤油清洗。清洗时应设置高效滤油器，并启动液压系统使元件动作，用铜锤敲打焊接口和连接部位。

（2）在油箱呼吸孔上装设高效空气滤清器或采用隔离式油箱，防止尘土、磨料和冷却水的侵入。液压油必须通过滤油器注入液压系统。

（3）液压系统应设置过滤器，其过滤精度应根据液压系统的不同情况选定。

（4）液压系统工作时，一般应将液压油的温度控制在 65℃以下，液压油温度过高会加速氧化而产生各种生成物。

（5）液压系统中的液压油应定期更换，在注入新的液压油前，必须把整个系统清洗一次。

6.2 蓄 能 器

蓄能器是一种将液压系统中的液压油暂时储存起来、在需要时又重新放出的辅助元件。

6.2.1 蓄能器的作用和分类

1. 作用

（1）作为辅助动力源。有些液压系统的执行元件是间歇动作的，总的工作时间很短；有些液压系统的执行元件虽然不是间歇动作的，但在一个工作循环内（或一次行程内）速度差别很大。在液压系统中设置储能器后，即可采用一个功率较小的液压泵，以减小主传动的功率，使整个液压系统的尺寸小、质量小、成本低。

（2）作为紧急动力源。某些液压系统要求当液压泵发生故障或停电（对执行元件的供油突然中断）时，执行元件应继续完成必要的动作。例如，为了安全起见，发生故障或停电时，液压缸的活塞杆必须缩到缸内。在这种情况下，就需要适当容量的蓄能器。

（3）补偿泄漏和保持压力。对执行元件长时间不动作而要保持恒定压力的液压系统（如机床的夹紧装置），可用蓄能器补偿泄漏，从而使机构保持压力。

（4）吸收液压冲击能量，降低冲压力。由于换向阀突然换向，执行元件的运动突然停止，甚至人为地需要执行元件紧急制动等原因，都会使管道内的液体流动发生急剧变化，造成冲击力。虽然液压系统中设有安全阀，但阀芯总有一个反应的过程。这种冲击力往往引起液压系统中的仪表、元件和密封装置发生故障甚至损坏或发生管道破裂。此外，还会使液压系统产生明显的振动。在控制阀或液压缸冲击源之前装设蓄能器，用来吸收和缓和这种液压冲击。

（5）吸收脉动、降低噪声。液压泵的流量脉动会引起压力脉动，使执行元件的运动速度不均匀，产生振动、噪声等。在液压泵的出口处并联一个反应灵敏而惯性小的蓄能器，即可吸收流量和压力的脉动，降低噪声。

2. 分类

蓄能器的分类、结构简图和特点见表 6-4。另外，有一种重力式蓄能器在表中没有列出，因为其体积庞大，结构笨重，反应迟钝，现在工业上已很少应用了。

表 6-4　蓄能器的种类和特点

分类		结构简图	特　　点
活塞式蓄能器	固体弹簧式蓄能器		（1）利用弹簧的压缩和伸长储存、释放压力能。 （2）结构简单，但容积小。 （3）供小容积、低压（$p \leqslant 1 \sim 1.2\text{MPa}$）回路用，不适用于高压或高频的工作场合。 （4）蓄能器产生的压力取决于弹簧的刚度和压缩量
	气体弹簧式蓄能器		（1）利用气体的压缩和膨胀储存压力能；气体和油液在蓄能器中由活塞隔开。 （2）结构简单、工作可靠、安装容易、维护方便，但活塞惯性大、活塞和缸壁之间有摩擦、反应不够灵敏、密封要求较高。 （3）用来储存能量，也可吸收冲击能量
气瓶式蓄能器			（1）利用气体的压缩和膨胀储存、释放压力能；气体和油液在蓄能器中直接接触。 （2）容积大、惯性小、反应灵敏、轮廓尺寸小，但气体容易混入油液内，影响液压系统工作平稳性。 （3）只适用于大流量的中、低压回路
气囊式蓄能器			（1）利用气体的压缩和膨胀储存、释放压力能；气体和油液在蓄能器中由气囊隔开。 （2）带弹簧的菌状进油阀使油液进入蓄能器，但为防止气囊自油口被挤出，充气阀只在蓄能器工作前给皮囊充气时打开，蓄能器工作时则关闭。 （3）结构尺寸小，质量小，安装方便，维护容易，气囊惯性小。 （4）折合型气囊容积较大，可用来储存能量；波纹型气囊适用于吸收冲击能量

6.2.2 蓄能器容积计算

蓄能器容积的大小与它的用途有关。下面以气囊式蓄能器为例，说明其容积的计算。

1. 蓄能器作为动力源使用时的容积计算

蓄能器的容积 V_0 是充液前充气压力为 p_0 时的容积，V_1 为气体在最低工作压力 p_1 下的体积，V_2 为气体在最高工作压力 p_2 下的体积，如图 6-1 所示。

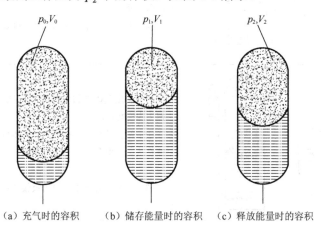

（a）充气时的容积　　（b）储存能量时的容积　　（c）释放能量时的容积

图 6-1　蓄能器作为动力能源使用时的容积

由气体定律可得

$$p_0 V_0^n = p_1 V_1^n = p_2 V_2^n = 常数 \tag{6-1}$$

式中，n 为指数，其值由气体工作条件决定：当蓄能器用来补偿泄漏、保持压力时，它释放能量的速度缓慢，可认为气体在等温条件下工作，此时，$n=1$；当蓄能器用来大量补充油液时，它释放能量的速度很快，可认为气体在绝热条件下工作，此时，$n=1.4$。p_0、p_1、p_2 均为绝对压力。

设液压系统在工作过程中需要蓄能器输出油液的体积 $\Delta V = V_2 - V_1$ 时，蓄能器内的压力 p_2 将降到 p_1。由式（6-1）可得

$$V_0 = \frac{\Delta V}{p_0^{1/n} \left[(1/p_1)^{1/n} - (1/p_2)^{1/n} \right]} \tag{6-2}$$

理论上可使 $p_0 = p_1$，但一般应留有一定余量，使 $p_1 > p_0$。对折合型气囊，取 $p_0 = (0.8 \sim 0.85) p_1$；对波纹型气囊，取 $p_0 = (0.6 \sim 0.65) p_1$。

2. 蓄能器用来吸收液压冲击能量时的容积计算

蓄能器的容积 V_0 可近似地由其充气压 p_0、系统中允许的最高工作压力 p_2 和瞬时吸收的动能来确定。例如，管道突然关闭时，蓄能器瞬时吸收的动能为 $\rho A l v^2 / 2$。其中，ρ 为

油液密度（kg/m³），A 为管道截面积（m²），l 为管道长度（m），v 为管道中油液流速（m/s）。蓄能器中的气体在绝热过程中被压缩，则

$$\frac{1}{2}\rho Alv^2 = \int_{V_2}^{V_1} p\,\mathrm{d}V = \int_{V_2}^{V_1} p_0 \left(\frac{V_0}{V}\right)^{1.4}\mathrm{d}V = \frac{p_0 V_0}{0.4}\left[\left(\frac{p_2}{p_0}\right)^{0.286}-1\right] \tag{6-3}$$

解得

$$V_0 = \frac{0.2\rho Alv^2}{p_0}\left[\frac{1}{(p_2/p_0)^{0.286}-1}\right] \tag{6-4}$$

通常，p_0 值为系统压力的 90%。

注意：式（6-4）未考虑油液的压缩性和管道弹性变形。

3. 蓄能器用来吸收液压泵压力脉动时的容积计算

计算蓄能器容量 V_0 的经验公式有多种，这里只介绍其中一种，即

$$V_0 = Vi/(0.6\delta_\mathrm{p}) \tag{6-5}$$

式中，i 为排量变化率，$i = \Delta V/V$；V 为液压泵的排量（m³/r）；ΔV 为超出平均排量的排出量（m³/r）；δ_p 为压力脉动系数，$\delta_\mathrm{p} = \Delta p/p_\mathrm{p}$，$\Delta p$ 为压力脉动单侧振幅（Pa），p_p 为压力脉动的平均值（Pa）。

使用时，蓄能器充气压力 p_0 常取为液压泵出口压力的 0.6 倍。

【例题】 某液压机在压制时负载为 $F=1\mathrm{MN}$，柱塞缸的柱塞行程 $S=3.6\mathrm{m}$，移动速度为 $v=0.6\mathrm{m/s}$，系统最高工作压力为 $p=21\mathrm{MPa}$；每次压制循环时间为 80s，设液压泵的总效率为 85%。在系统中设置充气式蓄能器作为辅助动力源，设使用蓄能器时压力允许下降 20%，求使用蓄能器时：

（1）所需的柱塞面积。

（2）柱塞移动一次所需输入的液体体积。

（3）所需的传动功率。

（4）蓄能器的容积。

解： 已知系统最高工作压力为 $p_2 = 21\mathrm{MPa}$，压力允许下降 20%，则最低压力为

$$p_1 = 21\times(1-0.2) = 16.8(\mathrm{MPa})$$

（1）所需的柱塞面积。

$$A = \frac{F}{p_1} = \frac{1\times10^6}{16.8\times10^6} = 0.0595(\mathrm{m}^2)$$

（2）柱塞移动一次所需输入的液体体积。

$$V_1 = AS = 0.0595\times3.6 = 0.214(\mathrm{m}^3)$$

因为柱塞的移动速度为 $v=0.6\mathrm{m/s}$，所以柱塞行路 $S=3.6\mathrm{m}$ 所需时间为

$$t = \frac{S}{v} = \frac{3.6}{0.6} = 6(s)$$

已知每次压制循环时间为80s，因此，在6s内蓄能器与液压泵同时向系统供油，而在74s内液压泵向蓄能器储油。

$$q = \frac{0.214}{80} = 0.00268(m^3/s)$$

（3）所需的传动功率。

$$P = \frac{pq}{\eta} = \frac{21 \times 10^6 \times 0.00268}{0.85 \times 10^3} = 66.21(kW)$$

（4）蓄能器的容积。

蓄能器在6s内输出的油量为

$$V_2 = 74 \times 0.00268 = 0.198(m^3)$$

压力从21MPa降到16.8MPa，取充气压力

$$p_0 = 0.8p_1 = 0.8 \times 16.8 = 13.4(MPa)$$

绝热膨胀时，对于氮气，取$k=1.4$，按照式（6-2），蓄能器的容积为

$$V_0 = \frac{0.198}{13.4^{1/1.4}[(1/16.8)^{1/1.4} - (1/21)^{1/1.4}]} = 1.588(m^3)$$

6.2.3　蓄能器的使用和安装

蓄能器在液压回路中的安放位置随其功用而不同，吸收液压冲击能量或压力脉动时，宜放在冲击源或脉动源附近；补油保压时，应尽可能地接近有关的执行元件。

使用蓄能器须注意以下5点：

（1）充气式蓄能器中应使用氮气或惰性气体，其允许工作压力视蓄能器结构而定，气囊式蓄能器的允许工作压力为3.5～32MPa。

（2）不同的蓄能器各有其适用的工作范围，例如，气囊式蓄能器的皮囊强度不高，不能承受很大的压力波动，并且只能在-20～70℃温度范围内工作。

（3）气囊式蓄能器原则上应垂直安装（油口向下），只有在空间位置受限制才允许倾斜或水平安装。

（4）装在管道上的蓄能器必须用支板或支架固定。

（5）蓄能器与管道系统之间应安装截止阀，供充气、检修时使用。蓄能器与液压泵之间应安装单向阀，防止液压泵停止时蓄能器内储存的液压油倒流。

6.3　滤　油　器

滤油器用来滤除混在液压油中的各种杂质，使进入液压系统的油液保持一定的清洁度，从而保证液压元件和整个系统可靠地工作。

6.3.1　滤油器的分类

滤油器按其过滤精度（滤过杂质的颗粒大小）的不同，分为粗过滤器、普通过滤器、精密过滤器和特精过滤器 4 种，它们分别能滤去颗粒直径大于 100μm、颗粒直径为 10～100μm、颗粒直径为 5～10μm 和颗粒直径为 1～5μm 的杂质。

按滤油器滤芯的结构不同，可分为以下 5 种类型。

1. 网式滤油器

图 6-2 所示为网式滤油器，它以铜网为过滤材料，过滤精度取决于铜网层数和网孔大小。这种滤油器结构简单，通流能力大，压力损失不超过 0.004MPa，清洗方便，但过滤精度低。在压力管道上采用 100、150、200 目（每英寸长度上的孔数）铜丝网，在液压泵吸油管道上采用 20～40 目铜丝网。

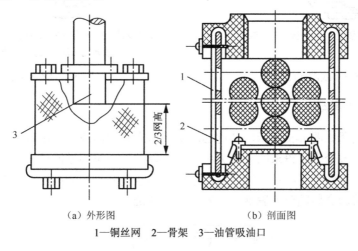

（a）外形图　　　　　　（b）剖面图

1—铜丝网　2—骨架　3—油管吸油口

图 6-2　网式滤油器

2. 线隙式滤油器

线隙式滤油器如图 6-3 所示，其滤芯是由直径为 0.4mm 的铜丝绕成的，依靠铜丝间的微小间隙滤除混入液体中的杂质。这种滤油器结构简单，通流能力大，过滤精度比网式滤油器高，但滤芯材料强度低，不易清洗，它常用于低压管道中。当用在液压泵吸油管上时，它的流量规格宜选得比液压泵大。

3. 纸质滤油器

纸质滤油器如图 6-4 所示，其滤芯为由平纹或波纹的酚醛树脂或木浆微孔滤纸制成的纸芯。将纸芯围绕在带孔的镀锡铁做成的骨架上，以增大强度，为增加过滤面积，纸芯一般做成折叠形。其过滤精度较高，一般用于油液的精密过滤，但堵塞后无法清洗，必须经常更换滤芯。

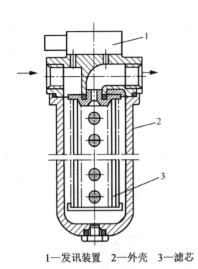

1—发讯装置　2—外壳　3—滤芯

图 6-3　线隙式滤油器

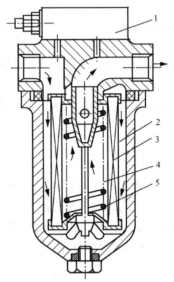

1—发讯装置　2—外层（粗眼钢板网）　3—中层（滤纸）
4—里层（金属丝网与滤纸折叠在一起）　5—支撑弹簧

图 6-4　纸质滤油器

4. 烧结式滤油器

烧结式滤油器如图 6-5 所示，其滤芯用金属粉末烧制而成，利用颗粒间的微孔来挡住油液中的杂质。改变金属粉末的颗粒大小，就可以制作出不同过滤精度的滤芯，这种滤芯能承受高压，过滤精度高，抗腐蚀性好，适用于要求精密过滤的高压、高温液压系统。烧结式滤油器滤芯的金属颗粒易脱落，堵塞后不易清洗。

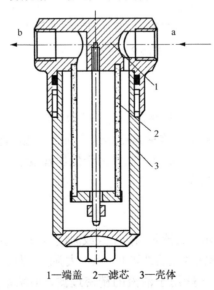

1—端盖　2—滤芯　3—壳体

图 6-5　烧结式滤油器

5. 磁性滤油器

磁性滤油器如图 6-6 所示，其滤芯由永久磁铁制成，罩子外面为铁环，能吸住油液中的铁屑、铁粉或带磁性的磨料，常与其他形式滤芯搭配制成复合式滤油器。磁性滤油器特别适用于加工钢铁件的机床液压系统。

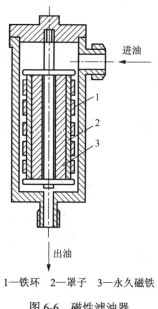

1—铁环　2—罩子　3—永久磁铁

图 6-6　磁性滤油器

6.3.2　滤油器的选用和安装

选用滤油器时要考虑以下 5 点：

（1）过滤精度应满足预定要求。

（2）能在较长时间内保持足够的通流能力。

（3）滤芯具有足够的强度，不因液体压力的作用而损坏。

（4）滤芯抗腐蚀性能好，能在规定的温度下持久地工作。

（5）滤芯清洗或更换方便。

因此，滤油器应根据液压系统的技术要求，按过滤精度、通流能力、工作压力、油液黏度、工作条件等选定其类型及型号。

滤油器在液压系统中的安装位置有以下 4 种情况。

1）安装在液压泵的吸油管道上

这种安装方式能有效地保护整个系统，可以阻挡油液中较大的杂质。由于液压泵的吸油口不允许有较大的阻力，故一般只能安装粗滤油器[见图 6-7（a）]。当要求安装过滤精度较高的滤油器时，可将 2～3 个滤油器并联在一起使用[见图 6-7（b）]，以增大过滤面积。

2）安装在液压泵的出油管道上

这种安装方式可以保护除液压泵以外的其他各个液压元件。但要注意滤油器应安装在液压泵与安全阀相通的油路后面或将一个溢流阀与其并联使用，如图 6-7（c）所示，以免滤油器堵塞时引起系统压力过高或油液泵过载。这种安装方式使滤油器处在工作压力下，因此，要求滤油器有足够的强度和刚度。

3）安装在主回油路上

当滤油器不宜在高压下工作或管道上不宜有过大的阻力时，可采用此种安装方式[见图 6-7（d）]。它可以不考虑滤油器的压力损失，但不能直接防止杂质进入系统中的各个液压元件，而只能循环地除去油液中的杂质，间接地保护各个液压元件。

4）安装在重要元件的前面

在重要的元件（如液压伺服阀、微量流量阀等）的前面，必要时可单独安装精密滤油器，以保护这些元件，使之正常工作。

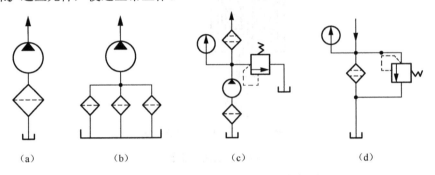

（a）　　　　（b）　　　　（c）　　　　（d）

图 6-7　滤油器在液压系统中的安装位置

6.4　油箱和热交换器

6.4.1　油箱

油箱的功用是储存油液、散发热量、沉淀杂质和分离油液中的气泡等。

1．油箱结构

油箱分为开式油箱、隔离式油箱和压力式油箱 3 种类型。

1）开式油箱

开式油箱如图 6-8 所示。设计开式油箱时，应注意以下几个问题：

（1）油箱内设置隔板将吸油区和回油区隔开，以利于散热、沉淀杂质和分离气泡。隔板高度一般为液面高度的 2/3～3/4。

（2）油箱底面应略带斜度，并在最低处设置放油螺塞。

（3）油箱上部设置带滤网的加油口，平时用盖子封闭加油口，油箱上部还设有带空气滤清器的通气孔。目前，生产的空气滤清器兼有加油和通气的作用，其规格可按液压泵的流量选用。

（4）油箱侧面装设油位计及温度计。

（5）吸油管和回油管尽量远离。回油管与油箱箱底的距离不小于管径的 3 倍，管端切成 45° 斜口，斜口面向离回油管最近的箱壁，既利于散热又利于沉淀杂质。吸油管上要装有具有液压泵吸入量 2 倍以上过滤能力的滤油器或滤网（其精度为 100～200 目），它们离箱底和侧壁应有一定的距离，以便四面进油，保证液压泵的吸入性能；吸油管处安装的粗滤油器与回油管的管端在油面最低时仍应淹没在油中，以防吸油时卷吸空气或回油冲入油箱时搅动油面而混入气泡。

（6）液压系统中的泄漏油管应尽量单独接入油箱。其中，各类控制阀的泄漏油管端部应在油面以上，以免产生背压。

（7）一般情况下，油箱可通过拆卸上盖进行清洗、维护。对大容量的油箱，多在油箱侧面设置清洗用的窗口，平时用侧板密封该窗口。

（8）油箱容量较小时，可用钢板直接焊接而成；对于大容量的油箱，特别是在油箱盖板上安装电动机、液压泵和其他液压元件时，不仅应加厚盖板，局部加强，而且还应在油箱各个侧面加焊接角板、加强筋，以增加刚度和强度。

（9）油箱内壁应涂上耐油防锈的涂料。外壁涂上一层极薄的黑漆（厚度不超过 0.025mm），会起到很好的辐射冷却效果。

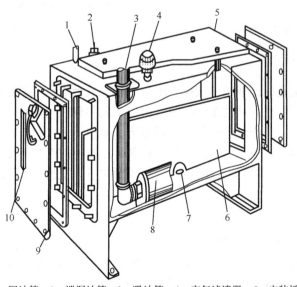

1—回油管　2—泄漏油管　3—吸油管　4—空气滤清器　5—安装板
6—隔板　7—放油螺塞　8—粗滤器　9—清洗用侧板　10—油位计

图 6-8　开式油箱

171

2）隔离式油箱

在周围环境恶劣、灰尘特别多的场合，可采用隔离式油箱，如图6-9所示。当液压泵吸油时，挠性隔离器1上的孔2进气；当液压泵停止工作、油液排回油箱时，挠性隔离器1被压瘪，孔2排气。因此，油液在不与外界空气接触的条件下，液面压力仍能保持大气压力。挠性隔离器1的容积应比液压泵的每分钟流量大25%以上。

3）压力式油箱

当液压泵吸油能力差，安装补油泵不合算时，可采用压力式油箱，如图6-10所示。将油箱封闭，来自压缩空气站储气罐的压缩空气经减压阀将压力降到 0.05～0.07MPa，为防止压力过高，设有安全阀5。为避免压力不足，还设有电接点压力表4和报警器。

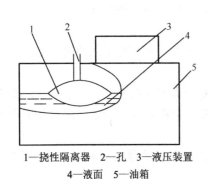

1—挠性隔离器　2—孔　3—液压装置
4—液面　5—油箱

图6-9　隔离式油箱

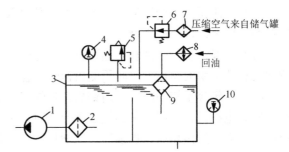

1—液压泵　2—粗滤油器　3—压力式油箱
4—电接点压力表　5—安全阀　6—减压阀　7—分水滤气器
8—冷却器　9—精滤油器　10—电接点温度表

图6-10　液压油箱

2．油箱容积的确定

油箱容积的确定是设计油箱的关键。油箱容积一般为液压泵流量的 3～8 倍。可根据不同的用途确定油箱容积。从油箱的散热、沉淀杂质和分离气泡等作用来看，油箱容积越大越好。但容积太大，又会导致体积大、质量大、操作不便。对于行走机械，油箱安装位置受到限制，油箱容积宜选小值。对于固定设备，以及空间面积不受限制的设备，如冶金机械和锻压机械，油箱容积可偏大些。也可根据允许温升，从热平衡的角度计算出油箱容积。

6.4.2　热交换器

一般希望液压系统的工作温度保持在30℃～50℃范围内，一般情况下，其工作温度最高不超过65℃，最低工作温度不低于15℃。当液压系统自身不能使油液温度控制在这个范围时，就要安装热交换器。热交换器根据使油液温度上升或降低分为加热器和冷却器。

1．冷却器

当液压系统功率大、发热量大（如节流环节多）或油箱容积受限制且单靠自然散热不能保持规定的油液温度时，必须采用冷却器。冷却器分为水冷却器和风冷却器两类。

1）水冷却器

水冷却器分为多管式水冷却器、板式水冷却器和翅片式水冷却器等。

图 6-11 所示为多管式水冷却器，工作时油液从进油口 5 流入，从出油口 3 流出；冷却水从进水口 7 流入，通过水管由出水口 1 流出。冷却水将水管周围油液中的热量带走。该冷却器内的隔板 4 使油液迂回前进，增加了油液的流程和流速，提高了传热效率，冷却效果好。

图 6-12 所示为翅片式水冷却器，水从管内流过，油液在水管外面通过，油管外部加装横向或纵向散热翅片，以增加散热面积，其冷却效果比其他冷却器提高数倍。

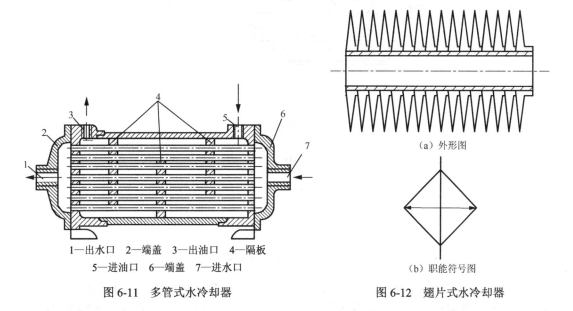

1—出水口　2—端盖　3—出油口　4—隔板

5—进油口　6—端盖　7—进水口

（a）外形图

（b）职能符号图

图 6-11　多管式水冷却器　　　　图 6-12　翅片式水冷却器

2）风冷却器

在行走机械（如轮胎吊）和在野外工作的机械中，宜采用风冷却器。常用的风冷却器有翅管式风冷却器和翅片式风冷却器。

（1）翅管式风冷却器如图 6-13 所示，它是将翅片绕在油管上焊接而成的。

油管　翅片

图 6-13　翅管式风冷却器

（2）翅片式风冷却器如图 6-14 所示。其中每两层油板之间设有波浪形的翅片板，大大提高了传热系数。如果强制通风，那么冷却效果更好。翅片式冷却器结构紧凑，体积小，强度高。

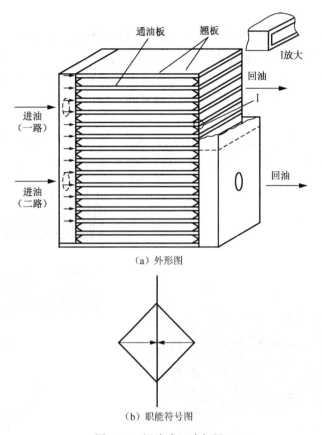

（a）外形图

（b）职能符号图

图 6-14　翅片式风冷却器

在要求较高的机械装置上，可以采用冷媒冷却器。它是利用冷媒介质在压缩机中绝热压缩后进入散热器放热，蒸发器吸热的原理，带走油中的热量而使油冷却。这种冷却器效果好，但价格过于昂贵。

液压系统最好安装油液的自动控温装置，以确保油液温度准确地控制在要求的范围内。冷却器一般应安放在回油管或低压管上，冷却器造成的压力降损失一般为 0.01～0.1MPa。

2. 加热器

在液压系统工作前，如果油液温度低于 10℃，将因黏度增大而不利于液压泵的吸油和启动，必须使用加热器将油液温度升高到适当值（15℃）。加热方法包括蛇形管蒸汽加热和电加热。

液压系统的加热一般常采用结构简单、能按需要自动调节最高和最低温度的电加热器。这种加热器的安装位置如图 6-15 所示，它用法兰盘横装在箱壁上，发热部分全部浸在油液内。加热器应安装在油箱内液压油流动处，以利于热量交换。由于油液是热的不良导体，单个加热器的功率容量不能太大，以免周围液压油过度受热而发生变质现象。在电路上应设置连锁保护装置，当油液没有完全包围加热元件或没有足够的油液进行循环时，加热器不应工作。

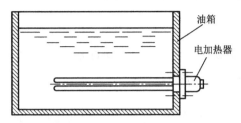

图 6-15　电加热器的安装位置

电加热器的发热功率 P 可按下式估算：

$$P \geqslant C\rho V\Delta t / T \tag{6-6}$$

式中，C 为油液的比热容（J /（kg·℃））；ρ 为油液的密度（kg/m³）；V 为油箱内油液的容积（m³）；Δt 为油液加热后的温升（℃）；T 为加热时间（s）。

电加热器所需功率 P_d 为

$$P_d = P / \eta_d \tag{6-7}$$

式中，η_d 为电加热器的热效率，一般取 $\eta_d = 60\% \sim 80\%$。

6.5　其他辅助元件

6.5.1　密封件

1. 密封基本知识

泄漏（包括内漏，即各元件内部、各油腔之间的泄漏）使系统的容积效率降低，严重时液压系统会因压力不足而无法工作。外泄漏还会污染环境，弄脏设备。泄漏是液压系统经常发生的故障之一，而密封则是防止漏油的最有效和最主要的方法。

密封的方法较多，根据密封的原理可分为间隙密封（非接触式密封）和接触式密封；根据被密封部分的运动特性，可分为静密封和动密封。

间隙密封是最简单的一种密封形式，它是利用运动体之间的微小间隙（0.02～0.05mm）起密封作用的，其密封效果取决于间隙的大小和压力差、密封长度和零件表面质量。间隙密封的优点是结构简单、紧凑、摩擦损失小和使用寿命长，缺点是仍有一定内泄漏量以及加工精度要求高，并且配合面磨损后不能自动补偿。间隙密封适用于高速运动的场合，如液压泵、液压马达和液压阀中防止内泄漏的动密封上（如柱塞与柱塞孔、配油盘和缸体端面、阀体与阀芯之间的密封）。

接触式密封是靠密封件在装配时的预压缩力，以及密封件在工作时因油压作用而发生弹性变形所产生的弹性接触力来实现密封的。其密封性一般随压力升高而增强，配合面在磨损后具有一定的自动补偿能力。接触式密封在液压传动中广泛应用于各类元件以防止外泄漏、内泄漏的固定（静）密封和动密封。接触式密封适合于低速运动场合，密封件是用来防止液压元件和系统发生内、外泄漏的一类元件。

2. 常用的密封圈

现在常用的密封圈以其截面形状而命名，有 O 形、Y 形、Yx 形、V 形、J 形密封件等。除 O 形密封件外，其他都属于唇形密封件。

1）O 形密封圈

图 6-16 所示为 O 形密封圈的外形，它一般用耐油橡胶制成，截面为圆环。

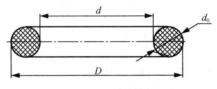

图 6-16 O 形密封圈外形

安装 O 形密封圈时，要留一定的预压缩量，主要利用其受油压作用而变形，紧贴密封表面，达到密封目的。当工作压力较高时，密封圈容易被挤出而造成严重的磨损。因此，当单向压力 p 大于 10MPa 时，应在其侧面设置挡圈；当它双向受压时，需在两侧设置挡圈。挡圈的正确安装位置如图 6-17 所示。

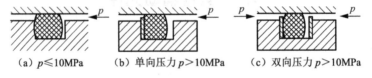

（a）$p \leqslant$ 10MPa　　（b）单向压力 $p >$ 10MPa　　（c）双向压力 $p >$ 10MPa

图 6-17 挡圈的正确安装位置

O 形密封圈是应用最广的压紧型密封件，大量地应用于静密封场合，密封压力可达 80MPa；也可用于往复运动速度小于 0.5m/s 的动密封场合，密封压力可达 20MPa，其规格用内径和截面直径来表示。O 形密封圈及其安装沟槽、挡板都已标准化（参见 GB 3452—2005），实际应用时查阅相关标准。

2）唇形密封圈

使用唇形密封圈进行密封时，密封圈的唇口受液体压力作用而变形，唇边贴近密封面。液体压力越高，唇边贴得越紧，密封效果越好，且磨损后能够自动补偿。唇形密封圈一般用于往复运动密封，在安装时必须使得唇口对着压力高的一侧。

（1）Y 形密封圈和 Yx 形密封圈。Y 形密封圈截面[见图 6-18（a）]呈 Y 形，制作材料为耐油橡胶。该类密封圈用于往复移动密封场合，工作压力可达 14MPa，具有摩擦系数小、安装简便等优点。其缺点是在速度高、压力变化大的场合易发生"翻转"现象，使用时可用支撑环固定密封圈，保证密封良好。由于该类密封圈两个唇边结构相同，因此它和 O 形密封圈一样，可用于外径密封（如液压缸内活塞和缸体间的密封），也可用于内径密封（如活塞杆和导向套间的密封）。其安装和结构的应用如图 6-18（b）和图 6-18（c）所示。

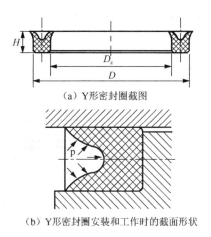

（a）Y 形密封圈截图

（b）Y 形密封圈安装和工作时的截面形状

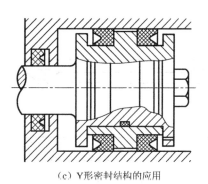

（c）Y 形密封结构的应用

图 6-18　Y 形密封圈

Yx 形密封圈是由 Y 形密封圈改进设计而成的，通常用聚氨酯材料压制而成。其轴向尺寸比较大，其内外唇不等长，不易发生"翻转"。分为轴用与孔用两种形式，均是以短唇贴向滑动面，如图 6-19 所示。

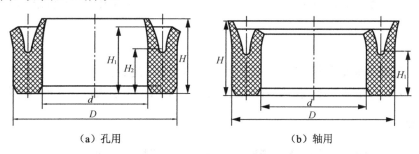

（a）孔用

（b）轴用

图 6-19　Yx 形密封圈形式

（2）V 形密封圈。V 形密封圈（见图 6-20）用多层涂胶织物压制而成，由支承环、密封环和压环组成三环叠在一起使用，为组合密封装置。当压力增大时，可增加密封环的数量，以提高密封性，工作压力可达 50MPa。

V 形密封圈的密封性能好、耐磨，在直径大、压力高、行程长等条件下多采用这种密封圈。但其轴向尺寸长，外形尺寸较大，摩擦系数大。

3）组合密封装置

组合密封装置是由两个以上元件组成的密封装置。图 6-21 所示为高速液压缸中所采用的组合密封圈结构，它由聚四氟乙烯垫圈和 O 形密封圈组合而成。O 形密封圈不与密封面直接接触，不存在磨损等问题。与密封面接触的聚四氟乙烯垫圈耐高温、摩擦系数极小，并且动、静摩擦系数相当接近，是一种减小滑动摩擦阻力的理想材料，并且具有自润滑性。这种垫圈与金属组成摩擦副不易黏着，启动摩擦力小，不存在橡胶密封低速时的爬行现象，但它缺乏弹性。因此将它和 O 形密封圈组合使用，利用 O 形密封圈的弹性施加压紧力，二者取长补短，能获得很好的密封效果，并且大大提高使用寿命，在工程上，尤其在液压缸上应用广泛。

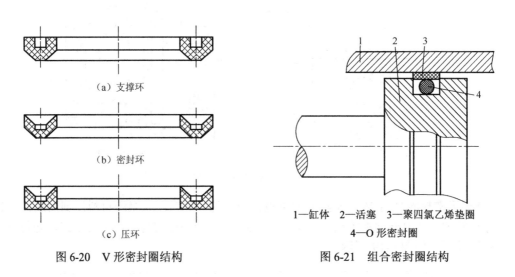

（a）支撑环

（b）密封环

（c）压环

图 6-20　Ｖ形密封圈结构

1—缸体　2—活塞　3—聚四氯乙烯垫圈
4—Ｏ形密封圈

图 6-21　组合密封圈结构

6.5.2　管件

管件包括油管和管接头。液压系统用油管传送液体，用管接头把油管和元件连接起来。油管和管接头应有足够的强度、良好的密封性、较小的压力损失，并且拆装方便。

1. 油管

油管的种类有很多，有钢管、紫铜管、尼龙管、塑料管、橡胶管等，必须按照安装位置、工作环境和工作压力来正确选用。油管的种类、特点和适用范围见表 6-5。

表 6-5　油管的种类、特点和适用范围

种类		特点和适用范围
硬管	钢管	能承受高压、价格低廉、耐油、抗腐蚀性好、刚性好，但装配时不能任意弯曲，常用作压力管道（中高压场合用无缝钢管，低压场合可用焊接管）
	紫铜管	易弯曲成各种形状，管壁光滑，摩擦阻力小，但承压能力一般不超过 6.5～10MPa，抗振能力较弱，又易使油液氧化；通常用于仪表和控制装置的小直径油管
软管	尼龙管	乳白色半透明，加热后可以随意弯曲成形或扩口，冷却后又能定形不变，承压能力因材质而异，承压范围为 2.5～8MPa
	塑料管	质轻耐油、价格便宜、装配方便，但承压能力低，长期使用会变质老化，只宜用于压力低于 0.5MPa 的回油管和泄油管
	橡胶管	高压管由耐油橡胶夹几层钢丝纺织网制成，钢丝网层数越多，耐压值越高，用作中、高压系统中两个相对运动件之间的压力通道；低压管由耐油橡胶类帆布制成，可用作回油管道

油管的规格尺寸（油管内径和壁厚）可由下面公式算出，然后查阅有关的标准选定其值。

$$d = \sqrt{\frac{4q}{\pi v}} \qquad (6\text{-}8)$$

$$\delta = \frac{pdn}{2\sigma_b} \qquad (6\text{-}9)$$

式中，d 为油管内径（m）；q 为油管内的流量（m³/s）；v 为油管中油液的流速（m/s）（可根据具体油管情况，选择油液的流速）；δ 为油管壁厚（m）；p 为管内工作压力（Pa）；n 为安全系数（对钢管来说，当 $p < 7$MPa 时，取 $n = 8$；当 7MPa $< p < 17.5$MPa 时，取 $n = 6$；当 $p > 17.5$MPa 时，取 $n = 4$）；σ_b 为油管材料的抗拉强度（Pa）。

金属油管的爆破压力 p_B 可按下述经验公式计算得到

$$p_B = \sigma_b \left[\frac{\dfrac{d}{\delta_{min}} + 1}{\dfrac{1}{2}\left(\dfrac{d}{\delta_{min}}\right)^2 + \dfrac{d}{\delta_{min}} + 1} \right] \qquad (6\text{-}10)$$

式中，d 为油管内径（m）；δ_{min} 为油管最小壁厚（m）；σ_b 为油管材料的抗拉强度（Pa）。

油管的内径不宜选得过大，以免使液压装置的结构庞大，但也不能选得过小，以免使油管内液体流速加大、系统压力损失增加或产生振动和噪声，影响整个系统正常工作。

在保证强度的情况下，管壁应尽量选薄些的。薄壁油管易于弯曲，规格较多，安装和连接比较容易。

2. 管接头

管接头是油管与油管、油管与液压元件之间的连接件，它必须具有装拆方便、连接牢固、密封性可靠、外形尺寸小、通流能力大、压降小、工艺性好等特点。

管接头种类很多，其规格和品种可查阅有关手册。液压系统中油管与管接头的常见种类、结构简图和特点见表 6-6。

管接头的连接螺纹采用国家标准米制锥螺纹和普通细牙螺纹。锥螺纹可依靠自身的锥体旋紧和采用聚四氟乙烯生料带进行密封，广泛用于中、低压系统；细牙螺纹常在进行端面密封后（采用组合垫圈或 O 形圈，有时也采用纯铜垫圈）用于高压系统。

表 6-6　液压系统中油管与管接头的常见种类、结构简图和特点

常见种类	结构简图	特　点
焊接式管接头	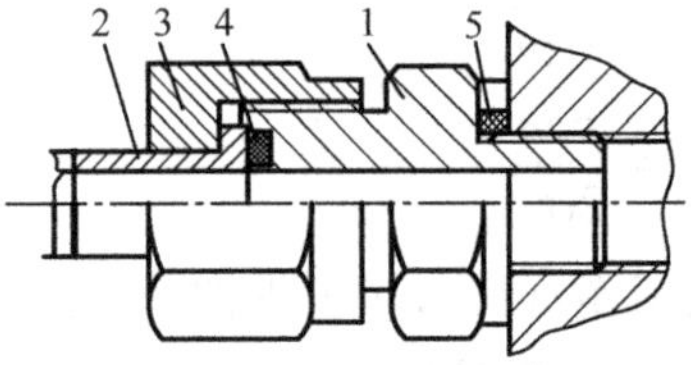 　1—接头体　2—接管　3—螺母 4—O 形密封圈　5—组合垫圈	（1）制造工艺简单，工作可靠，装拆不便； （2）必须采用厚壁钢管，对焊接质量要求高，当工作压力高时，焊缝往往成为它的薄弱环节
卡套式管接头	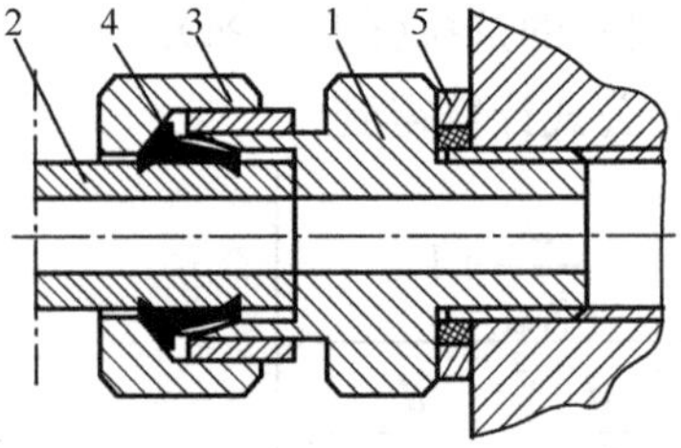 　1—接头体　2—接管　3—螺母 4—卡套　5—垫圈	（1）用卡套卡住油管进行密封，对油管轴向尺寸要求不严，装拆简便； （2）对油管径向尺寸精度要求较高，常用冷拔无缝钢管； （3）适用于油液及一般腐蚀性介质的管道系统
扩口式管接头	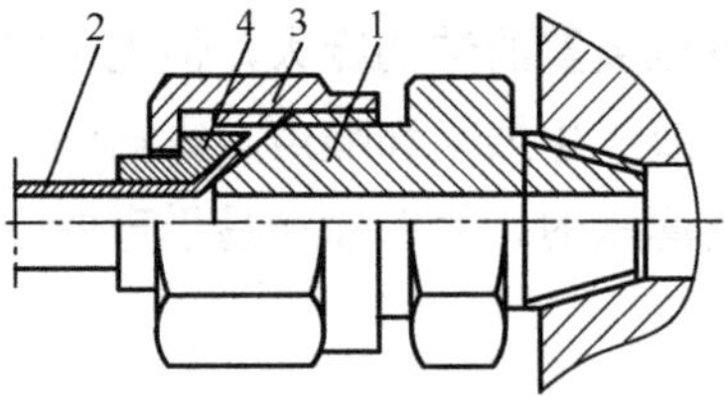 　1—接头体　2—油管　3—螺母　4—导套	（1）用油管管端的扩口在管套的压紧下进行密封，结构简单，可重复进行连接； （2）适用于铜管，薄壁钢管，尼龙管和塑料管等低压管道的连接； （3）适用于中低压系统
快速管接头	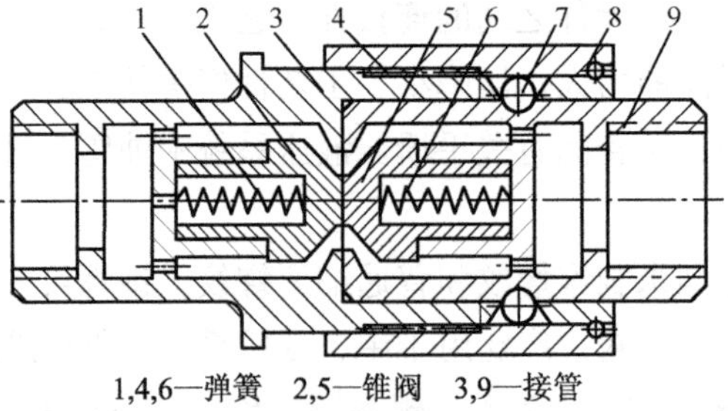 　1,4,6—弹簧　2,5—锥阀　3,9—接管 7—钢球　8—外套	（1）适用于管道需经常拆卸处； （2）图示为油液接通状况； （3）要拆卸时，把外套 8 向左推，同时拉出接管 9，油路断开。这时弹簧 4 使外套 8 复位，锥阀 2 和锥阀 5 分别在弹簧 1 和弹簧 6 的作用下外伸，顶在接管 3 和接管 9 的阀座上而关闭油路，使两边的油都不会流出；需要接装时，仍把外套 8 左推，同时插入接管 9，此时，锥阀 2 和锥阀 5 相互挤紧而压缩弹簧 1，弹簧 6 使油路接通

　　此外，还有一种镍钛合金制造的特殊管接头，能使其在低温下受力后发生的变形在温升时消除：把管接头放入液氮中用芯棒扩大其内径，然后取出来迅速套装在管端上，便可使它在常温下得到牢固、紧密的结合。这种"热缩"式的连接已在航空和其他一些加工行业中得到了应用，它能保证在 40～50MPa 的工作压力下不出现泄漏。

6.5.3 压力表

液压系统各工作点的压力可由压力表检测，以便调整和控制。最常用的压力表是弹簧弯管式压力表，如图 6-22 所示。液压油进入弹簧弯管时，弯管产生变形，并通过杠杆使扇形齿轮摆动，扇形齿轮与小齿轮啮合，小齿轮便带动指针旋转，可从刻度盘上读出指针所示压力值。

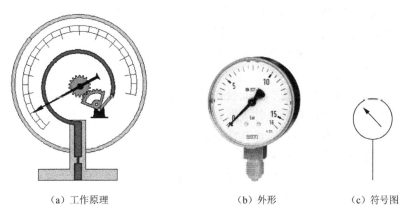

（a）工作原理　　　　　　　（b）外形　　　　　（c）符号图

图 6-22　弹簧弯管式压力表

压力表的精度等级一般都是引用误差，以其误差占量程的百分数表示。选用压力表时，系统最高压力约为其量程的四分之三比较合理。为防止压力冲击能量损坏压力表，常在连接压力表的通道上设置阻尼器，或者在压力表的表盘里注入了黏度较高的矿物油。因此，其动态性能不高。

本 章 小 结

本章主要介绍液压油的特性。作为液压系统的传递介质，液压油的特性直接关系到液压系统的性能，不仅要熟悉液压油的选择和使用注意事项，还需在液压系统工作过程中加强对液压油污染的控制措施。

液压辅助元件对于液压系统来说是不可或缺的。本章介绍了蓄能器、滤油器、密封件、管件、压力表、油箱和热交换器等液压辅助元件，要了解了各种元件的类型、特点，需重点掌握液压系统中各元件的配置和应用。除油箱外，大部分元件都已标准化，并有专业厂家生产，设计者可直接选用。

思考与练习

6-1　目前实用的抗燃液压油有哪几种？

6-2　为了减少液压油的污染，应采取哪些措施？

6-3 液压辅助元件主要包括哪些？

6-4 简述液压辅助元件在液压系统中的作用。

6-5 蓄能器分为哪几类？分别适用于哪些场合？

6-6 蓄能器的主要功能有哪些？

6-7 蓄能器的容积如何确定？

6-8 常用过滤器有哪几种类型？并简述其适用场合和安装位置。

6-9 选择滤油器时应该考虑哪些问题？

6-10 油箱的功用是什么？设计油箱时的注意事项是什么？

6-11 热交换器的功用是什么？分别有几种？

6-12 怎样确定油箱的容积？

6-13 冷却器有哪几种类型？应安装在液压系统的什么部位？

6-14 常见的密封装置有哪几种类型？

6-15 唇形密封件有哪些？简述其特点。

6-16 如何计算油管的内径和壁厚？

6-17 油管分为哪几类？分别用在哪些场合？

6-18 常用管接头的连接方式有哪些？

6-19 压力表的类型有哪些？简述弹簧弯管式压力表的工作原理。

第7章 液压基本回路

教学要求

液压基本回路分为压力控制回路、速度控制回路、方向控制回路和多执行元件控制回路,通过本章学习,掌握液压传动系统典型和常用基本回路的组成、特点及适用场合。

引例

简单的液压系统(例图 7-1)可以是由一个基本回路组成的,大型、复杂的液压系统可能是由若干基本回路组成的。无论何种情况,液压基本回路在设计、使用和分析过程中都占有非常重要和基础的地位。

液压基本回路是指由一些液压元件有机地组成、完成特定功能、具有代表性的典型回路。通常,实际使用的液压系统都是由一个或若干基本回路组成的,任何复杂的液压系统都可以拆分成不同的基本回路。

常见的液压基本回路按照功用分为四大类:压力控制回路、速度控制回路、方向控制回路和多执行元件控制回路。压力控制回路使执行元件满足对力或力矩的要求,速度控制回路满足执行元件对速度的不同要求;执行元件有停止、启动或换向等要求时,需要用方向控制回路;当一个系统中有多个执行元件时,则通过多执行元件控制回路满足各个执行元件对协调动作的要求。

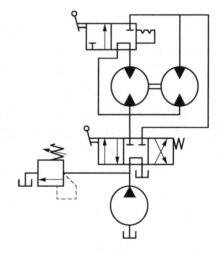

例图 7-1 马达单用或并联有级调速回路

7.1　压力控制回路

压力控制回路是利用压力控制阀对整个系统或系统中某一部分油路的压力进行控制，实现调压、稳压、减压、增压等功能，以满足执行元件对力或力矩的要求。

按照功能的不同，压力控制回路分为调压回路、减压回路、增压回路、卸荷回路、保压回路和缓冲补油回路。在设计液压系统时，需要根据设计要求、适用场合等因素认真考虑并做出合理选择。

（1）当负载变化较大时，应考虑多级压力控制回路。

（2）当某个支路需要稳定的、低于动力油源的液压油时，应考虑减压回路。

（3）在液压系统中执行元件需要压力高于系统提供的油压时，应考虑增压回路。

（4）在一个工作循环的某一时间段内执行元件需要暂时停止工作，可以考虑卸荷回路。这一类型的回路同时还要考虑功率损失、油温温升、流量和压力的瞬时变化等因素。

（5）当执行元件惯性较大，针对其停止时容易产生冲击能量这个特点，应考虑缓冲补油回路。

7.1.1　调压回路

调压回路的作用是调整和控制液压系统的压力，给液压系统提供安全保证，它分为单级调压回路、两级调压回路、多级和无级调压回路。

液压系统的工作压力取决于总负载的大小，执行元件所受的总负载（也就是总阻力）包括工作负载、执行元件的自重、机械摩擦所产生的摩擦阻力，以及油液在油管中流动时所产生的沿程阻力和局部阻力等。由于工作负载使液流受到阻碍而产生一定的压力，并且负载越大系统压力越高，而过高的系统压力会使系统中的液压元件损坏，因此必须限制最高工作压力。液压系统在不同工况下有不同压力需求：在有些情况下，需要使整个系统保持一定的工作压力；在有些情况下，需要液压系统在一定的压力范围内工作，在有些情况下，需要液压系统能在几种不同压力下工作。为达到这些情况的要求，可以通过相应的调压回路进行调整和控制。

1．单级调压回路

单级调压回路如图 7-1 所示。由于液压系统工作时液压泵出口处的压力最高，用溢流阀跨接在液压泵的出口处可以限制液压泵出口处的压力，也就限制了液压系统的最高工作压力。溢流阀在这里起限压作用，为液压系统提供了安全保护，常被称为安全阀。液压系统正常工作时，安全阀为常闭状态（也就是说，当阀前压力不超过某一预设的极限值时，此阀关闭，不溢流），当一些特殊情况使阀前压力超过该极限值时，在图 7-1 中，直动型溢流阀 2 打开溢流，油液流回油箱保证整个系统的安全。这些特殊情况包括液压系统超载、液压系统重载启动、执行元件（液压缸）运动到终点位置等。通常，安全阀在变量泵系统中比较常见，它所控制的过载压力一般比液压系统的工作压力高 8%～10%（最大可达 20%）。

单级调压回路通过溢流阀为液压系统提供安全保护（必要时跨接在某一支路为其提供安全保护）。溢流阀工作时，由于溢流，原动机有能量损失，损失的能量转变为热能，引起液压系统发热，溢流引起的能量损失大小和溢流压力、溢流流量及溢流时间成正比。溢流损失是不可避免的，设计液压系统时应设法减小溢流损失。

2. 两级调压回路

有些液压系统中的执行机构在前进与倒退时的工作负载相差比较大，因此这些液压系统最好有高、低两种调定压力：克服重载时用较高的调定压力，克服轻载时用较低的调定压力。这样的两级调压回路有两种溢流压力，它比单级调压回路的溢流损失小。两级调压回路如图 7-2 所示，当克服重载时电磁换向阀 3 断电，其以下位接入油路，系统压力由先导型溢流阀 2 调定；当克服轻载时电磁换向阀 3 通电，其以上位接入油路，系统压力由先导型溢流阀 4 调定（这时在回路中先导型溢流阀 4 作为远程调压阀）。

两级调压回路又被称为远程调压回路，先导型溢流阀 2 的调定压力比远程调压阀 4 的调定压力大得多；否则，远程调压阀 4 不起作用。

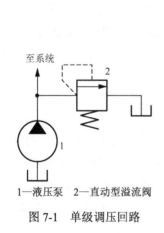

1—液压泵　2—直动型溢流阀

图 7-1　单级调压回路

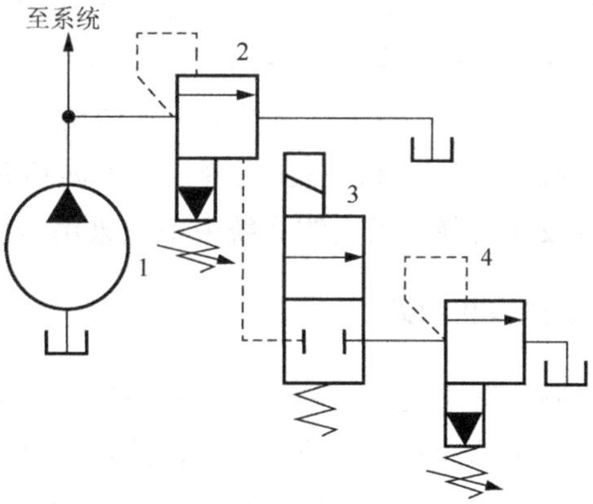

1—液压泵　2,4—先导型溢流阀　3—电磁换向阀

图 7-2　两级调压回路

3. 多级和无级调压回路

图 7-3 所示为连接 3 个先导型溢流阀 2、4、5，使液压系统有 3 种不同调定压力值的多级调压回路。其中，主先导型溢流阀 2 的遥控口接入一个三位四通电磁换向阀 3，操纵该换向阀使其处于不同工作位置，可以得到不同的系统压力。

当液压系统需要多级甚至无级调压回路时，可以采用比例溢流阀调定系统压力。利用比例溢流阀的多级调压回路如图 7-4 所示，通过调节比例溢流阀 2 的输入电流可以实现多级调压。

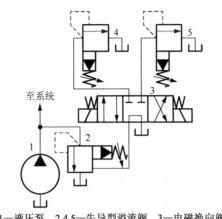

1—液压泵 2,4,5—先导型溢流阀 3—电磁换向阀

图7-3 多级调压回路

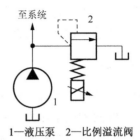

1—液压泵 2—比例溢流阀

图7-4 利用比例溢流阀的多级调压回路

7.1.2 减压回路

减压回路的作用是向液压系统提供一路稳定的低压油。在单泵供油的液压系统中，某个执行元件或某个支路所需要的工作压力低于调定的系统压力，例如，夹紧油路、控制油路、润滑油路和制动器操作油路等的油压往往要求低于主油路的调定压力，单独设置一套低压系统不经济，这种情况下经常在主油路系统中设置减压回路满足要求。需要说明的是，由于减压阀工作时，阀口有压力降以及泄漏口有漏油，系统就存在一定的功率损失。因此，在大流量或压力降要求大的系统中不宜采用减压回路。

1. 单级减压回路

单级减压回路由定值减压阀3和单向阀4组成（见图7-5），使低压油路在短时间内保持压力，其中单向阀的作用是当主油路压力降低时防止油液倒流。为了使减压回路可靠，定值减压阀的最低调定压力值不应低于 0.5MPa，最高调定压力值应比系统压力值低0.5MPa。当减压回路中的执行元件同时需要调速时，调速元件应放在定值减压阀后面，以免定值减压阀的泄漏对执行元件的运动速度产生影响。

2. 两级减压回路

两级减压回路如图7-6所示，此处，先导型溢流阀5相当于远程调压阀，它和换向阀4、减压阀3组合使用，使该减压回路可以获得两种压力值。

3. 无级减压回路

无级减压回路如图7-7所示，该回路采用比例减压阀3组成减压回路。只要调节输入比例减压阀的电流，就能够按照要求调整减压后的压力值，它的特点是可以实现遥控。

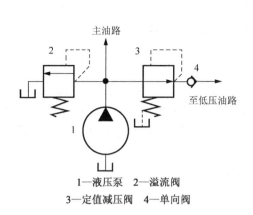

1—液压泵　2—溢流阀
3—定值减压阀　4—单向阀

图 7-5　单级减压回路

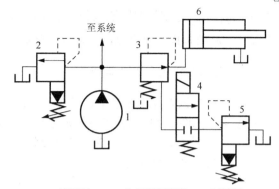

1—液压泵　2,5—先导型溢流阀　3—减压阀
4—换向阀　6—液压缸

图 7-6　两级减压回路

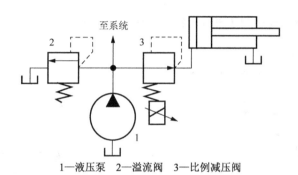

1—液压泵　2—溢流阀　3—比例减压阀

图 7-7　无级减压回路

7.1.3　增压回路

增压回路的作用是使液压系统中的局部压力远高于液压泵的输出压力。在某些中、低压系统中，当需要流量不大的高压油时，考虑采用增压回路以获得高压力。这样，可以节省高压泵，降低系统成本，减少功率损失。增压回路分以下 2 种。

1. 增压缸的增压回路

图 7-8 所示为增压缸的增压回路。图中，增压缸由两个不同有效面积的液压缸串联在一起，增压缸左腔通入低压油，推动活塞向右移动。这时，由于小液压缸小腔的有效面积小于大液压缸大腔的有效面积，因此增压缸右腔输出高压油。用公式表示如下：

$$\sum F = p_1 A_1 - p_2 A_2 = 0$$

整理得

$$p_2 = \frac{A_1}{A_2} p_1 = K p_1 \tag{7-1}$$

式中，p_1、p_2 分别为增压缸大腔和小腔压力（Pa）；A_1、A_2 分别为增压缸大腔和小腔面积（m²）；K 是系数。理论上，压力放大倍数等于两个活塞的面积比。

2. 齿轮分流增压器增压回路

在工程机械如混凝土泵车、挖掘机上，采用了齿轮分流增压器增压回路以适应高压工况的要求，如图7-9所示。齿轮分流增压器实际上是一个双联齿轮泵（马达），系统供油压力为 p、流量为 q，该增压器输出压力分别为 p_1、q_1，流量分别为 p_2、q_2，由于该增压器输入、输出的能量守恒，即

$$pq = p_1q_1 + p_2q_2$$

令 $p_2 = 0$（通油箱），可得

$$p_1 = \frac{q}{q_1} p = Kp$$

如果输出的流量相等，即 $q_1 = q_2 = q/2$，则 $p_1 = 2p$。

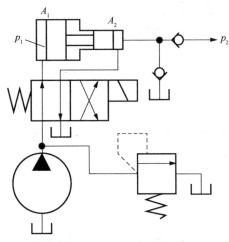

图 7-8　增压缸增压回路

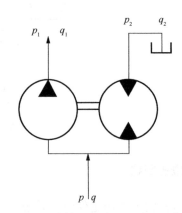

图 7-9　齿轮分流增压器增压回路

7.1.4　卸荷回路

有些执行元件在工作中时常需要停歇，当其短时间停止工作，或者需要短暂保持很大的力（或转矩）而运动速度很慢甚至不动时，液压泵输出的液压油全部或绝大部分从溢流阀流回油箱。这样，就造成了功率损失，引起油液发热，加快油液变质，而且还影响液压系统的性能及液压泵的寿命。为此，需要进行泵卸荷。所谓泵卸荷，是指在电动机（此处作为原动机）运行的情况下，液压泵以很小的输出功率甚至零功率运转，此时的回路称为卸荷回路。卸荷回路减少了功率消耗和系统发热量，延长了液压泵和电动机的使用寿命，同时便于实现液压泵低负载启动。

由于液压泵的功率等于压力和流量的乘积，这两个参数任一个近似零均能使液压泵的

输出功率近似零，从而实现液压泵的卸荷。定量泵不能改变排量和流量，只能使其输出压力近似零，这种卸荷方式称为压力卸荷；变量泵可以在输出流量近似零的情况下运转，可以使其输出流量近似零，这种卸荷方式称为流量卸荷。需要说明的是，进行流量卸荷时，液压泵的零件仍然受力，仍然存在磨损。常用的卸荷回路主要有以下 3 种。

1. 换向阀中位卸荷回路

利用三位换向阀的中位机能（M 形、H 形和 K 形），使液压泵输出的液压油经换向阀直接回到油箱，实现泵卸荷。这种常用的卸荷方式（见图 7-10）结构简单，工作可靠，但对压力较高、流量较大的液压系统容易产生冲击能量。因此，该卸荷回路适用于中低压、小流量系统。此外，该卸荷回路也不适用于由一泵驱动多个液压缸的多支路场合。

2. 电磁溢流阀卸荷回路

图 7-11 所示为电磁溢流阀卸荷回路，在先导型溢流阀 2（安全阀）的遥控口连接一个二位二通电磁换向阀 3。当液压系统工作时，二位二通电磁换向阀 3 处于断电状态，先导型溢流阀 2 的遥控口不与油箱相通；当需要卸荷时，将二位二通电磁换向阀 3 通电、使先导型溢流阀 2 的遥控口和油箱相通，从而先导型溢流阀 2 的主阀打开，液压泵输出的油液经先导型溢流阀 2 直接回到油箱，液压泵卸荷。由于该回路中使用了电磁阀，因此能实现自动控制，该回路广泛用于一般机械和制造机械的自动控制。二位二通电磁换向阀 3 只通过先导型溢流阀之的遥控口排出油液，流量不大，故可使用小规格的溢流阀。

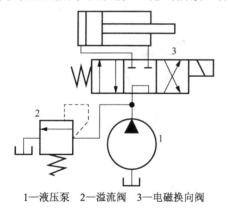

1—液压泵　2—溢流阀　3—电磁换向阀

图 7-10　换向阀中位卸荷回路

1—液压泵　2—先导型溢流阀　3—电磁换向阀

图 7-11　电磁溢流阀卸荷回路

3. 用泵卸荷回路

用泵卸荷回路分为双泵卸荷回路和单泵卸荷回路。

1）双泵卸荷回路

当执行机构具有重载低速和轻载高速的要求时，采用双泵供油比较合适，双泵卸荷回路如图 7-12 所示。图中，泵 1 为低压大流量泵，泵 2 为高压小流量泵，低压大流量泵的压力由卸荷阀 4 设定，高压小流量泵的压力由溢流阀 5（安全阀）设定。工作负载较小时，卸荷阀 4（由于低压）关闭，低压大流量泵输出的液压油经单向阀 3 与高压小流量泵合流，两个泵同时向系统供油，执行元件轻载快速运动；当工作负载增大，系统压力上升到卸荷阀 4 的调定压力时，卸荷阀 4 的控制油路使其打开，低压大流量泵卸荷，单向阀 3 处于关闭状态，只有高压小流量泵单独向系统供油，这时执行元件重载低速运动。

这种回路能随负载变化自动换挡，无论重载或轻载都能较充分发挥发动机的最大有效功率。不足之处是，当负载压力接近卸荷阀的调定压力时容易出现速度不稳定现象。

2）单泵卸荷回路

单泵卸荷回路如图 7-13 所示。该回路用到压力补偿变量泵，根据该泵的特性，当三位四通电磁换向阀 3 处于中位，压力补偿变量泵 1 的出口压力升高达到补偿装置动作所需要的压力时，其中输出流量便减小到只需补足三位四通电磁换向阀 3 和压力补偿变量泵的内泄。虽然压力补偿变量泵 1 处于最高压力状态，但输出流量很小，功率损耗大为降低，实现了泵的卸荷，这种卸荷方式属于流量卸荷。单泵卸荷回路中可以不设安全阀 2，但是为了防止压力补偿装置误差和动作滞缓而使泵的压力异常升高，仍需要设置安全阀 2 为液压系统提供安全保护。安全阀 2 的调定压力为系统压力的 1.2 倍。

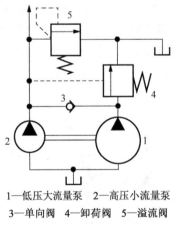

1—低压大流量泵 2—高压小流量泵
3—单向阀 4—卸荷阀 5—溢流阀

图 7-12 双泵卸荷回路

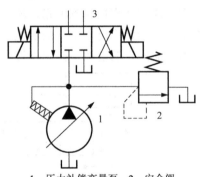

1—压力补偿变量泵 2—安全阀
3—三位四通电磁换向阀

图 7-13 单泵卸荷回路

7.1.5 保压回路

在执行元件停止运动或仅有微小位移情况下，使系统压力基本保持不变的回路称为保压回路。在液压系统中，有些执行元件需要在工作过程中或在某一位置维持稳定压力。例如，在机床上夹紧工件后，在工件加工过程中就要采用保压回路。

要得到保压回路，最简单的方法就是利用定量泵进行回路保压（开泵保压），要求定量泵始终以较高的压力（保持所需要的压力）工作。此时，定量泵排出的液压油几乎全部经溢流阀流回油箱，液压系统功率损失大，发热严重。因此，这种回路只在小功率系统且保压时间较短的场合使用。在保压回路中，采用压力补偿变量泵或限压式变量泵，可实现保压卸载，液压系统的功率损失小。除此之外，在回路中还可以采用蓄能器进行保压。

对保压回路的基本要求：能满足保压时间、保压回路压力稳定的要求，工作可靠、经济性好。保压回路主要有以下 2 种。

1. 限压式变量泵保压回路

限压式变量泵保压回路如图 7-14 所示。使用限压式变量泵保压时，液压泵仅输出少量的足以补偿系统泄漏所需的油液，流量几乎为零，因而保压时液压系统的功率损失很小，而且能随着泄漏量的变化自动调整输出流量以补偿泄漏损失。这种保压回路适用于保压时间很长、稳压性能要求很高的液压系统。

2. 蓄能器保压回路

蓄能器保压（卸荷）回路如图 7-15 所示。当二位四通电磁换向阀 7 在左位时，液压泵同时向液压缸 8 和蓄能器 6 供油，液压缸 8 向前运动直至执行机构夹紧工件。当油路压力升高到压力继电器 5 的调定压力值（夹紧工件后需要的压力值）时，压力继电器 5 发出信号，使二位二通电磁换向阀 2 通电，二位二通电磁换向阀 2 切换到左位使定量泵 1 卸荷，单向阀 4 自动关闭，液压缸 8 保持压力不变。同时，蓄能器 6 补偿液压缸的泄漏损失，使液压缸 8 保持压力，使执行机构夹紧工件。当液压缸压力不足时，压力继电器 5 复位，液压泵重新工作，向系统供应液压油。该回路保压时间取决于蓄能器的容积。

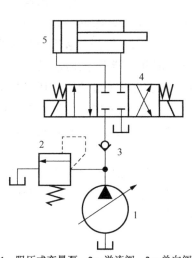

1—限压式变量泵　2—溢流阀　3—单向阀
4—三位四通电磁换向阀　5—液压缸

图 7-14　限压式变量泵保压回路

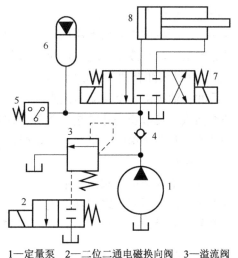

1—定量泵　2—二位二通电磁换向阀　3—溢流阀
4—单向阀　5—压力继电器　6—蓄能器
7—三位四通电磁换向阀　8—液压缸

图 7-15　蓄能器保压回路

7.1.6　缓冲补油回路

在液压系统中，执行元件在驱动质量较大或者运动速度较快的负载时，如果突然停止运动或突然换向，由于运动部件惯性大，回路中会产生很大的冲击能量和振动，影响运动部件的定位精度。严重时，妨碍机器的正常工作甚至损坏设备。为了消除或减小液压冲击能量，除了在液压元件结构上采取措施（如在液压缸端部设置缓冲装置、在溢流阀阀芯设置阻尼等），还可以在液压系统中采用缓冲补油回路。缓冲补油回路是指在液压回路中采取一些措施，使运动部件在到达行程终点前预先减速，延缓停止时间或换向时间，延缓卸载和升压过程，以达到缓冲的目的。

1. 工程机械常用的缓冲补油回路

工程机械的工作机构不仅作业繁重，环境恶劣，经常受到意外负载的冲击，还由于运动部件（如起重机和挖掘机的回转机构）惯性较大，在频繁启动、制动、换向时也给液压系统带来很大的液压冲击能量。采用缓冲补油回路，可使运动部件换向平稳，液压冲击能量减小。

工程机械常用的缓冲补油回路如图 7-16 所示，设换向阀以左位接入油路，液压马达从左路进油，工作压力为 p，液压马达从右路回油，回油压力为 p_0。当换向阀从左位回到中位时，液压马达的进、出油口被封死，又由于惯性，液压马达并不会立即停止运动。一边出油口继续排油，但油口已被封死，不能排出油液，因此压力升高（达到 $p_0 + \Delta p$），造成液压冲击；一边进油口在惯性作用下有继续进油的趋势，但进油口已经封闭，无法得到油液，液压马达的进油口形成真空。为了限制压力增量过高和防止出现真空，需要设置缓冲补油阀，工程机械中采用专用的缓冲补油阀。在图 7-16（a）中，缓冲补油阀由两个直动型溢流阀组成，当液压马达的排油腔出现高压时，缓冲补油阀 6 打开，液压向马达的进油腔补油，这种缓冲补油阀可以解决缓冲问题，但仅仅靠泄漏并不能充分补油。在图 7-16（b）中，缓冲补油阀由 1 个直动溢流阀和 4 个单向阀组成，除了直动型溢流阀，还可从主回油路补充油液，使液压马达的进油腔补油比较充分。在图 7-16（c）中，缓冲补油阀由两个直动溢流阀和两个单向阀组成，可以根据液压马达的正反转负载情况分别设定，以缓冲压力，适应性更强。

习惯上把利用换向阀回到中位、封闭执行元件进出油口强迫执行元件停止运动的方法称为液压制动。因此，缓冲补油阀也称为制动阀。液压制动的优点是没有机械磨损，但定位精度差。所设定的缓冲压力高低值决定了制动时间的长短。

2. 行程阀缓冲补油回路

行程阀缓冲补油回路如图 7-17 所示，该回路的特点之一是在液压缸的一侧油路接入行程阀 5，当活塞向右移动到预定位置时，活塞杆上的挡块压下滚轮，使之切换到行程阀 5 的节流口。随着该节流口逐渐减小，执行元件逐渐减速直至停止。在缓冲过程中，活塞移动速度逐渐减小，但缓冲行程固定不变。

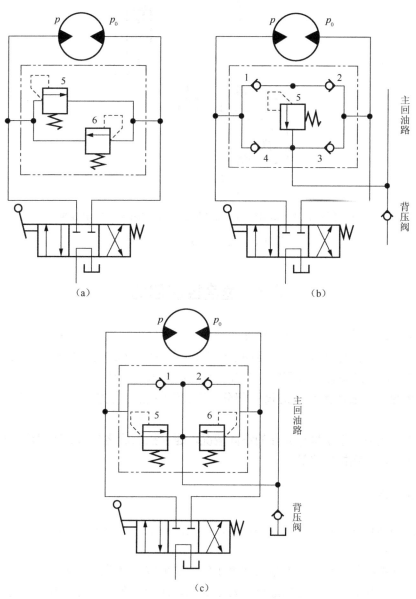

1, 2, 3, 4—单向阀 5, 6—缓冲补油阀（直动型溢流阀）

图 7-16 工程机械常用的缓冲补油回路

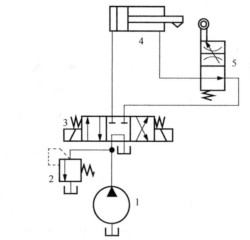

1—液压泵　2—溢流阀　3—电磁换向阀　4—液压缸　5—行程阀

图 7-17　行程阀缓冲补油回路

7.2　速度控制回路

液压系统确定后，执行元件的速度就由供给执行元件的油液流量控制。因此，对油液流量的控制实质上就是对执行元件运动速度的控制。控制方式有阀控和泵控两种：阀控是通过改变节流阀的通流面积实现的，泵控是通过改变液压泵或液压马达的排量实现的。速度控制回路通常是液压系统中的核心部分，其工作性能的优劣对液压系统起着决定性的作用。

在液压系统中，根据执行元件的不同情况，速度控制回路分为调速回路、平衡回路、增速回路和快慢速换接回路等。

7.2.1　调速回路

调速回路的作用是使执行元件满足工作速度的要求。一般情况下，应满足的基本要求包括以下 4 项：

（1）能在执行元件所需要的最大和最小的速度范围内灵敏地实现调速。

（2）负载变化时，已调好的速度不发生变化，或者仅在允许的范围内变化。

（3）功率损失小，以节省能源、减少系统发热量。

（4）力求结构简单、安全可靠。

调速回路分为两大类：无级调速回路和有级调速回路。

1. 无级调速回路

液压系统的优点之一是能方便地实现无级调速。按照参与调节速度的元件不同，无级调速回路分为节流调速回路和容积调速回路。

1）节流调速回路

它利用节流阀的节流原理调节主油路（通往执行元件）、回油路（接通油箱）及旁油路（和执行元件并联的油路）的相对液阻，改变进入执行元件的流量，实现无级调速。根据节流阀所处的位置不同有进油节流、回油节流和旁路节流 3 种调速形式。除此之外，为了改善节流阀节流调速回路的性能，把节流阀换成调速阀的节流调速回路、工程机械上常用的换向阀节流调速回路都属于节流调速回路的范畴。

（1）节流阀进油节流调速回路。简称进油节流调速回路（见图 7-18），该回路由溢流阀和节流阀组成，将节流阀串联在液压泵和液压缸之间。

在节流调速时，溢流阀一般处于打开状态，液压泵工作压力 p_p 的范围在溢流阀的开启压力 p_c 和调定压力 p_n 之间波动。一方面，由于溢流阀的静态超调量（ $\Lambda p_{静} = p_n - p_c$ ）比较小，故液压泵的工作压力 p_p 近似不变，溢流阀起定压作用；另一方面，溢流阀提供了一条旁通油路，液压泵输出的液压油一部分经过节流阀进入液压缸，推动活塞移动，另一部分的液压油从溢流阀排回油箱。因此，溢流阀还起分流作用。该回路中液压泵为定量泵，在原动机转速不变时，该泵输出的流量是恒定的。调节节流阀的通流面积就可调节通过节流阀的流量，改变进入液压缸的流量，从而调节液压缸的移动速度。

① 速度-负载特性。液压缸在稳定工作时，工作压力为 $p_1 = R / A_1$。经过节流阀进入液压缸的流量为

$$q_1 = KA_T \Delta p^m = KA_T \left(p_p - \frac{R}{A_1} \right)^m$$

因此，液压缸的移动速度：

$$v = \frac{q_1}{A_1} = \frac{KA_T}{A_1} \left(p_p - \frac{R}{A_1} \right)^m \tag{7-2}$$

式中，v 是液压缸的移动速度（m/s）；p_p 是液压泵出口压力（Pa）；p_1、q_1 和 A_1 分别是液压缸进口压力（Pa）、流量（m³/s）和大腔面积（m²），K 是节流系数；A_T 是节流阀通流面积（m²）；m 是节流口形状系数；R 是系统负载（N）。式（7-2）为节流阀进油节流调速回路的速度-负载特性函数，反映了液压缸移动速度及其所受负载的相互关系，根据式（7-2）绘制成曲线如图 7-18（b）所示。

② 速度调节特性。改变节流阀的面积，可以得到一系列速度-负载特性曲线，反映回路的速度调节特性，如图 7-18（c）所示。

③ 回路刚度。从速度-负载特性曲线可以看出速度受负载影响的程度，这种程度可以用回路刚度（T）来衡量，回路刚度的定义为

$$T = -\frac{1}{\partial v / \partial R} \tag{7-3}$$

回路刚度反映了回路对外负载变化的适应能力。回路刚度越大，说明该回路受外负载波动的影响越小，活塞在负载下的运动越平稳。

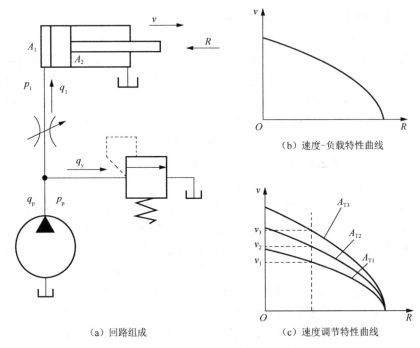

（a）回路组成 （b）速度-负载特性曲线 （c）速度调节特性曲线

图 7-18 节流阀进油节流调速回路

④ 回路效率。在节流回路效率阀进油节流调速回路中，不仅有节流损失，还有溢流损失，因此效率比较低。在恒定负载下，η =20%～60%；在变动负载下，η_{max} =38.5%。

⑤ 节流阀进油节流调速回路特点。

a. 液压缸移动速度与节流阀的通流截面积成正比，即通流面积越大，液压缸移动速度越高。

b. 由于油液经节流阀后才进入液压缸，故油温高，泄漏量大；同时由于没有背压，所以运动平稳性差。背压是指在回油路上设置背压阀（溢流阀或者节流阀），形成一定的回油阻力以提高执行元件的运动平稳性或者减少爬行现象。

c. 因为液压缸的进油面积大，当通过节流阀的流量为最小稳定流量时，会使执行元件获得较低的运动速度，所以该回路调速范围较大。

d. 启动时进入液压缸的流量先经过节流阀，受到一定阻力作用，可减少执行元件启动时的冲击能量。

e. 液压缸在恒压、恒流量下工作，输出功率不随执行元件负载、速度的变化而变化，多余的油液经溢流阀流回油箱，造成功率损失，因而效率低。

节流阀进油节流调速回路中，执行元件刚度小，其运动速度会随外负载的增减而忽快忽慢，难以得到准确的速度。因此，该回路适用于轻载或负载变化不大或速度不高的场合。

（2）节流阀回油节流调速回路。简称回油节流调速回路（见图 7-19），该回路由溢流阀和节流阀组成，溢流阀起定压分流的作用，节流阀串联在液压缸回油路中。液压泵的工作压力 p_p 通过溢流阀保持不变（近似不变），借助节流阀调节液压缸回油流量 q_2，调节进入液压缸的流量，达到调速的目的。液压泵输出的油液一部分进入液压缸，推动活塞运动，另一部分（多余的）油液从溢流阀流回油箱。

采用类似式（7-2）的推导过程，可得到节流阀回油节流调速回路的速度–负载特性表达式，即

$$v = \frac{q_2}{A_2} = \frac{KA_T}{A_2}\left(\frac{A_1}{A_2}p_p - \frac{R}{A_2}\right)^m \tag{7-4}$$

节流阀回油节流调速回路的速度–负载特性曲线和速度调节特性曲线分别如图 7-19（b）和图 7-19（c）所示。

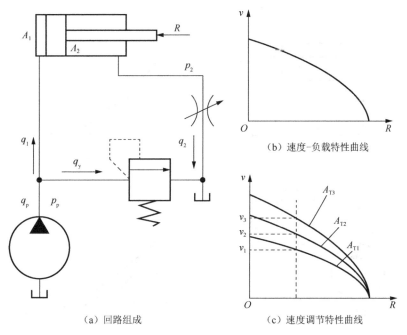

（a）回路组成　　　　（c）速度调节特性曲线

图 7-19　节流阀回油节流调速回路

节流阀回油节流调速回路特点：

① 节流阀串联在回油路上，油液经节流阀流回油箱，可以减少液压系统发热量和泄漏量。

② 节流阀起背压作用，因此液压缸运动平稳性较好；同时它还具有承受负方向负载的能力，负方向负载指和运动方向相同的负载。

③ 该回路将多余油液由溢流阀分流，造成功率损失，因而效率较低。

④ 长时间停止工作后液压缸内的油液回流到油箱，当需要重新向液压缸供油时，由于回油路中的节流阀不能马上形成背压，同时进油路没有节流阀，液压泵的流量会全部进入液压缸，因此活塞会出现前冲现象。

（3）节流阀旁路节流调速回路。简称旁路节流调速回路（见图 7-20），在该回路中，节流阀位于和液压缸并联的旁路上。液压泵输出的油液一部分进入液压缸，推动活塞运动，

另一部分油液经过节流阀排回油箱。该回路正常工作时，溢流阀处于关闭状态，溢流阀在这里起安全阀的作用。调节节流阀的通流面积（相当于调节液阻），即可调节通过的流量 q_j，进而调节进入液压缸的流量 q_3，以达到调速的目的。

节流阀旁路节流调速回路的速度-负载特性可以按照节流阀进、回油节流调速回路同样的方法推导得到，即

$$v = \frac{q_3}{A_1} = \frac{q_p}{A_1} - \frac{KA_T}{A_1}\left(\frac{R}{A_1}\right)^m \tag{7-5}$$

节流阀旁路节流调速回路的速度-负载特性曲线和速度调节特性曲线分别如图 7-20（b）和图7-20（c）所示。

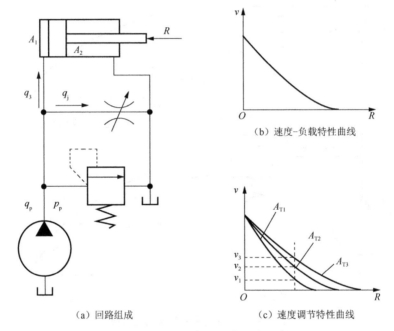

（a）回路组成　　　（b）速度-负载特性曲线　　　（c）速度调节特性曲线

图 7-20　节流阀旁路节流调速回路

节流阀旁路节流调速回路的特点：

① 执行元件运动不平稳。一方面由于没有背压，不能承受负方向的负载，使执行元件运动不平稳；另一方面由于液压泵压力随负载变化而变化，液压泵的泄漏量随之变化，导致液压泵实际输出流量也发生变化，使执行元件速度不稳定。因此，相比前两种节流调速回路，节流阀旁路节油回路执行元件的运动不平稳性更明显。

② 调速范围小。在执行元件需要低速时，节流阀的节流口需要大开。这样，液压系统能够承受的负载将减小，即低速时承载能力小。因此，与前两种调速回路相比调速范围小。

③ 液压泵出口压力随负载的减小而降低。因此，轻载调速时的旁路节流损失相对较低，溢流阀作为安全阀一般无溢流损耗，功率利用效率较高。

节流阀旁路节流调速回路适用于负载变化小、对运动平稳性要求不高的高速且大功率场合，如牛头刨床的主传动系统。有时，也可用在随着负载的增大要求进给速度自动减小的场合。

（4）调速阀节流调速回路。使用节流阀的节流调速回路的速度-负载特性都比较差，回路的刚度小，变负载下的运动平稳性都比较差。为了克服这个缺点，可用调速阀代替节流阀。由于调速阀本身的矫正环节——定差减压阀能够保持通过节流口的压力差近似不变，通过的流量也就近似不变，使回路的刚度增大，调速阀节流调速回路的速度-负载特性曲线如图 7-21 所示。

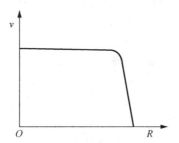

图 7-21　调速阀调速回路的速度-负载特性

（5）换向阀节流调速回路。工程机械很少采用节流阀或调速阀调速，一般靠控制换向阀（手动换向阀、节流式先导型换向阀、减压式先导型换向阀）的开度来实现节流调速。

下面以 M 形手动换向阀节流调速回路为例（见图 7-22）。换向阀开度微小时，阀芯和阀体之间有环形微小缝隙，形成进油节流和回油节流，液压泵排出的油液一部分经过换向阀的环形节流口进入液压缸，另一部分经溢流阀流回油箱；液压缸的回油经过换向阀的回油节流口回到油箱。这种回路通过调节换向阀开度大小调节执行元件的速度。

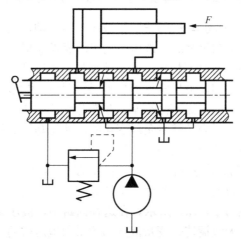

图 7-22　M 形手动换向阀节流调速回路

2）容积调速回路

容积调速回路是通过改变液压泵或液压马达的排量实现无级调速的，它不需要节流和溢流，因此，效率高、发热量少、功率利用合理，但调速范围比节流调速小，微调性能不如节流调速好，并且结构复杂、造价高，适用大功率液压系统。

利用变量泵向液压缸或定量液压马达供油，通过调节液压泵的排量可以实现液压缸或定量液压马达的无级调速。另外，调节变量液压马达的排量也可以实现液压马达的无级调速。

（1）恒功率变量泵-定量液压马达自动调速回路。图 7-23 所示为恒功率变量泵-定量液压马达自动调速回路，该回路适合负载变化范围大、要求执行机构能够随着负载的变化而自动调节转速和转矩的场合，使原动机的功率得到充分利用。

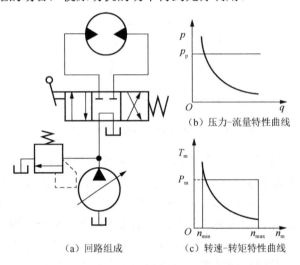

（b）压力-流量特性曲线

（a）回路组成　　　（c）转速-转矩特性曲线

图 7-23　恒功率变量泵-定量液压马达调速回路

由图 7-23（a）可知，恒功率变量泵-定量液压马达自动调速回路由恒功率变量泵、定量液压马达、换向阀、安全阀等组成。液压泵输出的流量 q 根据压力 p 的大小呈双曲线变化[见图 7-23（b）]，从而保持功率恒定。若不计损失，液压马达的功率理论上等于液压泵的输出功率，也为恒功率，因此液压马达的转速-转矩特性也是双曲线[见图 7-23（c）]。液压马达的转矩和工作压力成正比，液压马达的转速和流量成正比，在恒功率变量泵-定量液压马达自动调速回路中，压力是随着负载变化的。液压马达的最低转速取决于液压泵的最小流量，最高转速取决于液压泵的最大流量。

（2）定量泵-恒压变量液压马达自动调速回路。图 7-24 所示为定量泵-恒压变量马达自动调速回路，该能适应负载的变化而自动调节转速和转矩，由定量泵、变量液压马达、换向阀、安全阀组成，如图 7-24（a）所示。在这种回路中，液压泵的流量为恒定值，依靠改变液压马达的排量进行无级调速，变量液压马达采用恒压式的，恒压变量液压马达自动随着外负载的变化自动调节排量，负载增大时排量增大，负载减小时排量减小，调速过程中压力保持不变。液压马达功率为恒定值，其转速-转矩特性为双曲线[见图 7-24（b）]。液压泵的压力流量都不变，功率为恒定值。

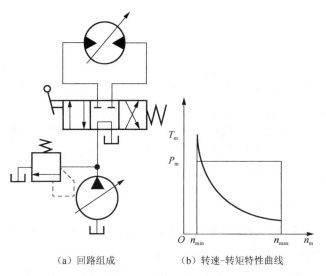

（a）回路组成　　　　（b）转速-转矩特性曲线

图 7-24　定量泵-恒压变量液压马达调速回路

2. 有级调速回路

单泵供油与双泵合流调速回路如图 7-25 所示，设液压泵 1 的流量为 q，液压泵 2 的流量为 $2q$，通过操作二位二通电磁换向阀 3 和 4，可以得到 3 种供油流量，分别是 q、$2q$ 和 $3q$，对应的液压缸的移动速度分别为 $v_1 = q/A$、$v_2 = 2q/A$ 和 $v_3 = 3q/A$。

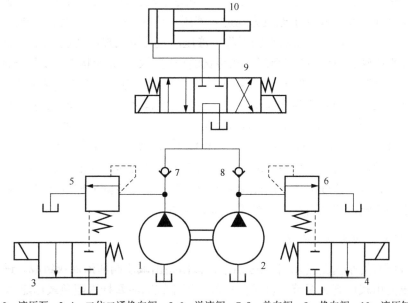

1, 2—液压泵　3, 4—二位二通换向阀　5, 6—溢流阀　7, 8—单向阀　9—换向阀　10—液压缸

图 7-25　单泵供油与双泵合流调速回路

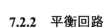

7.2.2 平衡回路

当液压系统中有升降运动的执行元件时，应考虑使用平衡回路。执行元件在下降的过程中，在负载和自重的作用下其下降速度会越来越快，若不加以控制，则会带来危险。因此，设计液压系统时，对有可能超速的执行元件应考虑利用平衡回路限制速度。限速的办法就是使执行元件回油路上有一定阻力而产生一定的背压，限制下降速度、防止执行元件加速下滑而发生事故。一般用单向节流阀进行限速，对要求较高的场合，可采用平衡阀，而回油阻力应根据运动部件的质量而定。

1. 利用单向节流阀的平衡回路

图 7-26 所示为叉车举升液压缸采用的平衡回路，即利用单向节流阀的平衡回路。该回路在液压缸的下腔油路上加设一个单向节流阀 2。当液压缸举升时，液压油可以从单向节流阀 2 几乎无阻力地进入液压缸下腔；当活塞下降时，下腔的油液必须经过节流阀，节流阻力使液压缸下降速度受到一定的限制。利用单向节流阀的平衡回路方法简单，调节单向节流阀的开度就可以调节液压缸下降速度，但液压系统发热量高，适用于要求不高的限速场合，如叉车、挖掘机的平衡回路。

2. 利用外控平衡阀的平衡回路

图 7-27 所示为起重机升降机构的平衡回路，即利用外控平衡阀的平衡回路：在其吊钩下降的回油路中安装一个外控平衡阀 2。三位四通手动换向阀 1 在右位时，液压油可以从外控平衡阀 2 中的单向阀几乎无阻力地进入液压马达 3，吊钩吊着重物上升；三位四通手动换向阀 1 在左位时，吊钩吊着重物下降，液压油直接进入液压马达，液压马达的回油必须经过外控平衡阀 2，而外控平衡阀 2 在弹簧的作用下处于关闭状态，要打开外控平衡阀，就要有一定的开锁压力（一般为 2~3MPa），这个开锁压力是由液压马达的进油路提供的，只有进油路建立了压力且达到开锁压力时，外控平衡阀才打开，使液压马达回油，重物下降。液压马达的下降速度在理论上应为 $n = q/V$，一旦液压马达在重物作用下超速运转，即 $n > q/V$，液压马达的进油路由于液压泵供油不及而使压力下降，低于开锁压力，外控平衡阀在弹簧的作用下阀口变小，增加了回油阻力，使液压马达的转速下降。这种回路完全按照液压泵预定的速度下降，因此称为动力下降。动力下降的速度相对比较稳定，它不受负载大小的影响，广泛用在起重机的液压系统中。

3. 利用减压阀的平衡回路

利用减压阀的平衡回路如图 7-28 所示，该回路由减压阀和溢流阀组成。进入液压缸 5 的液压油压力由减压阀 3 调节，以平衡负载，液压缸的活塞杆跟随负载作随动位移。当活塞杆向上移动时，液压泵通过减压阀向液压缸供油；当活塞杆向下移动时，溢流阀溢流，从而保证液压缸在任何时候都保持对负载的平衡。在该回路中，溢流阀的调定压力要大于减压阀的调定压力。

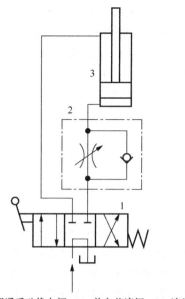

1—三位四通手动换向阀　2—单向节流阀　3—液压缸

图 7-26　利用单向节流阀的平衡回路

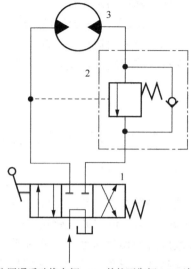

1—三位四通手动换向阀　2—外控平衡阀　3—液压马达

图 7-27　利用外控平衡阀的平衡回路

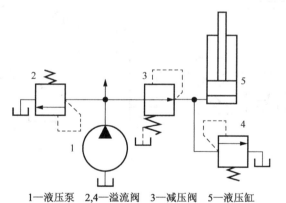

1—液压泵　2,4—溢流阀　3—减压阀　5—液压缸

图 7-28　利用减压阀的平衡回路

7.2.3　增速回路

在液压传动中，为了节省时间、提高工作效率并充分利用原动机的功率，执行元件在无负载或轻载的运动过程中需要快速运动，就需要用到增速回路。增速回路一般是指，在不增加液压泵流量的前提下可提高执行元件速度的回路。

1. 差动增速回路

图 7-29 所示的差动增速回路是利用二位三通电磁换向阀 5 组成的差动连接回路，是机

床中常用的实现"快进→工进→快退"的回路，"快进"是通过液压缸的差动连接实现的。当三位四通电磁换向阀 3 在左位、二位三通电磁换向阀 5 在上位时，回路构成差动连接（此时，液压缸大腔进油，小腔回油，但小腔的回油没有流回油箱，而是流入液压缸大腔），执行元件实现快速进给运动。一方面，液压泵全流量供油；另一方面，液压缸的有效面积小，因此，其移动速度较高，实现"快进"。执行元件的运动速度为

$$v_1 = \frac{q}{\frac{\pi}{4}d^2}$$

式中，d 为液压缸活塞杆的直径；q 为进入液压缸的流量。

2. 蓄能器增速回路

当液压系统在某个较短的时间内需要较高的速度时，可以采用蓄能器增速回路，如图 7-30 所示。当三位四通电磁换向阀 5 在左位时，液压泵 1 和蓄能器 4 共同向液压缸供油，以提高液压缸的移动速度；当液压系统不工作时，三位四通电磁换向阀 5 处于中位，液压泵经单向阀 3 向蓄能器充液，蓄能器充满且压力达到预定值后打开卸荷阀 2，使液压泵卸荷。蓄能器增速回路的优点是，可以用流量较小的液压泵达到使执行元件增速的目的。

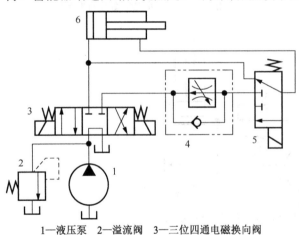

1—液压泵　2—溢流阀　3—三位四通电磁换向阀
4—单向节流阀　5—二位三通电磁换向阀　6—液压缸

图 7-29　差动增速回路

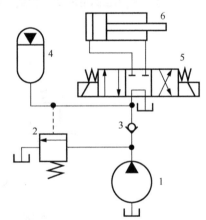

1—液压泵　2—卸荷阀　3—单向阀　4—蓄能器
5—三位四通电磁换向阀　6—液压缸

图 7-30　蓄能器增速回路

7.2.4　快慢速换接回路

快慢速换接回路的作用是，在一个工作循环中，使执行元件从一种速度变换到另一种速度，从而实现从快进到工进或从一种工进到另一种工进。

1. 快速与慢速之间的换接回路

图 7-31 所示为利用行程阀控制的快速与慢速之间的换接回路。三位四通电磁换向阀 3

在左位时执行元件快进；当活塞杆上的挡块压下二位二通行程阀 6 时，液压缸的回油必须经过节流阀 5 到达油箱，此时为节流调速状态，使活塞转变为慢速工进。当三位四通电磁换向阀 3 以右位接入油路时，液压缸进油经过单向阀 4 到执行元件小腔，执行元件退回；当活塞离开二位二通行程阀 6 的滚轮，二位二通行程阀 6 以下位接入回路时，执行元件快速返回。该方式换接平稳。

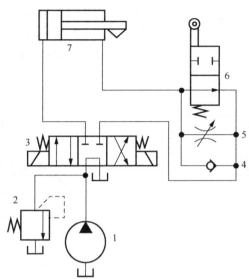

1—液压泵　2—溢流阀　3—三位四通电磁换向阀　4—单向阀　5—节流阀　6—二位二通行程阀　7—液压缸

图 7-31　利用行程阀控制的快速与慢速之间的换接回路

图 7-29 所示回路中的执行元件也可以实现差动连接快进、工进和快速退回这三种速度之间的转换。在图 7-29 回路中，三位四通电磁换向阀 3 在左位，当二位三通电磁换向阀 5 通电时差动连接即被解除，液压缸的回油经过调速阀回到油箱，形成调速阀回油节流调速回路，液压泵一部分流量 q_1 进入液压缸，另一部分流量 q_2 经溢流阀 2 回到油箱，实现工作进给运动（"工进"）。一方面，液压泵的部分流量用于液压缸供油；另一方面，液压缸的有效面积大。因此，其移动速度较小。

$$v_2 = \frac{q_1}{\frac{\pi}{4}D^2}$$

式中，D，d 分别为液压缸活塞的直径和活塞杆的直径；q_1 为进入液压缸的流量。

当三位四通电磁换向阀 3 在右位、二位三通电磁换向阀 5 在下位时（通电状态下），液压缸实现"快退"功能。一方面，液压泵以全流量供油；另一方面，液压缸的有效面积小。因此，移动速度较高。其快退的速度为

$$v_3 = \frac{q}{\frac{\pi}{4}(D^2 - d^2)}$$

式中，D，d 分别为液压缸的活塞直径和活塞杆直径；q 为进入液压缸的流量。

2. 两种慢速之间的换接回路

在机床液压传动中，慢速回路一般用到调速阀，两种慢速的转换通过两个调速阀并联或串联实现。图 7-32 所示为两个调速阀并联换接回路，该回路用二位三通电磁换向阀 3 进行两种慢速的切换，两个调速阀各自独立调节流量，互不影响；一个调速阀工作时，另一个调速阀无油通过，在换接过程中，定差减压阀的开口处于最大位置，速度换接时有大量的油液通过，使执行元件出现突然前冲的现象。图 7-33 所示为两个调速阀串联换接电路，这两个调速阀的流量不同，从而实现两种慢速的换接。这种回路的速度换接平稳性较好，但回路能量损失较大。

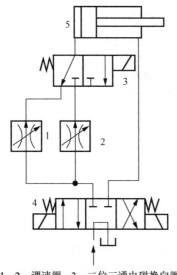

1，2—调速阀　3—二位三通电磁换向阀
4—三位四通电磁换向阀　5—液压缸

图 7-32　两个调速阀并联换接回路

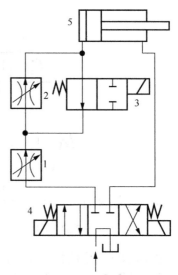

1，2—调速阀　3—二位二通电磁换向阀
4—三位四通电磁换向阀　5—液压缸

图 7-33　两个调速阀串联换接回路

7.3　方向控制回路

方向控制回路作用是通过控制液压系统各油路的接通、切断或改变流向，使执行元件按照需要相应地启动、停止或改变运动方向等一系列动作。实现这些控制功能的回路称为方向控制回路，包括换向回路、浮动回路和锁紧回路等。

7.3.1　换向回路

1. 换向阀换向回路

换向回路的作用是变换执行元件的运动方向。对换向回路的要求是换向迅速、换向位置准确和运动平稳无冲击。在液压系统中，换向阀换向是最常用的换向方式。图 7-34 所示为采用三位四通换向阀的换向回路，实现液压缸活塞杆的伸出、停止和缩回。当三位四通换向阀 3 处于左位时，液压油进入液压缸 4 的左腔，活塞杆伸出；当三位四通换向阀 3 处于中位时，液压油直接回到油箱，液压泵卸荷，执行元件处于停止状态；当三位四通换向阀 3 处于右位时，液压油进入液压缸的右腔，左腔回油，活塞杆缩回。

2. 双向变量泵换向回路

双向变量泵换向回路如图 7-35 所示，该回路中的执行元件为定量液压马达 7，动力元件为双向变量泵 5，通过改变双向变量泵 5 的斜盘倾斜角方向，改变油液的进、出口方向，从而使定量液压马达换向。

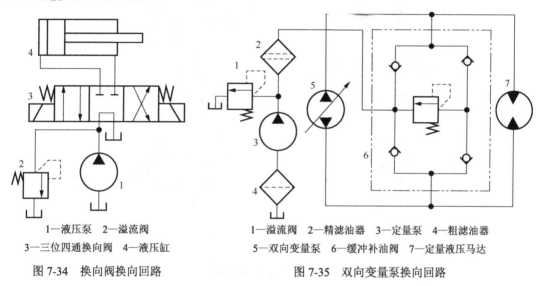

1—液压泵 2—溢流阀
3—三位四通换向阀 4—液压缸

图 7-34 换向阀换向回路

1—溢流阀 2—精滤油器 3—定量泵 4—粗滤油器
5—双向变量泵 6—缓冲补油阀 7—定量液压马达

图 7-35 双向变量泵换向回路

7.3.2 浮动回路

浮动回路的作用是使执行元件处于无约束的自由状态，在油路中就是使执行元件的进、出油口连通或同时使它们连通油箱。

1. 利用换向阀实现浮动回路

利用 H 型或 Y 型换向阀的中位机能可以实现浮动回路。换向阀中位浮动回路如图 7-36（a）所示，换向阀在中位时液压马达的进、出油口均和油箱连通，液压马达就处于浮动状态。图 7-36（b）所示为起重机的液压马达实现浮动的回路，当二位二通手动换向阀 2 在下位时，液压马达的进、出油口连通（处于浮动状态），吊钩在重力作用下无约束快速下降，即抛钩，此时，液压马达如果有泄漏，可以通过单向阀 3 自动补油。图 7-36（c）所示为 TY180 型推土机推土铲的液压回路，即换向阀处于浮动位时的浮动回路。其中，四位五通手动换向阀 4 比常用的三位换向阀多一个浮动位。当推土机进行场地平整作业时，四位五通手动换向阀 4 处于右端的浮动位，这样，推土机的推土铲能够随着地面的起伏而作上下移动。

2. 利用补油阀实现浮动回路

图 7-36（d）所示为装载机的铲斗油路，即补油阀浮动回路。在卸料时应让铲斗依靠自重自由快速翻转，翻转到极限位置时撞击限位块，以便将铲斗内的剩料振落。该回路实现的过程：卸料时三位四通手动换向阀 1 在左位，液压油进入液压缸 6 的小腔，大腔回油（连通油箱），使铲斗翻转。铲斗重心越过铰支点后便在重力作用下加速翻转，液压泵供油不及时，小腔会暂时出现真空，缓冲补油阀 5 的单向阀打开进行补油，小腔就连通了油箱，液压缸 6 在铲斗加速翻转时实现浮动。

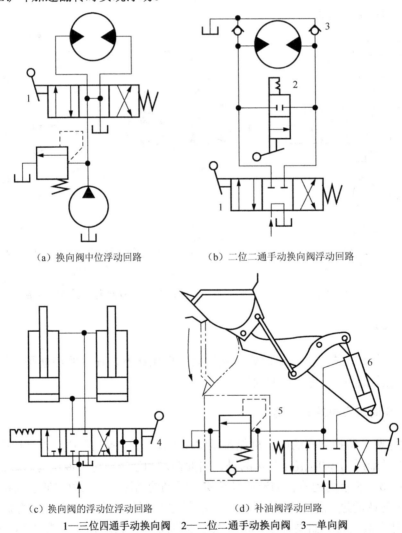

（a）换向阀中位浮动回路　　　　　　（b）二位二通手动换向阀浮动回路

（c）换向阀的浮动位浮动回路　　　　（d）补油阀浮动回路

1—三位四通手动换向阀　2—二位二通手动换向阀　3—单向阀

4—四位五通手动换向阀　5—缓冲补油阀　6—液压缸

图 7-36　4 种浮动回路

7.3.3 锁紧回路

锁紧回路的作用是在执行元件不工作时，使其准确地停留在原来的位置上，不因泄漏而改变位置。锁紧回路是对于液压缸而言的，液压马达由于间隙密封，无法锁紧，因此在要求高的场合，液压马达都带有制动器。

汽车起重机的支腿在汽车行驶过程、吊起重物时受到外负载和自重的作用，如果此时液压系统中的油液泄漏，就会有支腿自动落下或软腿的危险，这种情况下就需要采用锁紧回路。图 7-37 所示为液压起重机支腿的锁紧回路，该回路为液控单向阀锁紧回路。回路中采用的两个液控单向阀（双向液压锁），可以使液压缸长时间被锁紧。选择配合双向液压锁的换向阀时，最好采用 H 型中位机能的换向阀。这样，换向阀一回到中位，液控单向阀的控制压力立即被卸掉，液控单向阀处于关闭状态。双向液压锁一般直接安装在液压缸上，中间不用软管连接，因此不会因软管爆裂而发生事故，起到安全保护作用。

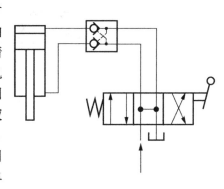

图 7-37　液控单向阀锁紧回路

【例题】 在图 7-38 所示的液压系统中，两个液压缸的有效面积 $A_1=A_2=100\text{cm}^2$，液压泵流量 $q_p=40$ L/min，溢流阀的调定压力 $p_y=4\text{MPa}$，减压阀的调定压力 $p_j=2.5\text{MPa}$。假设液压缸 2 无负载，当作用在液压缸 1 上的负载 F_1 分别是 0N、15×10^3N、43×10^3N 时，若不计损失并忽略误差，在只有电磁铁 2YA 通电的情况下，请分析在移动时和到达行程终点停止移动时两个液压缸的压力、移动速度及溢流阀的溢流量。

解： 设本例题中的两个液压缸分别为液压缸 1 和液压缸 2。当液压缸 1 上的负载 $F_1=0$ 时，如果忽略误差，那么理论上液压缸 1 和液压缸 2 同时移动；当液压缸 1 上的负载 $F_1>0$ 时，由于液压缸 2 无负载，因此它先动作，液压泵以全流量为之供油；在液压缸 2 移动到行程终点后，液压缸 1 才开始移动。

下面具体分析液压缸 1 在 3 种负载作用下的情况。

当 $F_1=0$N 时的情况分析如下。

（1）液压缸 1、液压缸 2 向右移动（此时电磁铁 2YA 通电）时，

① 液压缸的工作压力为

$$p_1 = p_2 = 0$$

② 液压缸的移动速度为

$$v_1 = v_2 = \frac{q_p}{2A_1} = \frac{40\times10^{-3}(\text{m}^3/\text{min})}{2\times100\times10^{-4}(\text{m}^2)} = 2\text{m}/\text{min}$$

③ 溢流阀的溢流量为

$$q_y = 0$$

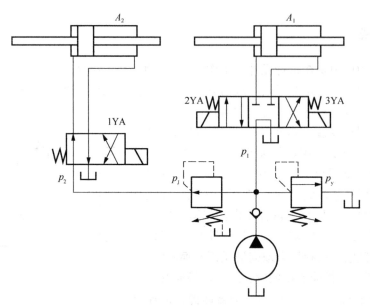

图 7-38　液压系统

（2）到达行程终点停止移动时，溢流阀打开溢流。此时，$q_y = q_p = 40 \text{L/min}$，减压阀处于工作状态。

液压缸 1 的压力为

$$p_1 = p_y = 4\text{MPa}$$

液压缸 2 的压力为

$$p_2 = p_j = 2.5\text{MPa}$$

当 $F_1 = 15 \times 10^3 \text{N}$ 时的情况分析如下。

（1）液压缸 2 移动但没有到达行程终点时，

① 由于液压缸 2 无负载，因此其压力为

$$p_1 = p_2 = 0$$

此时，减压阀和溢流阀都没有起作用。

② 液压缸 2 的移动速度为

$$v_2 = \frac{q_p}{A_2} = \frac{40 \times 10^{-3} (\text{m}^3 / \text{min})}{100 \times 10^{-4} (\text{m}^2)} = 4\text{m} / \text{min}$$

③ 溢流阀的溢流量。

$$q_y = 0$$

（2）当液压缸 2 到达行程终点停止移动时，液压缸 1 开始移动。这时液压缸 1 的压力和速度分别为

① $p_1 = \dfrac{F_1}{A_1} = \dfrac{15 \times 10^3 (\text{N})}{100 \times 10^{-4} (\text{m}^2)} = 1.5\text{MPa}$

② $v_1 = \dfrac{q_p}{A_1} = \dfrac{40 \times 10^{-3} (\mathrm{m^3/min})}{100 \times 10^{-4} (\mathrm{m^2})} = 4\mathrm{m/min}$

此时，系统压力值没有达到减压阀和溢流阀的调定压力值，这两个阀依然没有动作。

$$p_1 = p_2 = 1.5\mathrm{MPa}$$

③ 溢流阀的溢流量。

$$q_y = 0$$

（3）液压缸 1 和液压缸 2 都到达行程终点停止移动时，

$$p_1 = p_y = 4\mathrm{MPa}$$
$$p_2 = p_j = 1.5\mathrm{MPa}$$
$$v_1 = v_2 = 0$$
$$q_y = q_p = 40\mathrm{L/min}$$

当 $F_1 = 43 \times 10^3 \mathrm{N}$ 时的情况分析如下。

（1）液压缸 2 运动时（这时液压缸 1 暂时不移动）：

$$p_1 = p_2 = 0$$
$$v_2 = \frac{q_p}{A_1} = \frac{40 \times 10^{-3} (\mathrm{m^3/min})}{100 \times 10^{-4} (\mathrm{m^2})} = 4(\mathrm{m/min})$$

溢流阀的溢流量为

$$q_y = 0$$

（2）液压缸 2 到达行程终点停止移动后，液压缸 1 开始移动。

负载压力为

$$p_1 = \frac{F_1}{A_1} = \frac{43 \times 10^3 (\mathrm{N})}{100 \times 10^{-4} (\mathrm{m^2})} = 4.3\mathrm{MPa} > p_y = 4\mathrm{MPa}$$

此时，液压缸 1 的负载压力值大于溢流阀的调定压力值，使溢流阀打开溢流。因此，可得

$$p_1 = p_y = 4\mathrm{MPa}$$
$$p_2 = p_j = 2.5\mathrm{MPa}$$

此时，负载压力 p_1 值大于溢流阀的调定压力 p_y 值，同时也大于减压阀的调定压力 p_j 值，减压阀处于工作状态但没有油液通过。

溢流阀的溢流量为

$$q_y = q_p = 40\mathrm{L/min}$$

7.4　多执行元件控制回路

当液压回路中有多个执行元件时，它们之间协调动作、互不影响是这类回路的基本要求。多个执行元件运动时的不同要求：有时要求多个执行元件顺序动作，有时要求执行元

件同步；多执行元件的控制分为顺序动作回路、同步回路和多缸快慢速互不干扰回路。

7.4.1 顺序动作回路

在液压系统中对控制执行元件的动作顺序有一定要求，例如，在机床上加工工件时，必须将工件定位并卡紧后，才能进行切削加工。为了依次完成这几个动作，需要用顺序动作回路进行控制。顺序动作回路的作用是保证执行元件按照预定的先后顺序完成各种动作。按照控制方式的不同，可以分为时间控制顺序动作回路、行程控制顺序动作回路和压力控制顺序动作回路。

1. 时间控制顺序动作回路

时间控制顺序动作回路是指一个液压缸先动作、经过预定的时间后另一个液压缸再动作的控制方式。时间控制顺序动作回路一般利用延时阀或时间继电器控制执行元件的动作顺序，但这些常规控制元件的控制精度比较低，现在很少采用。对比较复杂的液压系统，进行时间控制时可以采用计算机控制。

2. 行程控制顺序动作回路

行程控制顺序动作回路是指某一执行元件完成工作行程后启动另一个执行元件的控制方式。图 7-39 所示为采用行程阀控制的顺序动作回路，在该回路中，液压缸按顺序实现动作①、②、③、④。在图示状态下执行元件静止，两个液压缸的活塞均在左端。推动手动换向阀 3 的手柄，使其以左位接入油路，液压缸 1 的活塞向右移动，完成动作①；当液压缸 1 的活塞运动到终点时，机动换向阀 4 被活塞上挡块压下，使其换位，液压缸 2 的活塞向右移动，完成动作②；手动换向阀 3 复位后，实现动作③；随着挡块的后移，机动换向阀 4 复位，液压缸 2 活塞退回，实现动作④。利用行程阀控制的优点是位置精度高、平稳可靠，缺点是行程和顺序不容易更改。

图 7-40 为采用行程开关控制的顺序动作回路。在图示状态下，两个液压缸的活塞均在左端，执行元件静止不动。当电磁换向阀 3 的电磁铁通电时，其以左位接入油路，液压缸 1 的活塞向右移动，完成动作①；当液压缸 1 的活塞运动到终点后触动行程开关 S_2，使电磁换向阀 4 的电磁铁通电使其切换到左位，液压缸 2 的活塞向右移动，完成动作②；当液压缸 2 的活塞运动到终点后触动行程开关 S_4，使电磁换向阀 3 的电磁铁断电，实现动作③；液压缸 1 的活塞运动到终点后触动行程开关 S_1，使电磁换向阀 4 的电磁铁断电，液压缸 2 的活塞退回，实现动作④；返回的液压缸 2 活塞在退回过程中触碰到 S_3 而结束整个行程。采用行程开关控制的顺序动作回路的优点是位置精度高，调整方便，并且可以更改顺序，因此应用较广。

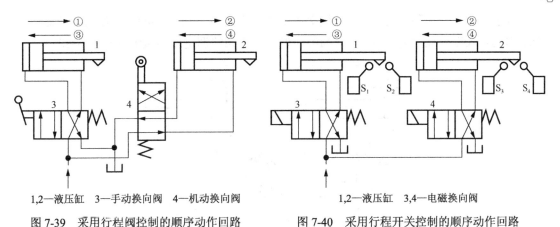

1，2—液压缸　3—手动换向阀　4—机动换向阀　　　　　　1，2—液压缸　3，4—电磁换向阀

图 7-39　采用行程阀控制的顺序动作回路　　　　　图 7-40　采用行程开关控制的顺序动作回路

3. 压力控制顺序动作回路

利用压力控制阀可以控制各个执行元件的顺序，这种控制方式的优点是动作灵敏，安装布置比较方便，缺点是可靠性不高，位置精度低。压力控制顺序动作回路分为顺序阀和压力继电器控制的顺序动作回路。

图 7-41 所示为采用顺序阀控制的顺序动作回路。当电磁换向阀 5 断电，其以右位接入回路，顺序阀 4 关闭（顺序阀 4 的调定压力必须大于液压缸 1 的活塞伸出时最大工作压力），液压油不能进入液压缸 2，只能进入液压缸 1 的左腔，液压缸 1 右腔的回油经顺序阀 3 的单向阀回到油箱，实现动作①；当液压缸 1 的伸出行程结束并到达终点后，压力升高，升高到顺序阀 4 调定压力时，顺序阀 4 打开，液压油进入液压缸 2 的左腔，实现动作②。同样道理，当电磁换向阀 5 以左位接入油路（顺序阀 3 的调定压力大于液压缸 2 的活塞缩回时的最大工作压力，顺序阀 3 关闭），液压油进入液压缸 2 的右腔，左腔经顺序阀 4 的单向阀回油，实现动作③；当液压缸 2 的缩回行程结束并到达终点后，油液压力升高，液压油顶开顺序阀 3 进入液压缸 1 的右腔，实现动作④。为了保证顺序动作的可靠性，顺序阀的调定压力值应比前一个动作的最大工作压力高出 0.8～1.0MPa，以免液压系统中的压力波动使顺序阀出现误动作。因此，这种回路只适用于液压缸数目不多、负载变化不大的场合。

图 7-42 所示为采用压力继电器控制的顺序动作回路。其工作过程如下：当电磁铁 1YA 通电时，电磁换向阀 5 以左位接入油路，液压油经电磁换向阀 5 左位进入液压缸 1 左腔，右腔回油，实现动作①；液压缸 1 的活塞向外伸出并到达终点后，压力升高，当压力达到压力继电器 3 的调定压力时，发出电信号，使电磁铁 3YA 通电（此时电磁铁 1YA 还处于通电状态），电磁换向阀 6 以左位接入油路，液压油进入液压缸 2 的左腔，右腔回油，实现动作②；当电磁铁 3YA 断电、电磁铁 4YA 通电时，电磁换向阀 6 以右位接入油路，液压油进入液压缸 2 右腔，左腔回油，实现动作③；当液压缸 2 活塞的缩回行程结束并到达终点后，压力升高，压力继电器 4 发出电信号，使电磁铁 2YA 通电，电磁铁 1YA 断电，电磁换向阀 5 以右位接入油路，液压油进入液压缸 1 的右腔，左腔回油，实现动作④。这样，

就完成了一个工作循环。为了保证顺序动作的可靠性，压力继电器的调定压力值应比前一个动作的最大工作压力高出 0.3～0.5MPa，但比溢流阀的调定压力值低 0.3～0.5MPa。

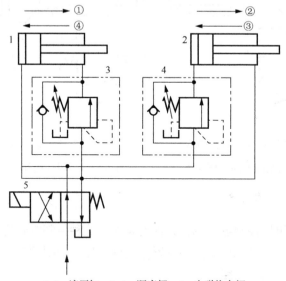

1,2—液压缸　3,4—顺序阀　5—电磁换向阀

图 7-41　采用顺序阀控制的动作回路

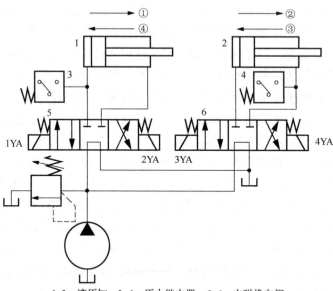

1,2—液压缸　3,4—压力继电器　5,6—电磁换向阀

图 7-42　采用压力继电器控制的顺序动作回路

7.4.2　同步回路

同步回路的作用是保证两个执行元件以相同的位移或相同的速度运动。

1. 采用同步阀的同步回路

同步阀分为分流阀、集流阀和分流-集流阀，分流阀等量分配流量，集流阀等量汇集流量，分流-集流阀既等量分配流量又等量汇集流量。图 7-43 所示为采用同步阀（分流阀）的同步回路。在该回路中，如果其中一个液压缸先到达行程终点，就可以经阀内节流孔窜油，使各个液压缸每一个动作循环都能到达终点，从而消除累积误差。

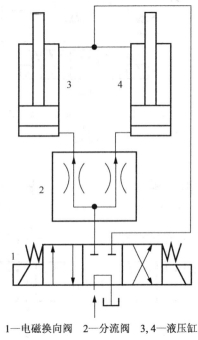

1—电磁换向阀　2—分流阀　3,4—液压缸

图 7-43　采用同步阀的同步回路

2. 采用分流马达的同步回路

采用分流马达的同步回路如图 7-44 所示，该回路中分流马达把流量均分为两份，使液压缸的双向运动都能实现同步。回路中设置的二位二通电磁阀用来消除累积误差。

3. 变量泵-等量马达同步回路

在挖掘机的行走履带驱动机构中采用了变量泵-等量马达同步回路，如图 7-45 所示。该回路中两个液压泵为同轴等速转动的等排量同步变量泵，流量的大小由两个液压泵的压力和确定，两个液压泵同步变量，流量保持相等。两个马达排量相同，即两个马达的转速相同，保证挖掘机直线行走。单独操作某个换向阀就可消除累积误差，并能使挖掘机在行走过程中转向。这种回路会使同步精度会受到元件油液泄漏量的影响，但无节流损失。

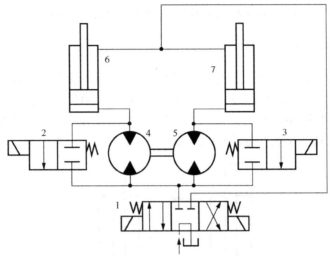

1—三位四通电磁换向阀　2,3—二位二通电磁换向阀　4,5—定量马达　6,7—液压缸

图 7-44　分流马达的同步回路

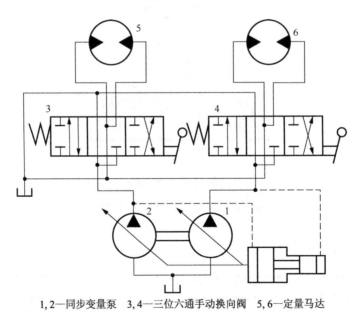

1,2—同步变量泵　3,4—三位六通手动换向阀　5,6—定量马达

图 7-45　变量泵-等量马达同步回路

7.4.3　多缸快慢速互不干扰回路

多缸快慢速互不干扰回路的作用是避免液压系统中的几个液压缸因速度不同而在动

作上受干扰。图 7-46 所示为由双泵供油的多缸快、慢速互不干扰回路。图中液压缸 A、B 各自动作，互不影响，分别完成"快进→工进→快退"动作的自动循环。其工作原理：在图示的状态下液压缸原位停止，当二位五通电磁换向阀 5、6 的电磁铁通电时，液压缸均由大流量液压泵 2 供油，经过二位五通电磁换向阀 5、6 各自的左位，形成差动连接，两个液压缸都实现快进的动作。

　　如果液压缸 A 先完成快进动作，由挡块和行程开关（图中未标出）使二位五通电磁换向阀 7 的电磁铁通电，同时二位五通电磁换向阀 6 的电磁铁断电。此时，大流量液压泵 2 进入液压缸 A 的油路被切断，高压小流量泵 1 的进油路打开，通过调速换向阀 8 进行节流调速，液压油经由二位五通电磁换向阀 7 左位、单向阀、二位五通电磁换向阀 6 右位进入液压缸 A 左腔，使液压缸 A 实现工进动作。此时，液压缸 B 仍然快进，不受液压缸 A 工进动作的影响。

　　当两个液压缸都转为工进后，它们都由高压小流量泵 1 供油。此后，若液压缸 A 又先完成工进，则行程开关使二位五通电磁换向阀 7、6 的电磁铁均断电，液压缸 A 由大流量液压泵 2 供油进行快退，不影响液压缸 B 的工进。当电磁铁都断电时，两个液压缸都停止运动，并被锁在图 7-46 中所示的位置上。

　　由此可见，这个回路之所以能够防止多缸的快慢速运动互相干扰，是因为快速和慢速运动各由一个液压泵供油，并且各个二位五通电磁换向阀进行有机控制。

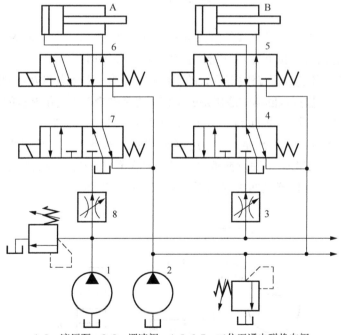

1,2—液压泵　3,8—调速阀　4,5,6,7—二位五通电磁换向阀

图 7-46　由双泵供油的多缸快、慢速互不干扰回路

本 章 小 结

通过本章学习，理解由各种元件有序组合构成的多种液压基本回路（见图 7-47）。结合液压元件的工作原理、功用和特性，要求掌握各类液压基本回路的原理、特点，并且能灵活应用，在进行复杂液压系统设计时，可以把它们有机地组合，从而满足所设计的液压系统的工作要求。

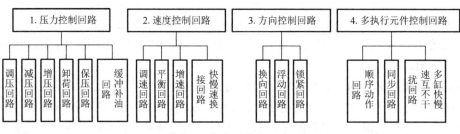

图 7-47　液压基本回路

思考与练习

7-1　在图 7-48 中，若溢流阀的压力分别为 $p_{y1}=6MPa$，$p_{y2}=4.5MPa$，液压泵出口处的负载阻力为无限大，试问在不计管道损失和调压偏差时：

（1）换向阀以下位接入回路时液压泵的工作压力是多少？A 点和 B 点的压力各为多少？

（2）换向阀以上位接入回路时液压泵的工作压力是多少？A 点和 B 点的压力各为多少？

7-2　在图 7-49 所示的回路中，已知活塞运动时的负载 R =1200N，活塞面积 $A_1=15\times10^{-4}m^2$，溢流阀的调定压力 p_p=4.5MPa，两个减压阀的调定压力分别为 $p_{j1}=3.5MPa$，$p_{j2}=2MPa$。假设油液流过减压阀及管道时的损失忽略不计，试确定活塞在运动过程和停在终点位置这两种情况下，A、B、C 点的压力。

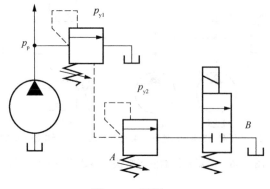

图 7-48　习题 7-1

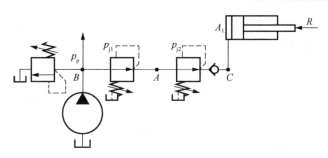

图 7-49　习题 7-2

7-3　在图 7-50 所示的液压系统中，液压缸的大腔面积为 $100cm^2$，小腔面积为 $50cm^2$，液压缸 I 的工作负载 $R_1=35000N$，液压缸 II 的工作负载 $R_2=25000N$，溢流阀、顺序阀和减压阀的调定压力分别为 5MPa、4 MPa 和 3 MPa。不计摩擦阻力、惯性力、管道和换向阀的压力损失，试求在下列情况下 A、B、C 点的压力：

（1）液压泵启动后，两个换向阀处于中位时。

（2）电磁铁 1YA 断电，电磁铁 2YA 通电，液压缸 II 工进时和碰到固定挡块时；

（3）电磁铁 2YA 断电，电磁铁 1YA 通电，液压缸 I 运动时和到达终点后突然失去负载时。

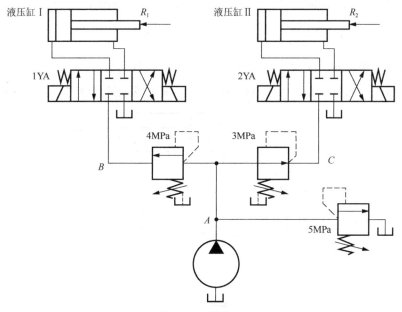

图 7-50　习题 7-3

7-4　在图 7-51 所示的卡紧回路中，溢流阀调定压力 $p_y = 5MPa$，减压阀调定压力 $p_j = 2.5MPa$，试分析：

（1）液压缸在未卡紧工件前作空载运动时 A、B、C 点的压力各是多少？

（2）液压缸卡紧工件后，液压泵的出口压力为 5MPa，A、B、C 点的压力各是多少？

（3）液压缸卡紧工件后，因其他执行元件的快进而使液压泵的出口压力降至 1.5MPa 时，A、C 点的压力各是多少？

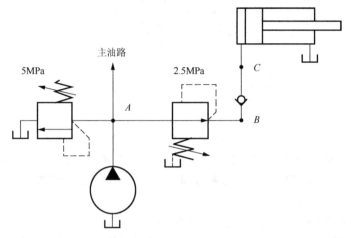

图 7-51 习题 7-4

7-5 在图 7-52 所示的旁路节流调速回路中，已知液压泵的流量 $q_p = 10\,\text{L/min}$，液压缸有效面积 $A_1 = 2A_2 = 50\,\text{cm}^2$，工作负载 $R = 1000\text{N}$，溢流阀的调定压力 $p_y = 2.4\text{MPa}$，通过节流阀的流量 $q = C_d A_T \sqrt{\dfrac{2}{\rho}\Delta p}$，式中，$C_d = 0.62$，$\rho = 870\,\text{kg/m}^3$，试求：

（1）当节流阀的开口面积 $A_T = 0.01\,\text{cm}^2$ 时，活塞的移动速度和液压缸的工作压力。

（2）当节流阀的开口面积 $A_T = 0.05\,\text{cm}^2$ 时，活塞的移动速度和液压缸的工作压力。

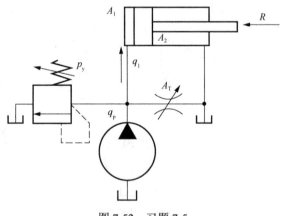

图 7-52 习题 7-5

7-6 在图 7-53 所示的调速阀节流调速回路中，已知 $q_p = 25\,\text{L/min}$，$A_1 = 100 \times 10^{-4}\,\text{m}^2$，$A_2 = 50 \times 10^{-4}\,\text{m}^2$，外负载 F 由零增至 30000N 时活塞向右移动的速度基本无变化，即 $v = 0.2\,\text{m/min}$。若调速阀要求的最小压力差为 $\Delta p_{\min} = 0.5\text{MPa}$，求：

（1）不计调压偏差时溢流阀调的定压力是多少？液压泵的工作压力是多少？

（2）液压缸可能达到的最高工作压力是多少？

（3）回路的最高效率是多少？

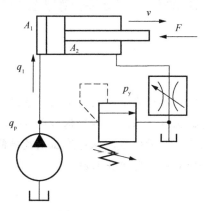

图7-53　习题7-6

7-7　如图7-54所示，已知两个液压缸1、2的活塞面积相同，液压缸无杆腔面积 $A_1 = 20 \times 10^{-4} \, \mathrm{m}^2$，但负载分别为 R_1=8000N，R_2=4000N。如果溢流阀的调定压力 $p_y = 4.5 \mathrm{MPa}$，试分析减压阀的调定压力值分别为1MPa和2MPa时，两个液压缸的动作情况。

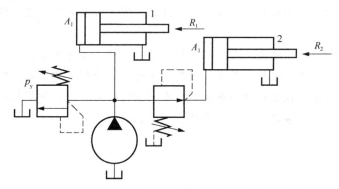

图7-54　习题7-7

7-8　请根据先导型溢流阀工作原理分析图7-2中先导型溢流阀2的调定压力值比先导型溢流阀4的调定压力值大得多的原因。

第8章 典型液压系统

教学要求

本章介绍组合机床动力滑台液压系统、液压机液压系统、汽车起重机液压系统、塑料注射成形机液压系统、挖掘机液压系统、带钢张力电液伺服液压系统这些典型液压系统的知识，要求读者掌握液压系统的组成，从对液压系统性能要求、液压系统原理和液压系统特点3个方面学习如何分析实际液压系统。

引 例

随着我国经济快速发展，城市建设、兴修水利等项目日新月异，随处可见开工建设的各种场面。在繁重的工程建设任务中，挖掘机起着极其重要的作用。挖掘机可以减轻人们繁重的体力劳动，加快建设速度，在保证工程质量的前提下，能有效地提高劳动生产率。

挖掘机是一种多功能机械，在水利工程、建筑工程、交通运输、矿山采掘等施工方面应用非常广泛。由于挖掘机功能多、效率高等优点，受到了建设施工单位的青睐。挖掘机如例图 8-1 所示，挖掘机的液压系统具有什么特点？通过对挖掘机及其他典型液压系统的学习，在设计其他液压系统时会给我们什么启发呢？

例图 8-1　挖掘机

液压传动技术在工程机械、机床、成形机械、冶金机械、矿山机械、农业机械、船舶、电子、纺织等各行业的设备上得到了广泛应用，相应的液压传动系统种类繁多，不胜枚举。本章选择了 6 种典型液压传动系统，通过对这些液压系统分析和学习，掌握其组成规律，为分析和设计其他的液压系统提供参考，为液压系统的安装、调试、使用和维修提供理论依据。

在对液压传动系统进行分析时，需要阅读液压系统原理图，正确阅读液压系统原理图的一般步骤如下。

（1）了解液压系统的用途、工作循环动作、应具有的性能和对液压系统的要求。

（2）分析该系统由哪些基本回路组成，弄清各个液压元件的类型、性能、功用和相互间的连接关系。

（3）按照工作循环动作顺序，分析并依次写出完成各个动作的相应油路，即油液流经路线。

（4）对液压系统进行评价，找出其特点。

由于液压系统原理图在分析时相对复杂，因此阅读其原理图时需要注意：

（1）当液压系统转换工作状态时，注意分析是由哪个元件发出信号的，使哪个控制元件完成相应的动作，改变什么通路状态，执行元件进行何种状态的转换。

（2）分清主油路和控制油路。主油路分析包括进油路和回油路；从液压泵开始到执行元件，构成进油路；回油路从执行元件的回油经过各个液压元件一直到油箱。必要时，在分析各个油路动作的基础上，列出电磁铁和其他控制元件的动作顺序表。

8.1　组合机床动力滑台液压系统

8.1.1　YT 4543 型动力滑台液压系统的性能要求

动力滑台（见图 8-1）是组合机床上用来实现进给运动的动力部件，属于通用部件。YT 4543 型动力滑台根据需要配以各种切削头及支撑部件，组成不同类型的组合机床，实现钻、扩、铰、镗、铣、刮端面、倒角和攻螺纹等加工工序。动力滑台在液压缸的驱动下实现进给运动，根据被加工工件的要求进行不同的工作循环，通常实现的工作循环为快进→一工进→二工进→固定挡块停留→快退→原位停止。

图 8-1　动力滑台

动力滑台对液压系统性能的要求：

（1）在变负载下工作时动力滑台的进给速度稳定，特别是在以最小进给速度工作时，仍能保持稳定的速度。

（2）能承受给定的最大负载，有较大的“工进”调速范围，以适应不同工序的工艺要求。例如，钻孔时轴向进给力和进给量都较大，而精镗时进给力和进给量却不大，这就要求动力滑台满足不同的具体要求。

（3）能实现快速、慢速的速度要求，不同速度之间要平稳换接，并能合理地利用能量，提高系统效率，减少发热量。

（4）能严格实现各个执行元件的顺序动作。

8.1.2　YT 4543 型动力滑台液压系统的工作原理

图 8-2 所示为 YT 4543 型动力滑台的液压系统组成。该系统为开式系统，采用容积节流调速方式，由限压式变量叶片泵供油、电液换向阀换向、液压缸差动增速回路实现快进；用行程换向阀实现快进与工进的转换、用二位二通电磁换向阀进行两个工进速度之间的转换，为保证进给的尺寸精度，采用固定挡块停留限位。其工作原理和过程如下。

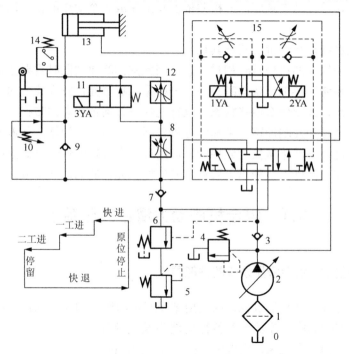

0—油箱　1—滤油器　2—限压式变量泵　3,7,9—单向阀　4—安全阀　5—背压阀　6—顺序阀
8,12—调速阀　10—行程换向阀　11—二位二通电磁换向阀　13—液压缸　14—压力继电器　15—电液换向阀

图 8-2　YT 4543 型动力滑台的液压系统组成

（1）快进。按下启动按钮，电磁铁 1YA 通电，该电磁换向阀切换到左位，使电液换向阀 15 的主阀以左位接入系统，主油路中的油液循环路径如下。

进油：油箱 0→滤油器 1→液压泵 2→单向阀 3→电液换向阀 15（左位）→行程换向阀 10（下位）→液压缸的左腔。

回油：液压缸的右腔→电液换向阀 15（左位）→单向阀 7→行程换向阀 10（下位）→液压缸左腔。

此时，液压缸 13 为差动连接。另外，由于负载小，系统压力小，限压式变量泵输出的流量大，这也会使执行元件快进，因此，作为执行元件的液压缸 13 得到比较高的快进速度，相应的动作是快进。

（2）一工进。当动力滑台快速运动到预定位置时，执行元件进入工进阶段。动力滑台上的行程挡块压下行程换向阀 10 的阀芯，切断该油路，使液压油不能通过行程换向阀 10，只能经过调速阀 8 进入液压缸的左腔。由于油液流经调速阀节流，加上负载的作用，因此系统压力上升，使外控顺序阀 6 打开。此时，单向阀 7 的上部压力大于下部压力，使单向阀 7 关闭，从而切断液压缸差动回路，回油经外控顺序阀 6 和背压阀 5 流回油箱，此时的油路连接使动力滑台转换为第一次工作进给。该油路中的油液循环路径如下。

进油：油箱 0→滤油器 1→限压式变量泵 2→单向阀 3→电液换向阀 15（左位）→调速阀 8→二位二通电磁换向阀 11（右位）→液压缸 13 左腔。

回油：液压缸 13 右腔→电液换向阀 15（左位）→顺序阀 6→背压阀 5→油箱 0。

因为工作进给时负载的作用和调速阀 8 的节流作用使系统压力升高，所以限压式变量泵 2 的输出流量减小，以适应工作进给时负载的需求，进给速度的大小可用调速阀 8 调节。

（3）二工进。一工进结束后，行程挡块压下行程开关（图中未标出）使电磁铁 3YA 通电，二位二通电磁换向阀 11 切换到左位工作。这时，进油须经过调速阀 8、调速阀 12 才能进入液压缸的左腔，由于调速阀 12 的开口量小于调速阀 8 的开口量，因此进给速度再次降低。其他油路情况和一工进相同，该油路中的油液循环路径如下。

进油：油箱 0→滤油器 1→限压式变量泵 2→单向阀 3→电液换向阀 15（左位）→调速阀 8→调速阀 12→液压缸 13 的左腔。

回油：液压缸 13 的右腔→电液换向阀 15（左位）→顺序阀 6→背压阀 5→油箱 0。

（4）固定挡块停留。当动力滑台工作进给完毕之后，碰上固定挡块（图中未标出），动力滑台不再前进，停留在固定挡块处，则系统压力升高。当系统压力升高到压力继电器 14 的调定压力值时，压力继电器动作，使时间继电器（图中未标出）启动，时间继电器到预定时间后发出信号使动力滑台返回（快退），动力滑台的停留时间可由时间继电器调整。

（5）快退。时间继电器发出信号使电磁铁 2YA 通电，电磁铁 1YA 和电磁铁 3YA 断电，电液换向阀 15 的先导阀切换到右位，同时其主阀以右位接入油路。主油路的油液循环路径如下。

进油：油箱 0→滤油器 1→限压式变量泵 2→单向阀 3→电液换向阀 15（右位）→液压缸 13 的右腔。

回油：液压缸 13 的左腔→单向阀 9→电液换向阀 15（右位）→油箱 0。

快退时，一方面液压缸右腔的有效面积小，另一方面由于负载小，系统压力较低，限压式变量泵 2 的输出流量大，可以得到比较高的快退速度，相应的动作为快退。

（6）原位停止。当动力滑台退回到原位时，行程挡块压下行程开关（图中未标出），发出信号，使电磁铁 2YA 断电，电液换向阀 15 切换到中位，动力滑台停止运动。限压式变量泵 2 输出的油液经电液换向阀 15 中位直接回到油箱，此时，液压泵卸荷。YT 4543 型动力滑台液压系统的动作循环见表 8-1。

表 8-1　YT 4543 型动力滑台液压系统的动作循环

动作＼元件	1YA	2YA	3YA	压力继电器	行程换向阀
快进	+	−	−	−	导通
一工进	+	−	−	−	切断
二工进	+	−	+	−	切断
固定挡块停留	+	−	+	+	切断
快退	−	+	±	−	切断→导通
原位停止	−	−	−	−	导通

8.1.3　YT 4543 型动力滑台液压系统的特点

通过以上分析，可以得到该系统的特点：

（1）采用"限压式变量泵-调速阀"容积节流调速的设计方式，保证动力滑台在大负载下有稳定的低速运动、较好的速度刚性和较大的调速范围，并能减少系统发热量、减少能量损失；"进口节流调速回路"的设计使启动和快进转换工进时冲击能量较小；回油路上设置的背压阀不仅使运动平稳，而且能承受负方向负载。

（2）采用限压式变量泵和差动连接回路实现快进，能够合理地利用能量；由于叶片变量泵流量自动变化，而动力滑台调速范围大，在各种速度要求下该泵根据需要输出相应流量；工进时断开液压缸差动连接，只输出与液压缸工进速度相适应的流量；动力滑台停留时换向阀中位卸荷，只输出补偿系统泄漏所需的流量；因此，该系统功率利用合理，能量损失小，效率高，发热量少。

（3）采用电磁换向阀、电液换向阀、继电器（压力继电器、时间继电器）、固定挡块等元件进行各种速度之间的转换，既简化了机床电路，又保证了工作循环的自动完成，尤其是固定挡块停留保证了位置精度，适用于镗端面、镗阶梯孔、锪孔和锪端面等工序使用。

（4）采用行程换向阀和液控顺序阀作为快进和工进的转换方式，使转换的位置精度高，而且转换动作平稳可靠；采用电磁换向阀转换，一工进的速度比较低，能够满足要求；两个工进之间速度的换接是在两个串联的调速阀之间变换的，可以保证换接精度且换接平稳；固定挡块停留时利用压力继电器发出电信号进行自动控制，使液压缸中避免出现过大压力。

（5）利用限压式变量泵和液压缸右腔较小的有效面积，保证了快退的要求。

8.2　液压机液压系统

8.2.1　YB 32-200 型液压机液压系统的性能要求

液压机（见图 8-3）是利用液体静压力对金属、塑料、橡胶、木材、粉末等制件进行加工的机械。通常用于压制成形，如锻造、冲压、冷挤、校直、弯曲、薄板拉伸、粉末冶金、压装等。按照工作介质分类，液压机大致可分为水压机和油压机。以液压油作为工作介质的液压机称为油压机，以乳化液作为工作介质的液压机称为水压机。这里，仅介绍以液压油作为工作介质的液压机。

液压机大多为立式，其中以四柱式布局的形式最为典型：四个立柱之间安置着上、下两个液压缸，上面的液压缸用于加压，称为主液压缸；下面的液压缸用于成形件的顶出，称为顶出液压缸。液压机的液压系统压力高、流量大，要求系统效率高、功率损失小，还要防止泄压时产生的压力冲击。根据工作循环，液压机对其液压系统的基本要求如下。

（1）主液压缸实现"快速下行→慢速加压→保压延时→卸压→快速返回→原位停止"的工作循环；顶出液压缸要求驱动下滑块，以实现"向上顶出→停留→向下退回→原位停止"的动作循环。

（2）液压系统中的压力能保证产生较大的压制力，并能方便调节。

图 8-3　液压机

（3）液压机在工作过程中，空行程和加压行程的速度差异非常大，需要的流量差异相应较大，而且在空行程和加压行程中压力也相差悬殊。因此，要求功率利用合理，工作平稳，安全可靠。

8.2.2　YB 32-200 型液压机液压系统的工作原理

图 8-4 所示为 YB 32-200 型液压机液压系统组成，该系统由高压轴向柱塞恒功率变量泵 1（其变量机构为恒功率变量机构）向主油路供油，系统压力由安全阀 4 和远程调压阀 5 调定，最高压力为 32MPa，可利用远程调压阀调整系统压力，以适应不同工作的需要；执行机构利用电液换向阀换向，控制油路的液压油由定量泵 2 提供，并通过溢流阀 3 调定，以控制油压。下面通过主液压缸运动和顶出液压缸运动详细介绍该液压系统的工作原理。

1）主液压缸运动

（1）快速下行。按下启动按钮，电磁铁 1YA、5YA 通电，电磁换向阀 8 和电液换向阀 6 切换到左位，定量泵 2 提供控制油流经电磁换向阀 8 使液控单向阀 9 打开，恒功率变量泵 1 的液压油进入主液压缸 16 上腔，主液压缸 16 下腔回油到油箱。因主液压缸 16 的滑块在自重作用下迅速下降，恒功率变量泵 1 供油不及时而使工作压力降低，这时恒功率变量泵 1 流量最大，但仍不能满足滑块加速下降的需要，上腔形成负压，不足的部分通过充液油箱 15 经液控单向阀 14（按照其作用又被称为充液阀）向主液压缸 16 上腔供油，该油路中的油液循环路径如下。

进油：油箱 0→滤油器→恒功率变量泵 1→电液换向阀 6（左位）→单向阀 13→主液压缸 16 上腔。

补充进油：充液油箱 15→液控单向阀 14→主液压缸 16 上腔。

回油：主液压缸 16 下腔→液控单向阀 9→电液换向阀 6（左位）→电液换向阀 11（中

位）→油箱0。

回油控制油路：油箱→滤油器→定量泵2→电磁换向阀8（左位）→液控单向阀9。

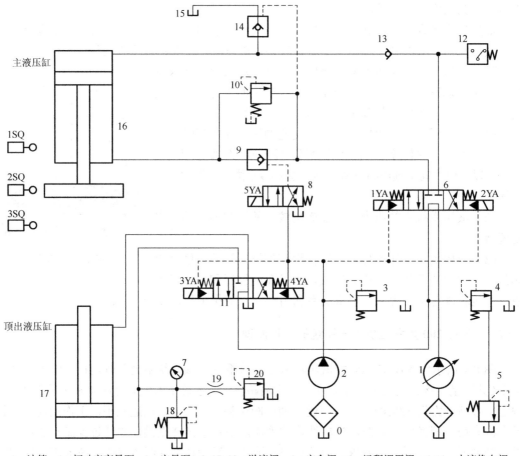

0—油箱　1—恒功率变量泵　2—定量泵　3, 17, 19—溢流阀　4—安全阀　5—远程调压阀　6, 11—电液换向阀
7—压力表　8—电磁换向阀　9, 14—液控单向阀　10—顺序阀　12—压力继电器　13—单向阀
15—充液油箱　16—主液压缸　17—顶出液压缸　18, 20—溢流阀　19—节流阀

图 8-4　YB 32-200 型液压机的液压系统组成

（2）慢速接近工件、加压。在主液压缸 16 下降过程中，主液压缸 16 上的挡块压下行程开关 2SQ，使电磁铁 5YA 断电，电磁换向阀 8 回位，液控单向阀 9 由于控制压力被卸掉而关闭，主液压缸回油遇到障碍，但是当主液压缸下腔压力增大到足以使顺序阀 10 打开，主液压缸 16 下腔的液压油就可以回油箱，回油阻力使主液压缸 16 下降速度减慢，主液压缸上腔压力升高，使液控单向阀 14 关闭。这时恒功率变量泵 1 的供油能够满足主液压缸运动的需要：主液压缸 16 慢速接近工件；当主液压缸 16 上的滑块接触工件后阻力急剧增加，上腔的压力进一步升高，液压泵的流量进一步减小，主液压缸 16 以极慢的速度对工件加压。

该油路中的油液循环路径如下。

进油：油箱 0→滤油器→恒功率变量泵 1→电液换向阀 6（左位）→单向阀 13→主液压缸 16 上腔；

回油：主液压缸 16 下腔→顺序阀 10→电液换向阀 6（左位）→电液换向阀 11（中位）→油箱 0。

（3）保压延时。在对工件加压过程中，当系统压力升高到压力继电器 12 的调定压力值时，该继电器发出电信号使电磁铁 1YA 断电，电液换向阀 6 回到中位，恒功率变量泵 1 卸荷。单向阀 13 和液控单向阀 14 具有良好的锥面密封性，使主液压缸 16 上腔保持压力，保压时间由时间继电器控制。

（4）卸压、快速返回。保压时间结束后，时间继电器（图中未标出）发出信号使电磁铁 2YA 通电，电液换向阀 6 切换到右位，主液压缸活塞返回原位。但是，此时主液压缸上腔保持着高压，并且主液压缸的直径比较大，缸内油液在加压过程中存储了相当大的能量，如果这时主液压缸 16 上腔液压油立即回流油箱，缸内液体积蓄的能量突然被释放出来，就会产生液压冲击能量，造成振动、噪声甚至使液压系统元件破坏。因此，主液压缸 16 返回这个过程需要分成两步完成：第一步必须先卸掉上腔的高压力，第二步再让主液压缸活塞快速返回。

在电磁铁 2YA 通电、电液换向阀 6 以右位接入液压系统后，主液压缸上腔还处于高压状态，回油路上有单向阀 13 和液控单向阀 14 使之不能回油，以至于虽然下腔承受恒功率变量泵 1 的液压油却无法进油。由图 8-4 可以看出，恒功率变量泵 1 的液压油除了经过液控单向阀 9 作用在主液压缸 16 下腔上，同时还作用在液控单向阀 14 卸荷阀芯上。液压油先使液控单向阀 14 的小阀芯打开，主液压缸 16 上腔卸压，完成主液压缸 16 返回的第一步；接着下一步主液压缸快速返回：在主液压缸 16 上腔完成卸压之后，恒功率变量泵 1 的液压油进入主液压缸 16 的下腔，同时液控单向阀 14 的主阀芯打开，主液压缸上腔的油液经过液控单向阀 14 流回充液油箱 15，主液压缸 16 快速返回。由于主液压缸 16 返回时仅仅克服主液压缸滑块和活塞等的自重及其摩擦力，因此液压泵的压力比较低，流量大。同时，主液压缸 16 下腔的有效面积比较小，因此它可以得到较高的返回速度。在快速返回过程中，油液的循环路径如下。

卸压：油箱 0→滤油器→恒功率变量泵 1→电液换向阀 6 右位→液控单向阀 14（主阀芯打开、主液压缸 16 上腔卸压）→充液油箱 15。

进油：油箱 0→滤油器→恒功率变量泵 1→电液换向阀 6（右位）→液控单向阀 9→主液压缸 16 下腔。

回油：主液压缸 16 上腔→液控单向阀 14→充液油箱 15。

（5）原位停止。原位停止是指主液压缸滑块上升至预定高度，挡块压下行程开关 1SQ，使电磁铁 2YA 断电，电液换向阀 6 回到中位。这时，主液压缸停止运动，恒功率变量泵 1 卸荷。

2）顶出液压缸的运动

（1）液压机顶出液压缸的顶出。按下顶出液压缸启动按钮，电磁铁 3YA 通电，电液换向阀 11 切换到左位。该油路中的油液循环路径如下。

进油：油箱 0→滤油器→恒功率变量泵 1→电液换向阀 6（中位）→电液换向阀 11（左位）→顶出液压缸 17 下腔。

回油：顶出液压缸 17 上腔→电液换向阀 11（左位）→油箱 0。

（2）顶出液压缸 17 的返回。电磁铁 4YA 通电，电磁铁 3YA 断电，电液换向阀 11 切换到右位。该油路中的油液循环路径如下。

进油：油箱 0→滤油器→恒功率变量泵 1→阀电液换向阀 6（中位）→电液换向阀 11（右位）→顶出液压缸 17 上腔。

回油：顶出液压缸 17 下腔→电液换向阀 11（右位）→油箱 0。

（3）原位停止。电磁铁 3YA、4YA 均断电，电液换向阀 11 处于中位，恒功率变量泵 1（主液压泵）卸荷。

3）液压机拉伸压边的工作原理

有些模具在拉伸操作中需要进行"压边"，要求顶出液压缸下腔既能保持一定的压力，又能随着主液压缸的下降而下降。完成"压边"动作时，电液换向阀 11 处于中位，回路中设置了背压阀（图 8-4 中的溢流阀 20），回油背压大小通过溢流阀 20 调定，以确定所需的顶出液压缸的上顶力。溢流阀 20 是锥阀，其开度变化时，开口面积变化比较大，影响运动的平稳性，因此串联了节流阀 19 进行修正。溢流阀 18 为顶出液压缸的过载阀，限定了顶出液压缸下腔的最高压力，一旦节流阀 19 阻塞，溢流阀 18 打开溢流，提供安全保护。在此下降的过程中，顶出液压缸上腔可以利用电液换向阀 11 的中位机能进行补油。

8.2.3　YB 32-200 型液压机液压系统的特点

通过以上分析，可以得到该液压系统的特点：

（1）充液油箱使系统功率利用更加合理。由于液压机需要很大的压制力，液压系统除了使用高压轴向柱塞液压泵，还采用大直径的液压缸。当主液压缸的滑块快速下行时，所需的大量进入主液压缸上腔的油液若全都由液压泵提供，则需要使用大规格的液压泵。这样，不仅增加了液压系统成本，还增加了慢速加压、保压和原位停止阶段的功率损失。同时，液压机的主液压缸滑块质量较大会加速滑块的下行速度，液压机的液压系统中采用充液油箱不但能补充主缸滑块快速下行时液压泵供油的不足，而且使系统功率利用更加合理。

（2）延时保压是液压机必须有的一个工作阶段，系统中采用液控单向阀的锥面密封性、管道和油液的弹性变形来保压。这样，使液压系统结构简单，造价低，比使用液压泵保压节省能量，但是要求各个液压元件具有良好的密封性。

（3）顶出液压缸和主液压缸互锁。只有电液换向阀 6 在中位且主液压缸不运动时，液压油才能进入电液换向阀 11，使顶出液压缸运动。两个液压缸不能同时动作，这是一种安全保护措施。

（4）一般的液压机的液压系统属于高压系统。对于高压系统，在液压缸以很高压力进行保压的情况下，需要快退时，如果立即启动换向阀使其退回，势必造成液压冲击。为了防止这种情况的发生，该液压系统在保压之后需要快退时，利用液控单向阀 14 对换向过程进行控制，先使液压缸的高压腔的压力释放后再使其动作。

（5）该液压机利用换向阀中位实现液压泵卸荷，使操作简单、节省能量。

（6）该液压机设置了定量泵 2 作为控制动力源，使控制油路和主油路相互独立，换向操作安全可靠。

8.3　汽车起重机液压系统

汽车起重机（见图 8-5）是安装在普通汽车底盘或特制汽车底盘上的一种起重机，其驾驶室与起重操纵室分开设置。汽车起重机符合公路车辆的技术要求，可在各类公路上行驶，因此机动性好，转移迅速，但不能负载行驶。在作业时必须伸出支腿保持稳定，不适合在松软或泥泞的场地上工作。汽车起重机是使用最广泛的起重机类型之一。

图 8-5　汽车起重机

8.3.1　Q 2-8 型汽车起重机液压系统性能要求

Q 2-8 型汽车起重机的起重机构均采用了液压传动。最大起重量为 8t，最大起升高度为 11.5m，属于小型起重机，对液压系统主要有以下要求：

（1）支腿在起重作业和行驶过程中都要可靠地锁紧，以防止在起重作业中出现"软腿"和行驶过程中自行下落的现象。另外，在起重作业中要防止出现对支腿的误操作。

（2）起升机构要求能调速且微调性能好，以适应安装就位作业的需要。此外，还有下降限速、定位锁紧的要求。

8.3.2　Q 2-8 型汽车起重机液压系统的工作原理

图 8-6 所示是 Q 2-8 型汽车起重机液压系统组成，由定量泵 5、两组多路换向阀 8 和 9、回转液压马达 10、起升液压马达 16、变幅液压缸 13、动臂伸缩液压缸 11 及支腿液压缸 6 等组成。工作机构的多路换向阀 9 分别控制回转机构、动臂伸缩机构、变幅机构和起升机构，它的每一片阀都是 M 形三位四通手动换向阀，并且都是串联的。这样，使工作机构既能单独动作，相关的工作机构（如起升机构和回转机构）又能在轻载下进行复合动作。多路换向阀 8 控制支腿收放机构，使前后支腿既可以单独操作又能在轻载下进行复合动作。

汽车起重机的起重机构包括支腿收放机构、回转机构、起升机构、动臂伸缩机构和变幅机构五大部分。

1. 支腿收放机构油路

由于汽车轮胎的支撑能力有限，因此在起重作业时必须放下支腿，使汽车轮胎悬空。而汽车在行驶或停放时必须收起支腿，使汽车轮胎着地。每个支腿配有一个液压缸，前两个支腿液压缸Ⅲ、Ⅳ由三位四通手动换向阀 A（以下简称 A 阀）控制，后两个支腿液压缸

Ⅰ、Ⅱ由三位四通手动换向阀 B（以下简称 B 阀）控制。每个液压缸都配有一个双向液压锁，双向液压锁除了具有锁紧作用（锁紧使之在起重作业时支腿不缩回；行驶或停放时支腿不因自重而伸出），还有安全保护作用：如果该油路软管爆裂或支腿液压缸存在泄漏，双向液压锁可以保证支腿状态保持不变。当同时操作 A、B 两个换向阀时，由于进入前后支腿液压缸的流量不同，其中的两个支腿动作快，因此要对前后支腿进行调整。

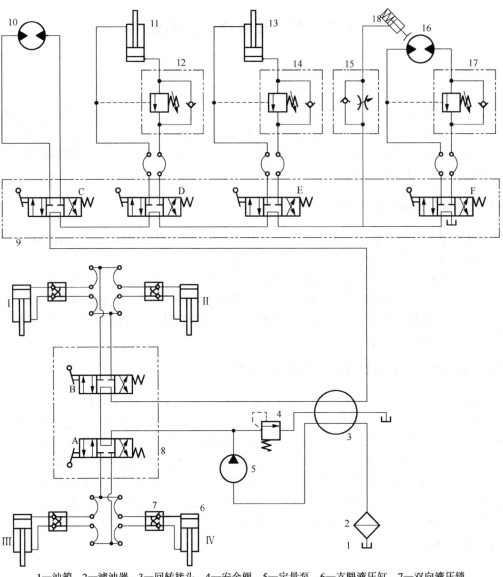

1—油箱　2—滤油器　3—回转接头　4—安全阀　5—定量泵　6—支腿液压缸　7—双向液压锁
8，9—多路换向阀　10—回转液压马达　11—动臂伸缩液压缸　12，14，17—平衡阀　13—变幅液压缸
15—单向节流阀　16—起升液压马达　18—制动器

图 8-6　Q 2-8 型汽车起重机液压系统组成

多路换向阀 8 中的 A 阀切换到右位、B 阀切换到左位，此时，支腿放下。该油路中的油液循环路径如下。

进油：油箱 1→滤油器 2→定量泵 5→多路换向阀 8 的 A 阀（右位）→双向液压锁→支腿液压缸Ⅲ、Ⅳ上腔（前面两个支腿伸出）。

液压缸Ⅲ、Ⅳ下腔回油相当于液压缸Ⅰ、Ⅱ的进油：液压缸Ⅲ、Ⅳ下腔→A 阀（右位）→B 阀（左位）→液压缸Ⅰ、Ⅱ上腔（后面两个支腿向外伸出）。

回油：液压缸Ⅰ、Ⅱ下腔→多路换向阀 8 中的 B 阀（左位）→多路换向阀 9（中位）→油箱。

需要收起支腿时，只要把多路换向阀 8 中的 A 阀切换到左位、B 阀切换到右位，就可以完成收腿动作。

支腿的手动换向阀一般都不布置在驾驶室内，防止在起重作业中出现对支腿的误操作。

2. 回转机构油路

回转机构油路使回转机构改变作业方位。回转机构油路采用回转液压马达 10 通过减速器驱动转盘回转，转盘的回转速度较低，一般为 1～3r/min，回转惯性不太大。不用设置制动回路。因此，回转机构的油路比较简单，操作换向阀 C，使之分别切换到左位、中位、右位就可使回转液压马达 10 左转、停止和右转。

3. 起升机构油路

起升机构用于提升或放下重物，是汽车起重机的主要执行机构，它由一个低速大转矩起升液压马达 16 带动卷扬机实现既定的动作。通过换向阀 F 切换到左位、中位和右位，使重物上升、停止和下降。起升机构的调速主要通过改变发动机的转速实现，而安装作业时利用换向阀节流调速控制升降速度。在起升液压马达回油路中设置了外控平衡阀 17，限制重物的下降速度。由于液压马达中采用间隙密封，无法用平衡阀锁紧，因此设置了常闭式制动器 18，该制动器的控制油压与起升机构油路联动（起升液压马达不工作时制动器处于制动状态），只有起升液压马达工作时制动器才松闸，保证了起升作业的安全。制动器油路中设置了单向节流阀 15，保证制动迅速、松闸平缓。

4. 变幅机构油路

变幅机构用来改变作业半径（也改变作业高度）。汽车起重机的变幅通过变幅液压缸 13 伸缩，调节动臂的俯仰角度来实现，操作换向阀 E 就可改变起重机的作业幅度。在变幅机构的回油路中设置了起重机专用平衡阀 14，这里的平衡阀 14 既起限速作用又起锁紧作用，还具有安全保护作用。例如，如果变幅机构的油路软管爆裂，动臂也不会下落。

5. 动臂伸缩机构油路

动臂伸缩机构改变作业高度（也改变作业半径），动臂伸缩机构油路通过换向阀 D 驱动动臂伸缩液压缸 11 实现相应动作。动臂伸缩机构的油路要求和变幅机构的油路相同，也设置了起重机专用平衡阀 12。

8.3.3　Q 2-8 型汽车起重机液压系统的特点

（1）采用中位机能为 M 形三位四通手动换向阀给系统卸荷，可以减少能量损失，方便起重机间歇工作；支腿油路中设置了双向液压锁，保证支腿在起重作业和行驶过程中可靠锁紧。

（2）采用平衡回路、锁紧回路及液压制动装置，保证了起重机操作安全、工作可靠、运动平稳。

（3）起升机构的调速主要是通过调节发动机的转速来实现的，可利用换向阀节流调速装置进行微调，能够降低造价成本。

（4）该液压系统中的 2 个多路换向阀都是由多个换向阀串联组成的，油路中的油液循环路径比较长，压力损失比较大。

8.4　塑料注射成形机液压系统

一般螺杆式塑料注射成形机的工艺过程如下：首先，将粒状或粉状塑料加入机筒内，并通过螺杆的旋转和机筒外壁加热使塑料成为熔融状态；然后，机器进行合模和注射座前移，使喷嘴贴紧模具的浇口；最后，利用注射缸使螺杆向前推进，螺杆中的熔体以很高的压力和较快的速度注入温度较低的闭合模具内，经过一定时间和压力保持（又称为保压）、冷却，使其固化成形，便可开模取出制件。保压的目的是防止模腔中熔体的反流，以及向模腔内补充物料。

该液压系统的作用是为实现塑料注射成形机按工艺过程所要求的各种动作提供动力，并满足塑料注射成形机各部分所需压力、速度、温度等要求。该机器主要由各种液压元件和液压辅助元件组成，其中液压泵和电动机是塑料注射成形机的动力来源。通过各种液压阀控制液体压力和流量，从而满足注射成形工艺各项要求。

通用卧式塑料注射成形机（见图 8-7）保证制件具有一定的密度和尺寸公差。塑料注射成形的基本过程是塑化、注射和成形。塑化是实现和保证成形制件质量的前提。为满足成形的要求，注射时必须保证足够的压力和速度。同时，由于注射压力很高，相应地在模腔中产生很高的压力，因此必须有足够大的合模力。由此可见，注射装置和合模装置是塑料注射成形机的关键部件。

图 8-8 所示为 XS-ZY-250A 型卧式塑料注射成形机的液压系统组成。塑料注射成形的

图 8-7　通用卧式塑料注射成形机

具体过程如下：首先，动模板 3 在合模液压缸 1 的作用下使模具闭合，松散的塑料颗粒或粉状物料从料斗 9 送入高温的料筒 8 内加热、熔融、塑化，使之成为黏流态熔体；然后，注射座移动液压缸 7 前行至模具的浇口，接着熔融状态的塑料在注射液压缸 10 的高压力推动下，通过料筒 8 前端的喷嘴 6 注

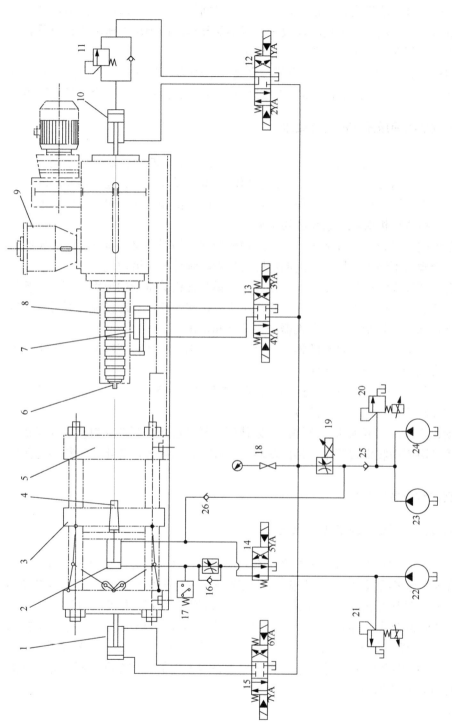

图 8-8 XS-ZY-250A 型卧式塑料注射成形机的液压系统组成

1—合模液压缸 2—顶出液压缸 3—动模板 4—推杆 5—定模板 6—喷嘴 7—注射座移动液压缸 8—料筒 9—料斗 10—注射液压缸 11—背压阀 12、13、14、15—电磁换向阀 16—单向调速阀 17—压力继电器 18—截止阀 19—电液比例调速阀 20、21—电液比例压力阀 22、23、24—液压泵 25、26—单向阀射到闭合的模具中，直到注满为止；最后，经过一定时间的保压、冷却、定型后，注射座移动液压缸 7 后退，合模液压缸 1 使动模板 3 后退实现开模，由顶出液压缸 2 顶出具有一定形状和尺寸的塑料制件后，顶出液压缸 2 后退至原位。

上述卧式塑料注射成形机的工作循环路径：合模→注射座前移→注射→保压→冷却（预塑）→注射座后退→开模→顶出制件→顶出液压缸后退→合模（为进入下一个循环做准备）。

8.4.1 塑料注射成形机液压系统的性能要求

XS-ZY-250A 型卧式塑料注射成形机单次最大注射容量是 250mL，属于中小型。由以上分析可知该液压系统需要完成的动作如下：合模液压缸合模和开模、注射座移动液压缸前移和后退、注射液压缸前移和后退、保压、顶出液压缸顶出和退回。根据塑料注射成形工艺特点，塑料注射成形机对液压系统的要求如下：

（1）要有足够的合模力。一般情况下，注入模腔的熔融塑料通常具有 4～15MPa 的压力。如果模具的合模力不够大，模具之间的缝隙会使塑料制件产生溢边现象。

（2）模具合模和开模阶段的速度可调。模具在合模和开模等阶段的速度不同：空行程动模板可以快速接近定模板，以节约时间、提高生产率，在合模终点动模板需要缓慢接近定模板，以防止损坏模具和制件，避免机器产生振动和撞击。

（3）注射座移动液压缸要有足够的推力。这样，才可以适应各种塑料的加工要求，保证注射时喷嘴与模具浇口充分紧密接触。

（4）注射压力和注射速度可调。由于塑料品种、制件的几何形状及模具浇注系统不同，注射成形过程中要求注射压力和注射速度也不同。

（5）注射动作完成后需要保压。这样，可以使塑料紧贴模腔，制件获得精确的形状。同时，在制件冷却凝固而收缩过程中，熔融塑料及时补充进入模腔，防止因充料不足而出现残次品。

（6）顶出制件时速度要平稳。

8.4.2 塑料注射成形机液压系统的工作原理

注塑成形工艺决定塑料注射成形机要产生有开模压力、合模压力、注射座前移压力、注射压力、顶出压力等多级压力，有开模速度、合模速度、注射速度等多个速度。XS-ZY-250 型塑料注射成形机的液压系统采用 3 个液压泵、比例阀等元件实现多级压力和速度的控制，采用液压-机械组合式三连杆锁模机构，实现合模增力、自锁的功能，通过齿轮减速箱驱动螺杆进行预塑。该液压系统油路简单，使用元件少、效率高，注塑动作安全、可靠，压力和速度变换时冲击能量小、噪声低。依据图 8-8 中的工作循环过程，分析该液压系统的工作原理，具体如下。

1）合模

（1）快速合模：按下启动按钮，电磁铁 7YA 通电，其他电磁铁断电；液压泵 23、24 的压力由电液比例压力阀 20 调定，液压泵 22 的压力由电液比例压力阀 21 调定。该油路中的油液循环路径如下。

进油：液压泵 22→电磁换向阀 14（左位）→单向阀 26→电液比例调速阀 19→电磁换向阀 15
（左位）→合模液压缸 1 左腔液压泵 23、24→单向阀 25

上述进油路推动活塞快速合模。

回油：合模液压缸 1 右腔→电磁换向阀 15（左位）→油箱

（2）低压合模。电磁铁 7YA 通电，电液比例压力阀 20 将压力调整为零，使液压泵 23、24
卸荷，并调整电液比例压力阀 21 使液压泵 22 的压力降低。在这种情况下，只有液压泵 22
向合模液压缸 1 提供低压油，合模液压缸以较小推力进行合模的动作。

（3）高压合模。电磁铁 7YA 通电，液压泵 23、24 卸荷，电液比例压力阀 21 使液压泵 22
压力升高，形成高压合模；高压油使模具闭合，并牢固锁紧模具。

2）注射座前移

电磁铁 3YA 通电，电磁铁 7YA 及其他电磁铁断电，液压泵 23、24 卸荷，只有液压泵 22
的液压油经电磁换向阀 13 进入注射座移动液压缸 7 的右腔，推动注射座整体向前移动，使
喷嘴 6 和模具贴紧。该油路中的油液循环路径如下。

进油：油箱→液压泵 22→电磁换向阀 14（左位）→单向阀 26→电液比例调速阀 19→电磁换向阀 13
（右位）→注射座移动液压缸 7 右腔。

回油：注射座液压移动缸 7 左腔→电磁换向阀 13（右位）→油箱。

3）注射

注射时，电磁铁 3YA 断电，电磁铁 1YA 通电，3 个液压泵排出的液压油均经过电磁换
向阀 12 及背压阀 11 的单向阀，进入注射液压缸 10 的右腔。注射液压缸 10 的活塞带动螺
杆以一定压力和速度将熔融的塑料注入模腔，注射速度由电液比例调速阀 19 调节。该油路
中的油液循环路径如下。

进油：液压泵 22→换向阀 14 的左位→单向阀 26→电液比例调速阀 19→电磁换向阀 12 右位→
背压阀 11→注射液压缸 10 右腔液压泵 23、24→单向阀 25

回油：注射液压缸 10 左腔→电磁换向阀 12 右位→油箱。

4）保压

电磁铁 1YA 继续通电使注射液压缸的右腔保持进油，由于保压不需要大量油液，因此
液压泵 23、24 卸荷，只由液压泵 22 单独供油，持续使注射液压缸把料筒中的熔融塑料压
入模腔。保压有两方面作用：一方面，对模腔内的熔体保压，另一方面，在必要时进行压
力补充，使压力保持不变。其压力由电液比例压力阀 21 调节。

5）预塑

电磁铁 1YA 处于断电状态。电动机通过齿轮减速机构（图中未画出）使螺杆旋转，料
斗 9 中的塑料颗粒进入料筒 8，被转动着的螺杆带到最前端进行加热塑化（以备注射液压
缸注射时使用），螺杆自身受到熔体的压力而缓缓后退。当积存的熔体达到一定的注射量时，
螺杆停止转动，为下一次注射做好准备。

螺杆后退的反推力使注射液压缸 10 右腔的油液经背压阀 11、电磁换向阀 12 的中位回
油箱。

这个阶段液压系统保压、模腔内的制件逐渐冷却成形，机器为下一个制件进行预塑。

6）注射座后退

当制件在模腔内冷却成形结束后，电磁铁 4YA 通电，液压泵 23、24 卸荷，液压泵 22 供油，注射座移动液压缸 7 后退。该油路中的油液循环路径如下。

进油：油箱→泵液压 22→电磁换向阀 14（左位）→单向阀 26→电液比例调速阀 19→电磁换向阀 13（左位）→注射座移动液压缸 7 左腔。

回油：注射座移动液压缸 7 右腔→电磁换向阀 13（左位）→油箱。

7）开模

要把制件从模具中取出，首先必须使闭合的模具打开，之后通过顶出机构（需要时）把制件顶出模具。打开模具即开模过程。

（1）慢速开模。电磁铁 4YA 断电，电磁铁 6YA 通电，液压泵 23、24 卸荷，液压泵 22 供油，合模缸 1 慢速后退，该油路中的油液循环路径如下。

进油：油箱→液压泵 22→电磁换向阀 14（左位）→单向阀 26→电液比例调速阀 19→电磁换向阀 15（右位）→合模液压缸 1 右腔。

回油：合模液压缸 1 左腔→电磁换向阀 15（右位）→油箱。

（2）快速开模。电磁铁的通、断电情况不变，液压泵 22、23、24 同时向合模液压缸 1 右腔供油，使其快速后退。

8）顶出制件

（1）顶出液压缸 2 前进。电磁铁 6YA 断电，电磁铁 5YA 通电，液压泵 23、24 卸荷，液压泵 22 向系统供油，顶出液压缸的速度由单向调速阀 16 调定。该油路中的油液循环路径如下。

进油：油箱→液压泵 22→电磁换向阀 14（右位）→单向调速阀 16→顶出液压缸 2 左腔。

回油：顶出液压缸 2 右腔→电磁换向阀 14（右位）→油箱

（2）顶出液压缸 2 后退：顶出液压缸 2 移动到行程终点顶出制件，当液体压力达到压力继电器 17 的调定压力值时，该继电器向电磁铁 5AY 发出信号，使其断电，电磁换向阀 14 以左位接入油路，液压泵 22 的液压油经过电磁换向阀 14 左位进入顶出液压缸 2 右腔，使其退回，顶出液压缸 2 左腔回油经单向调速阀 16、电磁换向阀 14 左位回到油箱。

8.4.3 塑料注射成形机液压系统的特点

（1）塑料注射成形机的注塑工艺决定了其液压系统执行元件数量多，压力和速度变化也比较频繁，但是这个系统利用比例阀进行电液比例控制，使系统简单、工作可靠。

（2）在系统保压阶段，多余的油液要经过溢流阀流回油箱，因此系统会有部分能量损耗。

（3）在不需要顶出液压缸动作的各个过程中，顶出液压缸右腔始终进油，使顶出液压缸的活塞退回，为顶出塑料制件做好准备，这样的油路设计使顶出液压缸动作安全、可靠。

8.5 挖掘机液压系统

挖掘机利用铲斗挖掘高于或低于其所处平面的物料，并把挖掘到的物料装入运输车辆或卸到堆料场这种土方机械在工程建设中发挥着极其重要的作用。

YW-60 型履带式挖掘机为单斗、全液压全回转机械，铲斗容量为 $0.6m^3$，主要由发动机、工作机构、液压传动系统、回转机构、行走机构和电气控制系统等部分组成。发动机是挖掘机的动力源；工作机构由动臂、斗杆、铲斗三部分组成，是直接完成挖掘任务的装置，动臂起落、斗杆伸缩和铲斗转动都用往复式双作用液压缸控制；液压传动系统通过液压泵将发动机的动力传递给液压马达、液压缸等执行元件，推动工作机构动作，从而完成各种作业；回转机构与行走机构可以改变挖掘机的作业范围。

8.5.1 挖掘机液压系统的性能要求

挖掘机的动作较频繁，其工作机构、回转机构和行走机构经常处于启动、制动和换向状态，外负载变化大，由液压冲击引起的振动次数多，野外作业使其温度和环境变化大。根据挖掘机的工作特点，其液压系统的性能要求如下。

（1）工作装置的 3 个组成部分既能完成单独动作，又能完成复合动作。

（2）为了保证生产率，单独动作的速度比复合动作的速度高。

（3）挖掘机的左右行走机构要求独立驱动，以便能够转向；同时也要求能够完成复合动作（同步动作）以保证行走的直线性。

（4）挖掘机的挖掘阻力多变，并且无法事先确定，因此，需要自动无级调速，以保证充分利用发动机的功率。

（5）要求液压系统安全可靠，各个作业液压缸具有良好的过载保护，回转机构和行走机构要有可靠的制动和限速措施。

（6）为了降低挖掘机驾驶人的体力消耗，最好采用先导操作或电液伺服操作。

8.5.2 挖掘机液压系统的工作原理

液压系统分为开式系统和闭式系统，开式系统结构简单，油箱容积大、散热好。挖掘机作业执行机构工作频繁，要求系统流量大，导致大量发热，因此其液压系统一般采用开式系统。挖掘机的工作状况决定了负载变化范围很大，因此，一般采用恒功率变量泵，使其随着负载的变化自动改变流量和压力，以适应经常变化的负载；挖掘机液压系统是多泵变量系统。

图 8-9 所示为 YW-60 型挖掘机，该挖掘机挖掘时有复合动作的要求。例如，铲斗 5 和斗杆 3 有同时动作、铲斗满斗提升的需求，回转过程中要求动臂 1 与回转液压马达同时动作的需求，以便提高生产率；而这些可完成复合动作的执行机构还要保持各自的独立性（单独动作）。常用的复合动作除了铲斗-斗杆、动臂-回转，还有左行走-右行走、动臂-斗杆。

该液压系统中的两个液压（铲斗液压缸和动臂液压缸）泵分别向不同的执行机构供油时进行复合动作，向同一个执行机构供油时实现快速动作。

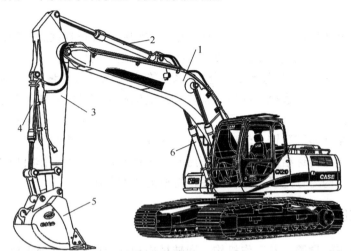

1—动臂　2—斗杆缸　3—斗杆　4—铲斗液压缸　5—铲斗　6—动臂液压缸

图 8-9　挖掘机的组成

挖掘机的每个执行机构由一个换向阀操纵换向，而挖掘机有多个执行机构，这些换向阀组成多路换向阀。该液压系统（见图 8-10）使用两组多路换向阀，一组多路换向阀（由液压泵 A 供油）分别控制铲斗液压缸、动臂液压缸、左行走液压马达、斗杆液压缸；另一组多路换向阀（由液压泵 B 供油）分别控制铲斗液压缸和动臂液压缸、右行走液压马达、斗杆液压缸、回转液压马达。

挖掘机液压系统分三部分：工作机构及回转机构液压回路、冷却回路和先导控制回路。

1）工作机构及回转机构液压回路

在两个主泵（液压泵 A、B）的供油路上分别设有安全阀 21、22；在每个执行机构的回油路上都有过载补油阀，它可避免换向运动部件停止时产生剧烈压力冲击，同时当液压缸的一腔出现负压时，还可以通过单向阀补油。在每个液压马达油路中都装有缓冲补油限速阀，以防止执行机构换向或突然停止时的压力冲击，并通过换向阀从主油路中充分补油。为了配合换向阀⑤设置了合流阀 2，使液压泵排出的液压油通过换向阀⑤在动臂大腔或铲斗大腔之间切换，以实现铲斗快速挖掘或动臂快速提升。

（1）挖掘机行走。同时将手柄Ⅲ、Ⅳ向左推（见图 8-10），左边两个相对应的减压阀输出起控制作用的液压油，使换向阀③和⑥切换到下位，A、B 两个液压泵排出的液压油分别通到左右行走液压马达，行走液压马达驱动履带转动，挖掘机向前行驶。该油路中的油液循环路径如下。

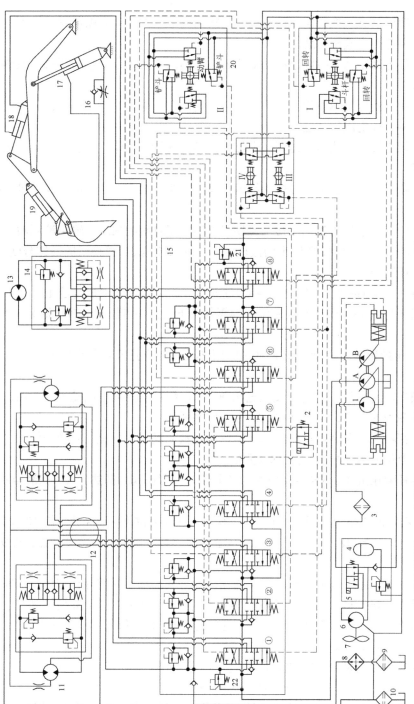

图 8-10　YW-60 型挖掘机液压系统

1—操纵液压泵　2—合流阀　A，B—双联液压泵　3，9，10—滤油器　4—蓄能器　5—二位三通电磁阀
6—冷却用液压泵　7—冷却用风扇　8—散热器　11—行走液压马达（两个）
12—中心回转接头　13—回转液压马达　14—缓冲补油限速阀　15—多路换向阀　16—单向节流阀
17—动臂液压缸　18—斗杆液压缸　19—铲斗液压缸　20—手动减压阀式先导型整制阀　21，22—安全阀

A 路进油：油箱→液压泵 A→换向阀①（中位）→换向阀②（中位）→换向阀③（下位）→限速阀（上位）→左行走液压马达。

A 路回油：左行走液压马达→限速阀（上位）→换向阀③（下位）→背压阀→散热器 8→滤油器 9→油箱。

B 路进油：油箱→液压泵 B→阀⑧（中位）→换向阀⑦（中位）→换向阀⑥（下位）→限速阀（上位）→右行走液压马达。

B 路回油：右行走液压马达→限速阀（上位）→换向阀⑥（下位）→背压阀→散热器 8→滤油器 9→油箱。

把手柄Ⅲ、Ⅳ向右推即可实现挖掘机的倒退行驶；如果只操作一个手柄，挖掘机就绕一边的履带转弯。

（2）回转台回转。把手柄Ⅰ推向下边（见图 8-10），相对应的减压阀输出液压油，推动换向阀⑧到图中的下位，液压泵 B 输出的液压油到回转液压马达，挖掘机的回转台回转。该油路中的油液循环路径如下。

进油：油箱→液压泵 B→阀⑧（下位）→限速阀（左位）→回转液压马达 13。

回油：回转液压马达 13→限速阀（左位）→阀⑧（下位）→背压阀→散热器 8→滤油器 9→油箱。

如果向相反方向操作这个手柄（图 8-10 中向上操作），挖掘机转台将向相反的方向回转。

（3）斗杆的操作。将手柄Ⅰ推向左边（见图 8-10），相对应的减压阀输出液压油，推动换向阀④、⑦到图中的上位。该油路中的油液循环路径如下。

A 路进油：油箱→液压泵 A→换向阀①（中位）→换向阀②（中位）→换向阀③（中位）→换向阀④（上位）→斗杆液压缸 18 大腔。

A 路回油：斗杆液压缸 18 小腔→换向阀④（上位）→背压阀→散热器 8→滤油器 9→油箱。

B 路进油：油箱→液压泵 B→阀⑧（中位）→换向阀⑦（上位）→铲斗液压缸 18 大腔。

B 路回油：斗杆液压缸 18 小腔→换向阀⑦（上位）→背压阀→散热器 8→滤油器 9→油箱。

上述油路产生的动作是斗杆液压缸伸出；向相反的方向操作手柄使斗杆液压缸缩回。

（4）动臂的操作。将手柄Ⅱ向左推（见图 8-10），同时合流阀 2 通电并切换到左位，相应的减压阀输出液压油，推动换向阀②切换到图中的下位、换向阀⑤切换到图中的上位。该油路中的油液循环路径如下。

A 路进油：油箱→液压泵 A→换向阀①（中位）→换向阀②（下位）→动臂液压缸 17 大腔。

A 路回油：动臂液压缸 17 小腔→换向阀②（下位）→背压阀→散热器 8→滤油器 9→油箱。

B 路进油：油箱→液压泵 B→阀⑧（中位）→换向阀 ⑦（中位）→换向阀⑥（中位）

→换向阀⑤（上位）→动臂液压缸 17 大腔。

上述油路产生的动作为提升动臂；当向右操作手柄Ⅱ时，动臂被放下。

（5）铲斗的操作。向下推手柄Ⅱ（图 8-10 所示），同时阀 2 的电磁铁断电，相对应的减压阀输出液压油，推动换向阀①、⑤到图中的下位。该油路中的油液循环路径如下。

A 路进油：油箱→液压泵 A→换向阀①（下位）→铲斗液压缸 19 大腔。

A 路回油：铲斗液压缸 19 小腔→换向阀①（下位）→背压阀→散热器 8→滤油器 9→油箱。

B 路进油：油箱→液压泵 B→阀⑧（中位）→换向阀⑦（中位）→换向阀⑥（中位）→换向阀⑤（下位）→铲斗液压缸 19 大腔。

上述油路产生的动作为收回铲斗；当向上操作手柄Ⅱ时，铲斗被放下。

2）冷却回路

回油总管装有风冷式散热器 8，冷却风扇 7 由冷却用液压马达 6 带动，风扇由装在油箱内的温度传感器（图中未显示）及油路上的二位三通电磁阀 5 控制，用小流量操纵液压泵 1 供油，构成单独的冷却回路。当油温超过一定数值时，油箱内的温度传感器发出信号，使二位三通电磁阀 5 通电接通冷却用液压马达 6，该马达带动风扇旋转，回油总管的回油被强制制冷。反之，使二位三通电磁阀 5 断电，风扇停转，液压油保持适当的温度范围，并节省风扇功率。

3）先导控制回路

该挖掘机液压系统的操作方式为手动减压阀式先导控制回路，该回路和冷却回路共用一个小流量液压泵 1，压力为 1.4～3MPa。操纵先导阀手柄到不同方向和位置，可以使其输出液压油，压力在 0～2.5 MPa 内变化，手柄操纵力不大于 30N。这样，不仅操作轻便、有力和位置的感觉，而且可以有效地控制多路换向阀的开度和换向。

野外工作不可预知因素很多，为了保险起见，当发动机出现故障时仍能操作工作机构，在先导控制回路中设置了蓄能器 4 作为应急能源，以便在液压泵突然不工作时执行机构能完成动作。

8.5.3 YW-60 型挖掘机液压系统的特点

（1）该系统采用液压联系的总功率变量泵，能充分利用发动机的功率。

（2）操作方式是手动减压阀式先导操作，操作更轻便、准确。

（3）该系统除了设置安全阀，对工作机构的液压缸设置了双向过载补油阀，对液压马达设置了缓冲补油限速阀，可以提高系统工作的安全性。

（4）系统中的背压阀不仅使系统能够承受一定负方向负载，而且防止空气进入系统，减少执行机构的爬行现象，提高执行机构工作的稳定性。此外，还可以在执行元件制动时充分补油，同时为液压马达的预热提供了可能。

（5）该系统设置独立液压泵给操作油路提供液压油，同时还有蓄能器作为应急动力源，保证了操作的可靠性。

8.6 带钢张力电液伺服液压系统

电液伺服系统一般用在位置控制、速度控制、力控制或其他物理量的控制场合，以实现仿形加工、放大（助力器）、同步运动等，尤其在要求高精度、快速响应的装置中得到了广泛应用。

本节用冶金工业带钢生产过程中的张力控制系统为例说明电液伺服液压系统的应用。

8.6.1 带钢张力电液伺服液压系统的性能要求

带钢是各类轧钢企业为了适应不同工业部门的工业化生产需要而生产的一种窄而长的钢板，又称为钢带，其宽度一般在 1300mm 以内。带钢生产过程中需要在热处理炉内进行热处理，这就要求控制钢带的张力为一个恒定值，以便连续生产，同时保证带钢的质量。

8.6.2 带钢张力电液伺服液压系统的工作原理

图 8-11 所示为带钢张力电液伺服液压系统工作原理。带钢牵引机构分为牵引辊组 2 和张力辊组 8 两部分，牵引辊组 2 的动力源为直流电动机 M1，牵引钢带前进；直流电动机 M2 为张力辊组 8 的动力源，作为负载牵引钢带，造成张力；带钢张力由牵引辊组 2 和张力辊组 8 确定，张力大小的检测由安装在转向辊组 4 两侧轴承上的力传感器完成。

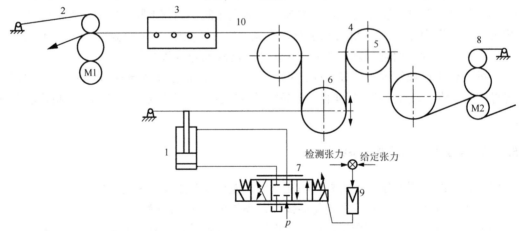

1—液压缸　2—牵引辊组　3—热处理炉　4—转向辊组　5—力传感器　6—浮动辊
7—电液伺服阀　8—张力辊组　9—电控放大调节器　10—钢带

图 8-11　带钢张力电液伺服液压系统工作原理

当张力由于某种原因发生波动时，力传感器把检测到的信号平均值与给定信号进行比较。当出现偏差信号时，信号由电控放大调节器 9 放大后输入给电液伺服阀 7。如果张力增大，偏差信号使电液伺服阀 7 切换到左位并保持一定开口量。这样，液压泵向液压缸 1

大腔供油，使液压缸活塞上移，进而使浮动辊 6 上移，张力减小并达到预定值。当张力减小时，产生偏差信号使电液伺服阀 7 控制液压缸的活塞向下移动，使张力增大并达到预定值。如果实际张力与给定值相等，偏差信号就为零，电液伺服阀 7 保持常态，液压缸不动作，浮动辊 6 保持在预定位置。

8.6.3　带钢张力电液伺服液压系统的特点

该系统电液伺服阀的高精度、快速反应，保证了钢带张力符合预定设计要求，是恒张力控制系统，使带钢质量得到保证。

本 章 小 结

分析任何液压系统，首先要正确阅读液压传动原理图，然后掌握分析液压系统的步骤和方法。本章通过组合机床动力滑台液压系统等 6 个典型液压系统，明确了分析液压系统的步骤和方法，并总结相应液压系统所具有的特点。

思 考 与 练 习

根据图 8-12 所示的液压系统组成，列出各个元件的名称和作用，分析各个工作循环的油路情况；填写电磁铁动作循环表，并评述这个液压系统的特点。

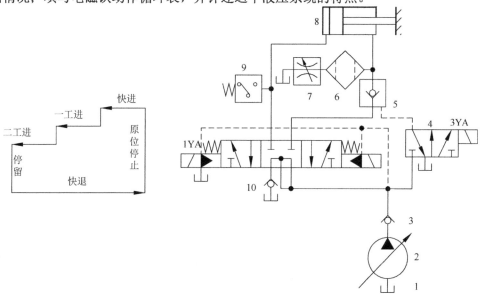

图 8-12　液压系统

表 8-2　电磁铁动作循环表

动作名称	3 个电磁铁的工作状态		
	1YA	2YA	3YA
快进			
工进			
停留			
快退			
停止			

注：电磁铁吸合用"＋"表示；电磁铁断开用"－"表示。

第9章 液压系统设计与计算

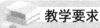
教学要求

通过本章的学习，了解和掌握液压系统的设计步骤和方法。

引 例

通过前几章的学习，我们已经初步掌握了液压与气压传动基本知识、液压系统主要组成部分的构造原理和适用条件、液压基本回路和几种典型机械的液压系统等知识。然而，学以致用是本专业课学习的另一个重要任务，本章就该内容和知识加以介绍。例图 9-1～例图 9-4 是常见的液压（气压）系统。

液压系统的设计与计算一般需要在分析主机的工作循环、性能要求等条件基础之上，经过多方分析比较和确定方案之后，才能开始液压系统的设计任务。实际操作时必须依照具体情况，先对其机械、电气、液压和气动等传动形式进行全面的比较和论证，确定预案，有机地结合各种传动形式，充分发挥液压传动的优势，从必要性、可行性和经济性等几个方面综合分析后确定方案。因此，一般要从实际出发，重视调查研究，注意吸取国内外先进技术，力求设计符合结构简单、体积小、质量小、安全可靠、维护方便、经济性好等原则。

例图 9-1 装载机液压系统

例图 9-2 挖掘机液压系统

例图 9-3 卡车气压工作系统

例图 9-4 液压站

9.1 液压系统的一般设计流程

液压系统设计是整机设计的一部分，除了满足主机作业循环和力、速度要求，还应满足系统简单、安全可靠、操纵方便、作业高效、经济性好等要求，以及满足相关标准规范的要求等。

液压系统设计过程相对灵活，一台机器采用什么样的传动方案，必须根据机器的工作要求，对各种传动方案进行全面的方案论证，正确估计其必要性、可行性和经济性。液压系统的一般设计流程如图9-1所示。

液压系统设计流程不是一成不变的：对结构较简单的液压系统，可以简化其设计过程；对在重大工程中使用的复杂液压系统，往往还需在初步设计的基础上，基于计算机仿真技术进行系统动态特性分析或基于实物模型局部进行试验验证，反复修改，才能确定设计方案。另外，这些流程步骤又是相互关联、彼此影响的，通常需要穿插交叉进行。

液压设备主机的技术要求是设计液压系统的原始依据和出发点。设计者在制定基本方案并着手液压系统各部分机构设计之前，一定要充分调查、仔细研究。通常而言，技术要求应该包括以下6个方面的信息：

（1）主机工作性能对液压系统的要求。

明确主机的用途、布局结构、使用条件、技术特性等，以确定机构采用的液压传动方式、执行元件形式和数量及其工作范围、尺寸、质量和安装等限制条件。

（2）机器的循环时间、执行元件的动作循环、周期及机构运动之间的连锁和安全要求。

（3）原动机类型及其功率、转速和转矩特性。

（4）工作环境条件，如环境温度、湿度、尘埃、冲击、振动、易燃易爆及腐蚀情况等。

（5）限制条件，如压力脉动、冲击、振动噪声的允许值等。

（6）对尘埃、防爆、防寒、噪声、安全可靠性的要求。

（7）经济性要求，如投资费用、运行能耗和维护保养费用等。

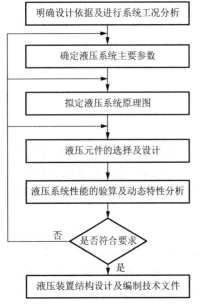

图 9-1 液压系统的一般设计流程

9.2 系统工况分析与负载匹配

所谓系统工况分析，就是对液压系统的各个执行元件在工作过程中的速度和负载等主要工作参数的变化规律进行分析，通过工况分析可以进一步明确和量化整机在性能等方面的各项要求。系统工况分析包括执行元件的负载分析和运动分析两部分，以确定最大负载和最大速度等重要参数。系统工况分析是确定液压系统主要参数的重要依据。

设计液压系统时，要满足主机的工况要求。因此，就须考虑液压系统的输出特性与负载特性的配合问题，即负载匹配。

9.2.1　负载分析与负载循环图

负载分析就是研究主机在工作过程中的作业装置受力情况。对液压系统来说，也就是液压缸或液压马达的负载随时间的变化情况，通过计算，确定各个执行元件的负载大小、速度和方向，并进一步分析各个执行元件在工作过程中可能会发生的振动、冲击及过载能力等工况。

首先，需要区分作用在执行元件上的负载是属于动力性负载还是约束性负载。

动力性负载的方向与执行元件的运动方向无关，并且其大小随外界约束条件的不同而不同。执行元件所承受的动力性负载大约可以分为两种类型：一类是动力性负载方向与执行元件运动方向相反，起着阻止执行元件运动的作用，称为阻力负载（正负载）；另一类是动力性负载方向与执行元件运动方向一致，称为负负载。负负载变成驱动执行元件的驱动力时，执行元件要维持匀速运动，其中的工作介质需要产生阻力功，形成足够的阻力以平衡负负载产生的驱动力，这就要求系统应具有平衡和制动功能。重力是一种典型的动力性负载，重力与执行元件运动方向相反时是阻力负载；与执行元件运动方向一致时是负负载。设计时，对负载变化规律复杂的系统应该画出负载循环图。

约束性负载的特征是其作用力方向与执行元件的运动方向相反，对执行元件的运动起阻止作用。例如，摩擦阻力、黏性等就是约束性负载。

其次，确定执行元件的负载大小。执行元件的负载大小可由主机规格确定，也可采用实验方法或理论分析计算确定。采用理论分析确定负载大小时，必须仔细考虑各个执行元件在一个循环中的工况及负载类型。而对各种约束性负载，如摩擦负载及惯性负载等，可根据有关定律或查阅相关的设计手册，计算其负载大小。

工作目的不同，系统负载特点就不同。如何进行负载分析，对液压系统的设计优化十分重要。例如，对机床工作台而言，其分析的重点为工作负载与各工序之间的时间关系；对工程机械而言，其作业机构的负载重点为重力在各个工作位置上的分布、负载大小与位置关系。

1. 液压缸的负载及其循环图

1）液压缸的负载计算

一般说来，执行机构作往复直线运动时，液压缸必须克服的动力性负载分为工作负载、惯性负载、重力负载；液压缸的约束性负载有导向摩擦阻力、背压负载、液压缸自身的密封摩擦阻力等。分别以符号 F_w、F_m、F_g、F_f、F_b 和 F_{sf} 表示。则其总作用力大小 F 为

$$F = \pm F_w \pm F_m \pm F_f \pm F_g \pm F_b + F_{sf} \tag{9-1}$$

式中，F_w 为工作负载（N）；F_m 为惯性负载（N）；F_g 为重力负载（N）；F_f 为导向摩擦阻力（N）；F_b 为背压负载（N）；F_{sf} 为密封摩擦阻力（N）。

（1）工作负载 F_w。工作负载的大小和方向与主机的工作性质有关，它可能是常数，也可能是变量。分析时通常视之为时间的函数，即 $F_w = f(t)$。一般情况下，工作负载需要根据具体设计要求而定。

（2）惯性负载 F_m。惯性负载是运动部件在启动（加速）或制动（减速）过程中所产生的惯性力，其作用力大小可根据牛顿第二定律求得，即

$$F_m = ma = m\frac{\Delta v}{\Delta t} \tag{9-2}$$

式中，m 为运动部件总质量（kg）；a 为加速度（m/s^2）；Δv 为在 Δt 时间内速度的改变量（m/s）；Δt 为启动（或制动）的延续时间（s）。

对普通机械系统，Δt 的取值范围为 0.1～0.5s；对行走机械系统，Δt 的取值范围为 0.5～1.5s；对机床运动系统，Δt 的取值范围为 0.25～0.5s；对机床进给系统，Δt 的取值范围为 0.05～0.2s。当工作部件较轻或运动速度较低时，对 Δt 选取小值。

（3）导向摩擦阻力 F_f。导向摩擦阻力是指液压缸驱动工作机构工作时所需克服的导轨摩擦阻力，其作用力的大小与工作机构形式、工作方式等有关。

对于平面导轨

$$F_f = \mu(mg + F_N) \tag{9-3}$$

对于 V 形导轨

$$F_f = \frac{\mu(mg + F_N)}{\sin(\alpha/4)} \tag{9-4}$$

式中，F_N 为作用在导轨上的垂直负载（N）；α 为 V 形导轨夹角，通常取 $\alpha = 90°$；μ 为导轨摩擦阻力系数。

（4）重力负载 F_g。工作部件的自重。当工作部件水平放置时，$F_g = 0$。

（5）背压负载 F_b。液压缸运动时必须克服回油腔压力所形成的反向阻力，即

$$F_b = p_b A_2 \tag{9-5}$$

式中，A_2 为液压缸回油腔有效面积（m^2）；p_b 为液压缸工作时的背压（Pa）。

若液压缸具体结构参数尚未确定，可按经验估值。一般遵循的原则如下：对中低压系统及轻载节流调速系统，背压负载值为 0.2～0.5MPa；对在回油腔装有调速阀或背压阀的系统，背压负载值为 0.5～1.5MPa；对采用补油泵补油的闭式系统，背压负载值为 1.0～1.5MPa；对采用多路阀的复杂中高压工程机械系统，背压负载值为 1.2～3.0MPa。

（6）密封摩擦阻力 F_{sf}。液压缸在工作时还必须克服其内部密封装置产生的摩擦阻力。其大小与密封装置的类型、工作压力及液压缸的形式相关。为简化计算，一般将它计入液压缸的机械效率 η_m，通常选取 $\eta_m = 90\%\sim97\%$。

2）液压缸在运动循环各个阶段的负载计算

液压缸的工作过程可分为启动、加速、匀速运动、减速制动等，不同阶段的负载计算

分别如下：

启动时
$$F = (F_f \pm F_g) / \eta_m \tag{9-6}$$

加速时
$$F = (F_m + F_f \pm F_g \pm F_b) / \eta_m \tag{9-7}$$

匀速运动时
$$F = (\pm F_w + F_f \pm F_g \pm F_b) / \eta_m \tag{9-8}$$

减速制动时
$$F = (\pm F_w - F_m \pm F_f \pm F_g \pm F_b) / \eta_m \tag{9-9}$$

3）工作负载图

根据上述运动循环各个阶段的负载和它所经历的时间，便可绘制出负载循环图（$F\text{-}t$ 或 $F\text{-}l$ 曲线图）。

若液压系统工作过程比较复杂，例如，有多个执行元件同步（或分别）完成不同的工作循环，则非常有必要按上述运动循环各个阶段计算总负载，并根据计算结果及其工作过程同比例绘制液压缸的速度-时间图（$v\text{-}t$ 曲线图）或负载循环图（$F\text{-}t$ 曲线图）等。某机床动力滑台的运动分析图、速度-时间图和负载循环图如图 9-2 所示。

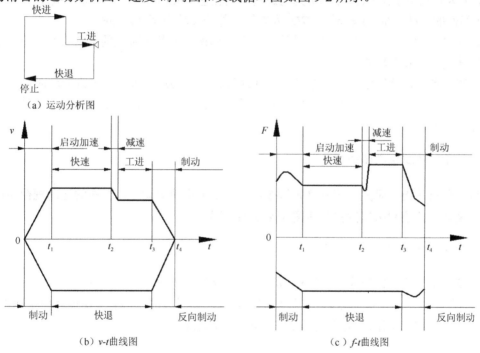

图 9-2　某机床动力滑台的运动分析图、速度-时间图和负载循环图

图 9-2 中，$0 \sim t_1$ 为启动过程；$t_1 \sim t_2$ 为加速过程；$t_2 \sim t_3$ 为匀速过程；$t_3 \sim t_4$ 为制动过程。它清楚地表明了液压缸在整个工作循环内负载的变化规律，图中最大负载是初选液压缸工作压力和确定液压缸结构尺寸的依据。

2. 液压马达的负载及其负载循环图

当工作机构作旋转运动时，液压马达必须克服的负载转矩为

$$T = T_{e} + T_{f} + T_{i} \tag{9-10}$$

式中，T 为液压马达的负载转矩（N·m）；T_{e} 为工作负载转矩（N·m）；T_{f} 为摩擦转矩（N·m）；T_{i} 为惯性转矩（N·m）。

（1）工作负载转矩 T_{e}。工作负载转矩可能是定值，也可能是随时间变化的变量，它也有阻力负载与超越负载两种形式，应根据机器工作性质进行具体分析。

（2）摩擦转矩 T_{f}。旋转部件轴颈处的摩擦转矩，其计算公式为

$$T_{f} = G \mu R \tag{9-11}$$

式中，T_{f} 为摩擦转矩（N·m）；R 为轴颈半径（m）；μ 为摩擦因数，启动时为静摩擦因数，启动后为动摩擦因数；G 为旋转部件所受重力（N）。

（3）惯性转矩 T_{i}。旋转部件加速或减速时产生的惯性转矩，其计算公式为

$$T_{i} = J\varepsilon = J\frac{\Delta\omega}{\Delta t} \tag{9-12}$$

式中，ε 为角加速度（rad/s²）；$\Delta\omega$ 为角速度的变化值（rad/s）；Δt 为加速或减速时间（s）；J 旋转部件的转动惯量（kg·m²）；GD^{2} 为旋转部件的飞轮力矩（kg·m²）。

根据式（9-12），分别算出液压马达在一个工作循环内各个阶段的负载大小，便可绘制出液压马达的负载循环图。

在实际的工程计算中，往往把启动、加速过程统称为启动过程，因为启动时间很短。此时，工作部件在加速阶段有可能仍处于静摩擦状态，因此，计算加速摩擦负载时往往把它按静摩擦考虑。

9.2.2　运动分析及运动循环图

运动分析是指，研究一部机器如何按照工艺要求实现运动，以怎样的运动规律完成一个工作循环，并绘制出其位移循环图和速度循环图。

1. 位移循环图（L-t 曲线图）

图 9-3 是某液压机的液压缸位移循环图，其纵坐标 L 表示活塞位移，横坐标 t 表示时间，曲线斜率表示活塞移动速度。该循环图清楚地表明了该液压机的工作循环由快速下行、减速下行、压制、保压、泄压慢回和快速回程 6 个阶段组成。

2. 速度循环图（v-t 曲线图）

位移循环图的曲线斜率表示执行元件的速度，由位移循环图便可绘制出速度循环图。绘制速度循环图是为了计算液压缸或液压马达的惯性负载并进而作出负载循环图。绘制速度循环图往往与绘制负载循环图同时进行。

下面以液压缸为例，说明速度循环图的作用及其与负载循环图的联系。

实际工程应用的各种液压缸的移动速度特点可以归纳为 3 种类型，如图 9-4（a）所示

的 3 种曲线。第一种，液压缸开始作匀加速运动，然后作匀速运动，最后作匀减速运动到终点，如图 9-4（a）中的实线所示；第二种，液压缸在总行程的前一半作匀加速运动，在后一半行程作匀减速运动，并且加速与减速过程的加速度数值相等，如图 9-4（a）的曲线所示；第三种，液压缸在总行程的一半以上，以较小的加速度作匀加速运动，然后匀减速到达行程终点，如图 9-4（a）中的双点画线所示。

上述 3 条速度曲线不仅清楚地表明了液压缸的 3 种典型运动规律，而且也间接地表示了 3 种负载工况的动力特性。

因为 $dv/dt=a$（加速度），所以 3 条曲线斜率不同，即加速度不同，也就是惯性力 F_i 大小不一样。由速度曲线 $0abc$、$0dc$ 及 $0ec$ 可以定性地绘出相应的惯性负载曲线 $1aabb4$、$2dd5$ 及 $3ee6$，如图 9-4（b）所示。

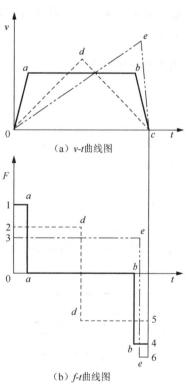

（a）v-t 曲线图

（b）f-t 曲线图

图 9-4　v-t 曲线图与 F-t 曲线图

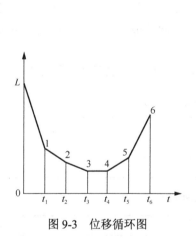

图 9-3　位移循环图

9.2.3　负载匹配

在根据负载工况分析结果进行负载匹配时，只要使动力元件的输出特性曲线能够包围负载轨迹，同时使输出特性曲线与负载轨迹之间的区域尽量小，就可以认为动力元件与负载相匹配。输出特性曲线能够包围负载轨迹，动力元件便能够满足负载的需要。也就是说，尽量减小输出特性曲线与负载轨迹之间的区域，便能减小功率损失，提高效率。如果动力元件的输出特性曲线不但包围负载轨迹，而且动力元件的最大输出功率点与负载的最大功率点重合，就可以认为动力元件与负载达到最佳匹配。此时，功率利用最大。

系统匹配可以采用作图法，也可以在压力-流量特性曲线下进行，将负载（或负载转矩）变成负载压力，负载速度变成负载流量，负载轨迹用负载压力和负载流量表示，并与执行元件液压控制阀的压力-流量特性曲线匹配。

9.3 液压系统设计

压力和流量是液压系统最主要的两个参数，根据这两个参数计算和选择液压元件、辅助元件和原动机的规格型号。系统压力选定后，液压缸的主要尺寸或液压马达的排量即可确定。液压缸的主要尺寸或液压马达的排量一经确定，即可根据液压缸的速度或液压马达的转速确定其流量。

9.3.1 确定系统主要参数

1. 初选系统压力

系统压力的选定是否合理，直接关系到整个液压系统设计的合理程度。一般而言，在工作负载一定的条件下，当工作压力数值小时，则执行元件的尺寸和质量就会相应变大，因而机构尺寸大、经济性差；当工作压力数值大时，虽能减小执行元件的尺寸，但对元件的性能（承压能力等）、质量和密封要求就相应提高，反而使成本增加，容积效率下降。因此，确定和优化系统压力参数十分重要。

初选系统压力时，可根据系统的总负载及液压设备的类型参照表9-1和表9-2选定。

表9-1 各类液压设备常用系统压力

设备类型	机　床				农业小型机械	起重、运输等重型机械
	磨床	组合机床	龙门刨床	拉床		
工作压力/MPa	0.8～2	3～5	2～8	8～10	10～16	20～32

表9-2 依据负载选择系统压力

负载/kN	5 以下	5～10	10～20	20～30	30～50	50 以上
工作压力/MPa	0.8～1	1.5～2	2.5～3	3～4	4～5	5 以上

2. 计算液压缸的主要尺寸或液压马达的排量

1）计算液压缸的主要尺寸

液压缸的主要尺寸计算简图如图9-5所示。

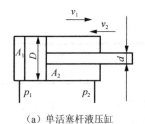

（a）单活塞杆液压缸

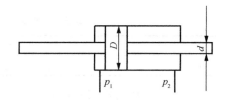

（b）双活塞杆液压缸

图 9-5 液压缸的主要尺寸计算简图

（1）单活塞杆液压缸的主要尺寸计算。

主要尺寸如图 9-5（a）所示，液压缸无杆腔为工作腔时

$$p_1 A_1 - p_2 A_2 = \frac{F}{\eta_{cm}} \tag{9-13}$$

有杆腔为工作腔时

$$p_1 A_2 - p_2 A_1 = \frac{F}{\eta_{cm}} \tag{9-14}$$

（2）双活塞杆液压缸的主要尺寸计算。

主要尺寸如图 9-5（b）所示，

$$A_1 = A_2 = A$$

$$A(p_1 - p_2) = \frac{F}{\eta_{cm}} \tag{9-15}$$

式中，p_1 为液压缸工作腔压力（Pa）；p_2 为液压缸回油腔压力（Pa）；A_1 为液压缸无杆腔的有效面积（m^2）；A_2 为液压缸有杆腔的有效面积（m^2）；D 为液压缸内径或活塞直径（m）；d 为活塞杆直径（m）；F 为液压缸最大外负载（N）；η_{cm} 为液压缸机械效率，一般取值为 90%～97%。

当用以上公式确定液压缸的主要尺寸时，需要选取回油腔压力（背压）p_2 和杆径比 d/D。根据回路特点，选取背压值，其经验数据参考表 9-3。

表 9-3 背压经验数据

回路特点	背压/MPa
回油路上设有节流阀	0.2～0.5
回油路上有背压阀或调速阀	0.5～1.5
采用补油泵的闭式回路	1～1.5

对杆径比 d/D，一般按下述原则选取：

当活塞杆受拉时，一般选取 d/D=0.3～0.5；当活塞杆受压时，为保证压杆的稳定性，一般选取 d/D=0.5～0.7。通常，对杆径比 d/D，按液压缸的往返速比 $i=v_1/v_2$（v_1，v_2 分别为液压缸正反行程速度，如图 9-5（a）所示）的要求选取，其经验数据参考表 9-4。

表 9-4 液压缸常用往返速比

i	1.1	1.2	1.33	1.46	1.61	2
d/D	0.3	0.4	0.5	0.55	0.62	0.7

一般情况下，工作机械在返回行程不工作，其速度可以大些，但也不宜过大，以免产生冲击能量。一般认为 $i<1.61$ 较为合适。如果采用差动连接，并要求往返速度一致时，应选取 $A_2=A_1/2$，即 $d=0.7$。

对要求工作速度很低的液压缸（如精镗用组合机床进给液压缸），按负载计算出液压缸的主要尺寸后，还需按最低工作速度验算液压缸主要尺寸，即

$$A \geqslant \frac{q_{\min}}{v_{\min}} \tag{9-16}$$

式中，A 为液压缸的有效面积（m^2）；$q_{\min}$ 为系统最小稳定流量（m^3/s）；$v_{\min}$ 为主机要求的液压缸应达到的最低工作速度（m/s）。

验算后，如果有效面积满足不了最低工作速度的需求，就必须重新确定液压缸的直径。

对液压缸直径 D 和活塞杆直径 d 的最后确定值，还必须圆整成国家标准规定的标准数值；否则，设计出来的液压缸将无法采用标准的密封件。

2）计算液压马达的排量计算

液压马达的排量计算公式如下：

$$V_m = \frac{6.28T}{\Delta p \eta_{mm}} \tag{9-17}$$

式中，V_m 为液压马达的排量（m^3/r）；T 为液压马达的负载转矩（$N \cdot m$）；Δp 为液压缸进、出口压力差（Pa）；η_{mm} 为液压马达的机械效率，一般情况下，对齿轮液压马达和柱塞液压马达，该值选取 90%～95%，对叶片液压马达，该值选取 80%～90%。

对要求工作转速很低的液压马达，按负载转矩计算出的液压马达排量后，还需按最低工作转速验算其排量，即

$$V_m \geqslant \frac{q_{\min}}{n_{m\,\min}} \tag{9-18}$$

式中，$q_{\min}$ 为系统最小稳定流量（m^3/s）；$n_{\min}$ 为主机要求液压马达应达到的最低工作转速（m/s）。

3. 计算液压缸或液压马达的最大流量

（1）液压缸的最大流量。

$$q_{\max} = Av_{\max} \tag{9-19}$$

式中，A 为液压缸的有效面积（m^2）；$v_{\max}$ 为液压缸的最大速度（m/s）。

（2）液压马达的最大流量。

$$q_{\max} = V_m n_{m\,\max} \tag{9-20}$$

式中，V_m 为液压马达的排量（m^3/r）；n_{max} 为液压马达的最高转速（m/s）。

4. 绘制出液压缸或液压马达的工况图

液压缸或液压马达的工况图是指液压缸或液压马达的压力循环图（p-t 曲线图）、流量循环图（q-t 曲线图）和功率循环图（P-t 曲线图）。

1）工况图的绘制

液压缸的主要尺寸和液压马达的排量一经确定，就可根据负载循环图（F-t 曲线图），并利用式（9-13）、式（9-14）、式（9-15）或式（9-17）算出一个工作循环中 p 与 t 的对应关系，进而绘制出 p-t 曲线图。同样，利用运动循环图，并利用式（9-19）和式（9-20），即可绘制出液压缸或液压马达的 q-t 曲线图。对具有多个执行元件的液压系统，应将各个执行元件的 q-t 曲线图叠加在一起绘制出总的 q-t 曲线图。根据 p-t 曲线图和 q-t 曲线图，由功率 $P=pq$，即可绘制出 P-t 图。

图 9-6 所示是具有典型工作循环的液压机工况图。

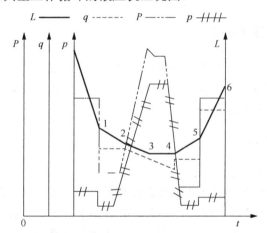

图 9-6　具有典型工作循环的液压机工况图

2）工况图的作用

（1）通过工况图找出最高压力点、最大流量点和最大功率点及其相应参数，以此作为选择液压元件、辅助元件和原动机规格的依据。也可以根据这些参数，设计非标准液压元件。

（2）利用工况图，鉴别各工况下所选定参数的合理性或进行相应调整。一般情况下，将所设计的工况图与调研方案的工况图进行分析比较，以便鉴别和修改设计参数，使所设计的液压系统更加合理、经济。

（3）通过工况图的分析，可以合理选择液压系统的主要回路。图 9-7 所示为两种流量循环图。

根据图 9-7（a）所给定的 q-t 曲线图，可知在工作循环中，流量变化的特点是 q_{max} 和 q_{min} 相差很大（最大可达几十倍），而其相应的时间 t_1 和 t_2 相差也较大。这种液压系统的供油回路既不适宜采用单定量泵，也不宜采用蓄能器，而适宜采用大小泵的双泵供油回路。根据图 9-7（b）所给定的 q-t 曲线图，可知流量变化特点是 q_{max} 和 q_{min} 相差较大，但其相应的时间 t_1 和 t_2 相差不大。这种系统宜采用蓄能器辅助供油回路，此时不是按 q_{max} 而是按平均流量 q_{cp} 选取液压泵的流量。

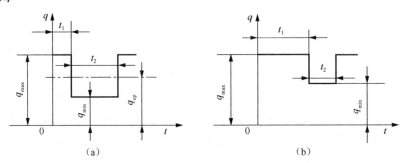

图 9-7　两种流量循环图

9.3.2　拟定液压系统工作原理图

拟定液压系统工作原理图是液压系统设计过程中的重要环节。首先，需要根据整机的性能和动作要求选择基本回路；其次，在此基础上增加可以提高安全性与经济性的辅助回路，进而组建一个较完善的液压系统。

1．要考虑的主要问题

1）确定和选择基本回路

确定和选择基本回路是决定主机动作和性能的基础，是构成液压系统的骨架。这就需要抓住各类机器液压系统的主要矛盾。例如，对速度的调节、变换和稳定要求较高的机器（如机床），调速和速度换接回路往往是组成这类机器液压系统的基本回路；对输出力、力矩或功率的调节有要求而对速度调节无严格要求的机器（如大型挖掘机），其功率的调节和分配是液压系统设计的核心，其系统特点是采用复合油路、功率调节回路等。

2）调速方式的选择

由于机器所使用原动机的不同，在其液压传动系统中，驱动液压泵的原动机有电动机和内燃发动机两种不同的形式，相应的调速方式有液压调速和油门调速两种。例如对机床、液压机等机器，一般用电动机作为原动机，其液压系统一般只能采用液压调速；对工程机械、农业机械等，多用内燃发动机作原动机，其液压系统既可采用油门调速，又可采用液压调速。

液压调速分为节流调速、容积调速和容积节流调速三大类。主要根据工况图上的压力、流量和功率的大小，对照液压系统温升、工作平稳性的要求选择调速回路。例如，在压力较低、功率较小（2～3 kW 以下）、负载变化不大、工作平稳性要求不高的场合，宜选用节流阀调速回路。在功率较小、负载变化较大、速度稳定性要求较高的场合，宜采用调速阀调速回路。在功率中等（3～5 kW）的场合，当要求温升小时，可采用容积调速；既要温升小又要工作平稳性较好时，宜采用容积节流调速。在功率较大（5 kW 以上）的场合，对要求温升小而稳定性要求不高的情况，宜采用容积调速回路；在某些要求实现稳定微量进给的场合，宜采用微量节流阀或计量阀调速回路。

油门调速是指通过调节内燃发动机油门的大小来改变其转速，使液压泵的转速改变，从而改变液压泵的流量，以达到对执行机构的调速要求，实质上属于容积调速的范畴。油门调速无溢流损失，减少系统发热量，但调速范围受到内燃发动机最低怠速的限制，因此还往往配以液压调速。

3）油路循环形式的选择

液压系统的油路循环形式有开式和闭式两种，选择哪一种形式主要取决于系统调速方式。当采用节流调速、容积节流调速时，只能采用开式系统；当采用容积调速时，多采用闭式系统。开式与闭式系统的特点比较见表 9-5。

表 9-5 开式与闭式系统的特点比较

循环形式	开式	闭式
适应工况	一般均能适应，一台液压泵可同时向多个执行元件供油	限于要求换向平稳、换向速度高的一部分容积调速系统，一般一台液压泵向一个执行元件供油
结构特点和造价	结构简单，造价低	结构复杂，造价高
散热	散热效果好，但油箱较大	散热效果差，常用辅助液压泵换油冷却
抗污染能力	较差，可采用液压油箱改善	较好，但油液过滤要求较高
管道损失及效率	管道损失大，采用节流调速时，效率低	管道损失小，采用容积调速时，效率较高

2. 综合考虑其他问题

在拟定液压系统时，还要注意以下几点问题。

1）注意防止回路相互干扰

防止回路相互干扰如图 9-8 所示。在图 9-8（a）所示回路中，由于液压泵卸载后，控制回路也随之失压，致使回路压力无法再恢复，因而回路也就不能正常工作。采取改进措施后的回路如图 9-8（b）所示，在原回路中增设一个背压阀 1，以获得使电液换向阀换向所必需的控制压力。

2）提高系统效率，防止系统过热

若要提高系统效率，则要求在选择系统回路以及在组成系统的整个设计过程中，应力求减少系统压力损失和容积损失，从而防止系统过热。其涉及面较广：例如，要注意选用高效率液压元件、辅助元件，正确选用液压油，合理选择油管内径，尽量减少油管长度，减少油管弯曲次数，采用效率较高的压力、流量和功率适应回路等。

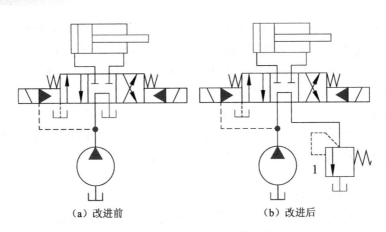

(a) 改进前   (b) 改进后

图 9-8   防止回路相互干扰图例

（1）防止液压冲击。工作机构运动速度的变换（启动、变速、制动）、工作负载突然消失以及冲击性负载会产生液压冲击能量，影响系统正常工作。常用的防止措施如下：对液压缸到达行程终点因惯性引起的冲击能量，可在液压缸端部设缓冲装置或采用行程节流阀回路；对负载突然发生变化（如工作负载突然消失）时产生的冲击能量，可在回路上增设背压阀；针对冲击性负载，可在执行元件的进、出口处设置动作敏捷的超载安全阀；为防止由于换向阀换向过快而引起的冲击能量，可采用换向速度可调的电液换向阀等；对于大型液压机等，因困在液压缸内的大量高压油突然卸压而引起的冲击能量，可采用节流阀以及带卸压阀的液控单向阀等元件控制高压油逐渐卸压的办法防止冲击能量。

（2）确保系统安全可靠。液压系统运行中的不安全因素是多种多样的，如异常的负载、停电、外部环境条件的急剧变化、操作人员的误动作等，必须有相应的安全回路或措施，确保人身和设备安全。例如，为了防止工作部件的漂移、下滑、超速等，应设计锁紧、平衡、限速等回路；为了防止操作人员误动作，或者由于液压元件失灵而产生误动作，应设有误动作防止回路等。

（3）应尽量采用标准化、通用化元件，这可以缩短制造周期，便于元件互换和维修。

（4）注重辅助回路的设计。

在拟定液压系统原理图时，应在需要检测系统参数的地方，设置工艺接头以便安装检测仪表。

9.3.3 液压元件的选型

液压系统的组成元件包括标准元件和专用元件两大类。在能够满足系统性能要求的前提下，应尽量选用标准元件，以节省开支和提高设备使用效率。选择各种元件时主要应从以下4个方面进行考虑。

（1）应用方面。在应用方面需要考虑的因素很多，如主机的类型（工业设备、行走机械等）、原动机的特性、环境情况（温度、湿度、工作地点的尘埃状况等）、安装形式、货源情况及维护要求等。

（2）系统要求方面。压力和流量的大小、工作介质的种类、工作循环周期、操纵控制方式、冲击振动情况等。

（3）经济方面。元件设备的使用量、购置及更换成本、货源情况及产品价格、质量和信誉等。

（4）其他。应尽量采用标准化、通用化及货源供应条件好（如距离近）的供应商，以期尽量降低成本，便于维护。

下面分别说明液压系统的动力元件（液压泵）、执行元件（液压马达和液压缸）、控制元件（液压阀）、辅助元件和液压油的确定和选用方法。

1. 动力原件——液压泵的确定

1）确定液压泵的最大工作压力

液压泵的最高工作压力 p_p 可按式（9-21）计算确定：

$$p_p \geqslant p_{max} + \sum h \qquad (9\text{-}21)$$

式中，p_{max} 为执行元件的最高工作压力（Pa）；$\sum h$ 为总压力损失（Pa）。初算总压力损失时，按经验数据选取：对一般节流调速和简单的系统，该值选取 0.2～0.5 MPa；对进油路上有调速阀和管道较复杂的系统，该值选取 0.5～1.5 MPa。

2）液压泵最大流量的确定

（1）当采用单泵向多执行元件系统供油时，液压泵最大流量：

$$q_p \geqslant K_1 \sum q_{max} \qquad (9\text{-}22)$$

式中，K_1 为系统泄漏系数，一般 $K_1 = 1.1 \sim 1.3$，对小流量，取其大值；对大流量，取其小值；$\sum q_{max}$ 为同时动作各液压缸所需流量之和的最大值（m^3/s）。

（2）若液压系统采用节流调速方式，而最大供油量又出现在调速时，则在液压泵最大流量的基础上还需加上溢流阀的最小溢流量 0.05 m^3/s，主要是考虑保持溢流阀溢流稳压状况。

液压泵的选择需要根据以上两个参数具体决定，即液压泵的最大工作压力 p_p 和液压泵最大流量 q_p。

所选液压泵的额定压力：

$$p_n \geqslant (1.25 \sim 1.6) p_p \qquad (9\text{-}23)$$

所选液压泵的额定流量：

$$q_n = q_p$$

（3）当液压系统使用蓄能器作为辅助动力源时，液压泵的输出流量：

$$q_p = \sum_{i=1}^{Z} \frac{V_i K}{T_t} \qquad (9\text{-}24)$$

式中，q_p 为液压泵的流量（L/min）；K 为系统泄漏系数，一般 $K=1.2$；T_t 为液压设备工作周期（min）；V_i 为每个液压执行元件在工作周期中的总耗油量（L）；Z 为液压执行元件的个数。

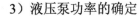
3）液压泵功率的确定

（1）在工作循环中，若液压泵的压力和流量相对恒定，即 $p\text{-}t$ 曲线图和 $q\text{-}t$ 曲线图变化比较平缓，则

$$P = \frac{p_p q_p}{60\eta_p} \qquad (9\text{-}25)$$

式中，P 为液压泵的驱动功率（kW）；p_p 为液压泵的最大工作压力（MPa）；q_p 为液压泵的流量（L/min）；η_p 为液压泵的总效率，齿轮液压泵的总效率取值范围为 60%～80%，叶片液压泵的总效率取值范围为70%～80%，柱塞液压泵的总效率取值范围为80%～85%。

（2）限压式变量泵的驱动功率，可按流量特性曲线拐点处的流量、压力值计算。一般情况下，可选取 $p_p = 0.8 p_{p\,max}$，$q_p = q_n$，则

$$P = \frac{0.8 p_{p\,max} q_n}{60\eta_p} \qquad (9\text{-}26)$$

式中，P 为液压泵的驱动功率（kW）；p_p 为液压泵的额定压力（MPa）；q_n 为液压泵的额定流量（L/min）。

（3）在工作循环中，若液压泵的流量和压力变化较大，即 $p\text{-}t$ 曲线图和 $q\text{-}t$ 曲线图起伏变化较大，则须分别计算出各个动作阶段所需功率，取其平均功率作为驱动功率，即

$$P = \sqrt{\frac{P_1^2 t_1 + P_2^2 t_2 + \cdots + P_n^2 t_2}{t_1 + t_2 + \cdots + t_n}} \qquad (9\text{-}27)$$

式中，$t_1, t_2, \cdots, t_n$ 分别为在一个工作循环中机构执行每个动作所需的时间（s）；$p_1, p_2, \cdots, p_n$ 分别为在一个工作循环中机构执行每个动作阶段所需的功率（kW）。

按平均功率选出液压泵（电动机）功率后，还要验算每个动作阶段电动机超载量是否都在允许范围内。通常，允许电动机短时间内超载25%。

4）选择液压泵的规格

根据以上步骤求得的 p_p 值和 q_p 值，按照系统中拟选的液压泵形式，从产品样本或手册中选择相应的液压泵。为使液压泵有一定的压力储备，其额定压力一般要比最大工作压力大25%～60%，额定流量应与计算所需流量相当，不要超过太多。

2. 执行元件的确定

在液压系统功能设定任务中，需要确定执行元件的种类、数量、动作、主要参数等，以及确定具体的结构形式、规格及安装方式。

1）液压缸

应尽量按以上步骤计算结果确定液压缸的结构性能参数，并从现有标准液压缸产品规格中，选用所需的液压缸种类。选用时应考虑如下两个方面问题。

（1）从占用空间、质量、刚度、成本和密封性等方面，对各种液压缸的缸筒组件、活塞组件、密封组件、排气装置、缓冲装置的结构形式进行比较。

（2）根据负载特性和运动方式选择液压缸的安装方式，其主要安装方式有法兰式、中线凸耳式、耳轴式、耳环式、拉杆式、脚架式等。选择安装方式时，尽可能使液压缸只受运动方向上的负载而不受（或少受）径向负载，并具有容易校正、刚度好、成本低、维护性好等特点。

2）液压马达

液压马达的种类不同，特性各异，通常按已确定的液压马达结构性能参数，在产品手册（或样本）中挑选转速范围、转矩、容积效率、总效率等符合系统要求的规格，并从占据空间、安装条件、工作机构布置及经济性等方面综合考虑后，优选其规格型号。低速液压马达应具备在极低转速下平稳运转等特性；液压马达的泄漏量、负载必须恒定，要有一定的回油背压和适当的油液黏度。当液压马达需要带载启动时，要核对其转矩等是否满足要求。

3．液压阀的确定

根据所拟定的液压系统原理图、系统的最高工作压力和通过该液压阀的最大流量，从国家标准规定的液压阀产品样本中选配总回路所需的各个液压阀；根据分支路的工作压力及通过该液压阀的最大流量，选择支路液压阀。要求所选液压阀的额定压力和额定流量一般应大于系统最高工作压力和通过该阀的最大流量，并保有一定的安全裕量（最大可达20%）。尽量合理选择安全裕量，以免引起过热、噪声、振动及损耗等问题。

溢流阀的选取应依据液压泵的最大流量、流量阀的流量调节范围等参数，并保证其最小稳定流量能满足工作部件最低稳定速度的要求。

对同一工艺目的的液压机械设备，通过液压阀的不同组合使用，可以组成油路结构截然不同的多种液压系统设计方案。因此，在液压系统设计中液压阀可选的品种规格多、应用灵活广泛、方案较多。

液压阀的选择在整个液压系统设计中的地位很重要。所设计的液压系统能否按照既定要求正常可靠地运行，在很大程度上取决于设计者所采用的各种液压阀的性能优劣及参数是否匹配合理。

（1）液压阀实际流量。液压阀的实际流量与油路的串联或并联方式有关。另外，对于采用单活塞杆的液压缸，要格外注意活塞外伸和内缩时回油量的不同与变化。

（2）液压阀的额定压力和额定流量。液压阀的额定压力和额定流量一般应与其使用压力和流量相接近。对可靠性要求较高的系统，液压阀的额定压力应留有足够的安全裕量。对液压系统中的顺序阀和减压阀，其通过流量应不小于额定流量；否则，易产生振动或其他不稳定工况。对流量阀，应核算其最小稳定流量。

（3）液压阀的安装连接方式。液压阀的安装连接方式对后续的液压装置结构形式的设计有决定性影响，因此，选择液压阀时，应与液压控制装置的集成方式一并考虑。

通常液压系统工作流量在 100 L/min 以下时，可优先选用叠加阀；当液压系统工作流量在 200 L/min 以上时，可优先考虑插装阀。螺纹式插装阀主要适用于小流量系统。

（4）方向控制阀的选用。对结构简单的普通单向阀，主要应注意其开启压力的合理选用；对液控单向阀，为避免引起液压系统的异常振动和噪声，还应注意合理选用其泄压方式。当液控单向阀的出口存在背压时，宜选用外泄式，其他情况可选用内泄式。

对于换向阀，应注意从满足液压系统对自动化和运行周期的要求等方面出发，合理选用其操作形式。

应正确选用滑阀式换向阀的中位机能并把握其过渡状态的机能。对采用双液控单向阀锁紧液压执行元件的系统，应选用 H 形、Y 形中位机能的滑阀式换向阀，以保证液控单向阀可靠复位和液压执行元件良好的锁紧状态。滑阀式换向阀的中位机能在换向过渡位置，不应出现油路完全堵死情况；否则，有可能导致系统压力冲击并引起管道爆裂等事故。

（5）压力控制阀的选用。液压系统需要卸荷时，应注意卸荷溢流阀与外控顺序阀的区别。卸荷溢流阀主要用于装有蓄能器的液压回路中，如果选用一般的外控顺序阀，将导致液压泵出口压力时高时低，液压系统工作失常。先导型减压阀较其他液压阀的泄漏量大，并且只要阀处于工作状态，泄漏始终存在，这一点在选择液压泵的容量时应充分注意。同时，还应注意减压阀的最低调节压力，应保证其进、出口的压力差为 0.3～1.0MPa。

（6）流量控制阀的选用。节流阀、调速阀的最小稳定流量应满足执行元件最低工作速度的要求。为了保证调速阀的控制精度，应保证其在工作时有一定的工作压力差。在环境温度变化较大的工况下，应选用温度补偿型调速阀。

（7）电液控制阀的选用。电液控制阀分为电液伺服阀、比例阀和数字阀等不同类型，主要用于控制性能要求较高的场合。目前，数字阀可供产品不多，而电液伺服阀主要用于闭环液压控制系统。尽管电液比例阀也可以用于闭环液压系统，但一般常用于开环液压传动系统中。在液压系统设计中，可根据执行元件的控制要求、控制精度、响应特性、稳定性要求等进行选择。

4. 辅助元件的确定

辅助元件是液压系统中不可或缺的组成部分，辅助元件的合理选用与否将直接影响系统的工作性能。因此，在设计液压系统时，应给予足够的重视。

1）蓄能器的选择

常用的蓄能器是充气式蓄能器，主要包括活塞式蓄能器和气囊式蓄能器两种。活塞式蓄能器的额定压力为 20 MPa 左右，气囊式蓄能器的额定压力可达 32 MPa。蓄能器的选择原则主要包括以下两点：

（1）确定蓄能器的工作容积和充气压力。由于蓄能器在液压系统中的功用不同，蓄能器的容积和充气压力的选择方法也不同。具体可参见相关设计手册。

（2）若采用气囊式蓄能器，则气囊材质的选择须依据工作介质种类及其工作参数的要求进行。

2）过滤器的选择

过滤器的选择主要是根据液压系统的相关技术要求，合理确定所需过滤器的类型、精度及规格，要求所选用的过滤器既能满足系统的滤油要求，又能使过滤器具有足够的通流能力，滤芯具有足够的强度、抗腐蚀性能且便于清洗与更换等特点。

3）冷却器的选择

冷却器分为水冷式冷却器和风冷式冷却器两类。可以根据散热量、工作位置和安装方式等要求选取冷却器。应优先采用水冷式冷却器，并保证冷却水在冷却器内的流速不超过 1.2 m/s，还要保证液压油通过冷却器时的总压力降小于 0.1MPa。只有在液压系统或工作地点缺乏水源时，才可考虑选用风冷式冷却器。

4）油管与管接头的选择

常用油管分为硬管（钢管和铜管）和软管（橡胶管和尼龙管）两类，选用的主要依据是液压系统的工作压力、流通量、工作环境要求和液压元件的安装位置等因素，建议优先选用硬管。油管的规格由与之连接的液压元件的对接口规格及相应安装位置等因素决定，并需要对其中某些重要部位油管的内径和壁厚进行校核验算。

管接头的作用是连接油管与油管或油管与元件，使之成为能够可靠工作的一体。管接头的选择主要考虑密封可靠、具有足够的耐压力和通流量，尽量选择压降小、装卸方便的管接头。常用的管接头形式有焊接式、卡套式、扩口式、法兰式和软管用管接头等，其规格品种及参数可参见相关设计手册。

5）压力表与压力表开关的选择

压力表主要位于液压泵的出口、重要压力控制元件的附近等处，以便在工作中进行调节压力及观测控制。压力表测量范围应选择在使液压系统的工作压力位于压力表量程的三分之二处，安装位置应便于观测。普通液压系统的压力表多为弹簧式，自动控制（或远程控制）液压系统选用电接点式压力表，后者特点是可以在观测系统压力等参数的同时，还可以在系统压力变化超过预设值时发送信号，以控制电动机或电磁阀等元件，使之产生动作，从而实现自动化控制。

为保护压力表，应设置压力表开关，以防止因系统压力突变或压力脉动而造成压力表损坏。在需要测定动态压力的情况下，则可考虑选用压力传感器等元件。

6）油箱容积的确定

在初始设计时，先估算油箱的容量；在液压系统确定后，再按散热量等要求进行校核。油箱容量的经验公式为

$$V = \alpha q_{\mathrm{p}} \tag{9-28}$$

式中，V 为油箱的容量（L）；q_{p} 为液压泵每分钟排出的液压油容积（L/min）；α 为经验系数，对低压系统，其值通常选取 2~4；对中压系统，其值选取 5~7；对高压系统，其值选取 10~12。

确定油箱尺寸时，除了满足系统供油要求，还要保证在所有执行元件处于全部排油状态时，油箱中的油液不能溢出；在液压的系统充油量最大时，油箱的油位不能超出上、下限值。

5. 液压油的选择

根据国家标准 GB/T 7631.2—2003《液压油（液）产品分类标准》选择液压油。

9.3.4 液压系统性能验算

在液压系统的设计过程中及设计完成后，需要对它的技术性能进行验算，这些验算一般包括液压系统压力损失验算、液压系统总效率验算、液压系统发热温升验算和液压冲击验算等。

1. 液压系统压力损失的验算

在确定液压元件、辅助元件规格、管道尺寸及确定管道装配图后，即可进行液压系统压力损失的计算。验算液压系统压力损失的目的是正确调整系统压力，使执行元件输出的参数满足设计要求，并可根据压力损失的大小分析并判断该系统设计是否合理。

液压系统的压力损失包括管道的沿程压力损失 p_λ 和局部压力损失 p_ζ，即

$$\sum p = p_\lambda + p_\zeta \tag{9-29}$$

$$p_\lambda = \lambda \times \frac{L}{d} \times \frac{v^2}{2g} \tag{9-30}$$

$$p_\zeta = \zeta \times \frac{v^2}{2g} \tag{9-31}$$

式中，λ 为沿程阻力系数，与油液的流动状态有关；ζ 为局部阻力系数；g 为重力加速度（m/s^2）；v 为通过管道的流速（m/s）；L 为油管长度（m）；d 为管道内径（mm）。

液压系统压力总损失为

$$\sum \Delta p = \sum \Delta p_\lambda + \sum \Delta p_\zeta + \sum \Delta p_v \tag{9-32}$$

式中，$\sum \Delta p_\lambda$ 为管道的沿程压力损失（MPa）；$\sum \Delta p_v$ 为标准阀类元件的局部压力损失（MPa）；$\sum \Delta p_\zeta$ 为管道的局部压力损失（MPa）。

其中，沿程压力损失 $\sum \Delta p_\lambda$、管道的局部压力损失 $\sum \Delta p_\zeta$ 可根据式（9-30）、式（9-31）进行计算。流经标准阀类元件时的局部压力损失 $\sum \Delta p_v$ 与其额定流量 q_n、额定压力损失 Δp_n 和通过该阀的实际流量 q 有关，4 者近似关系式为

$$\Delta p_v = \Delta p_n \left(\frac{q}{q_n} \right)^2 \tag{9-33}$$

液压泵最大工作压力 p_p 必须大于执行元件工作压力 p_1 和总压力损失之和 $\sum \Delta p$，即

$$p_p \geqslant p_1 + \sum \Delta p \tag{9-34}$$

2. 液压系统总效率的验算

液压系统效率是整个系统输出功率 P_{mo}（执行元件的输出功率）与其输入功率 P_{pi}（液压泵的输入功率）之比，即

$$\eta = \frac{P_{\mathrm{mo}}}{P_{\mathrm{pi}}} \qquad (9\text{-}35)$$

式（9-35）可写为

$$\eta = \frac{P_{\mathrm{po}}}{P_{\mathrm{pi}}} \times \frac{P_{\mathrm{mi}}}{P_{\mathrm{po}}} \times \frac{P_{\mathrm{mo}}}{P_{\mathrm{mi}}} \qquad (9\text{-}36)$$

式中，η 为液压系统效率；P_{po} 为液压泵的输出功率（kW）；P_{pi} 为液压泵的输入功率（kW）；P_{mo} 为执行元件输出功率（kW）；P_{mi} 为执行元件输入功率（kW）；

在式（9-36）中，比值 $P_{\mathrm{po}} / P_{\mathrm{pi}}$ 和比值 $P_{\mathrm{mo}} / P_{\mathrm{mi}}$ 分别是液压泵的效率 η_{p} 和执行元件（液压马达或液压缸）的效率 η_{m}，而比值 $P_{\mathrm{mi}} / P_{\mathrm{po}}$ 正是液压回路效率 η_{L}，即

$$\eta_{\mathrm{p}} = \frac{P_{\mathrm{po}}}{P_{\mathrm{pi}}}, \quad \eta_{\mathrm{m}} = \frac{P_{\mathrm{mi}}}{P_{\mathrm{mo}}}, \quad \eta_{\mathrm{L}} = \frac{P_{\mathrm{mi}}}{P_{\mathrm{po}}} \qquad (9\text{-}37)$$

液压系统效率表达式（9-36）可改写为

$$\eta = \eta_{\mathrm{p}} \eta_{\mathrm{m}} \eta_{\mathrm{L}} \qquad (9\text{-}38)$$

式中，η 为液压系统效率；η_{p} 为液压泵效率；η_{m} 为液压执行元件效率；η_{L} 为液压回路的效率。

因此，液压系统效率的验算主要考虑液压泵的效率 η_{p}、执行元件的效率 η_{m} 及液压回路的效率 η_{L}。液压泵和液压马达的总效率可查相关产品样本（说明书），而液压回路效率可通过计算液压系统压力损失得到。

从工程设计实际出发，液压回路效率 η_{L} 可按下式计算，即

$$\eta_{\mathrm{L}} = \frac{\sum p_{1} q_{1}}{\sum p_{\mathrm{p}} q_{\mathrm{p}}} \qquad (9\text{-}39)$$

式中，$\sum p_{1} q_{1}$ 为各个执行元件的负载压力和负载流量乘积的总和（kW）；$\sum p_{\mathrm{p}} q_{\mathrm{p}}$ 为各个液压泵供油压力和输出流量乘积的总和（kW）。

液压系统在一个完整的工作循环周期内的平均液压回路效率 $\overline{\eta_{\mathrm{L}}}$ 可按下式计算，即

$$\overline{\eta_{\mathrm{L}}} = \frac{\sum \eta_{\mathrm{L}i} t_{i}}{T}$$

式中，$\eta_{\mathrm{L}i}$ 为各个工作阶段的液压回路效率；t_{i} 为各个工作阶段的持续时间（s）；T 为单循环周期（s），$T = \sum t_{i}$。

3. 液压系统发热温升的验算

在工作过程中液压系统除了通过执行元件向外输出有效功率，还有一定的损失功率。液压系统能量损失包括压力损失、容积损失和机械损失 3 种形式，该能量最终将以热量形式损失，同时导致油温和油液黏度变化等一系列影响。因此，液压系统油液的温升必须控制在允许范围以内。对不同的液压系统，因其条件不同，工作温度范围也不相同。

对于精密机床，工作机械的总发热量 Q 可按下式估算。

$$Q = P_{pi} - P_{mo} = P_{pi}(1-\eta) \tag{9-40}$$

式中，P_{pi} 为液压泵的输入功率，kW；P_{mo} 为执行元件的输出功率，kW；η 为液压系统总效率。

液压系统所产生的热量一部分导致油液和系统温度升高，另一部分则经过油箱、冷却器等散发，散发到空气中的热量 Q_o 可由下式计算。

$$Q_o = KA\Delta t \tag{9-41}$$

式中，K 为油箱的散热系数[W/（$m^2 \cdot$℃）]。当通风条件很差时，$K=8\sim10$ W/（$m^2 \cdot$℃）；当通风条件良好时，$K=14\sim20$ W/（$m^2 \cdot$℃）；当使用风扇冷却时，$K=20\sim25$ W/（$m^2 \cdot$℃）；当使用循环水冷却时，$K=110\sim175$W/（$m^2 \cdot$℃）；A 为散热表面积（m^2）；Δt 为散热两表面温度差（℃）。

当液压系统达到热平衡时，$Q = Q_o$，则液压系统的温升为

$$\Delta t = \frac{Q}{KA} \tag{9-42}$$

一般机械允许的油液温升上限范围为 $25\sim30$℃；数控机床允许的油液温升低于 25℃；工程机械允许的油液温升 $35\sim40$℃。

若油箱三边的结构尺寸比例范围为 $1:1:1\sim1:2:3$，而且油位高度为油箱高度的 80% 时，则其散热面积的估算公式为

$$A_t = 0.065\sqrt[3]{V_t^2} \tag{9-43}$$

式中，V_t 为油箱有效容积（L）。

油液温升 Δt 与环境温度之和不应超过油液的最高允许温度。如果超值，就必须适当采取措施，如增加油箱散热面积或采用散热器等降低油温。

4. 液压冲击验算

在液压系统中，当管道内液流速度发生急剧改变时，就会产生压力剧烈变化，形成很高的压力峰值，这种现象称为液压冲击。产生液压冲击的原因很多，如换向阀快速地开启或关闭液压油路、液压执行元件突然停止运动、执行机构受到大的冲击负载等。

液压冲击的危害性很大，不但使液压系统产生振动和噪声，还可能因为冲击力过高损坏管道、液压元件、密封装置等。因此，分析和验算液压冲击，并采取预防措施，对液压系统的安全运行是非常重要的。

在工程实际中，影响液压冲击的因素很多，在理论上很难进行精确计算，一般通过估算、数值仿真或试验确定。在设计液压系统时，一般不对液压冲击进行计算，但需要根据系统回路特点采取预防措施。当有特殊要求时，可利用数值仿真技术进行影响因素分析及系统优化。

9.3.5 结构设计及技术文件编制

液压系统原理图确定以后，根据所选用或设计的液压元件及辅助元件，就可以进行液

压装置的结构设计了。

1. 液压装置的类型

液压装置按其总体配置方式分为分散配置型和集中配置型两大类型。

1）分散配置型液压装置

液压装置分散配置是指将液压系统的液压泵及电动机、执行元件、控制阀和辅助元件等分散安装在主机附近的适当位置上。液压系统中的各组成元件通过管件逐一连接起来，以满足机械设备的布局、工作特性和操纵等方面的特殊需要。例如，金属加工机床所采用的配置方式不仅有利于将机床床身、立柱及底座等支撑件的合理构建（构成的空间兼作液压油箱或安放动力源），而且应把液压阀等元件安设在机身适当位置以便操纵。分散配置型液压装置除了部分用于固定机械设备，特别适用于由移动式机械设备（如车辆、工程机械等）等组成的液压系统。

分散配置型液压装置的优点是节省安装空间（占地面积），缺点是元件布置散乱、安装维护工作复杂，动力源的振动、发热等还会对主机加工精度产生不利影响等。

2）集中配置型液压装置

集中配置型液压装置通常是将液压系统的执行元件安放在主机上，而将动力源、控制及调节装置和辅助元件等集中在一处组成所谓液压泵站，通常安装于主机系统外。

采用液压泵站形式的优点是外形整齐美观、安装维护方便，利于采集和检测电液等工作信号（自动化控制），可以隔离液压系统的振动及发热等现象对主机加工精度的影响等；缺点是占地面积大。特别是对有高强度热源、烟雾和粉尘污染的机械设备，有时需要为液压泵站建立专门的隔离房间或地下室。

液压泵站主要用于固定机械设备及安装空间不受限制的各类机械设备，包括一些小型系统（如金属加工机床及其自动生产线、塑料机械、纺织机械、建筑机械等主机的液压系统）和单件小批的大型系统（如冶金设备、水电工程项目中的有些液压系统）等。

随着液压技术的发展，液压泵站已成为众多液压系统的典型做法，逐渐成为各类机械设备液压装置结构方案的首选。

液压泵站有多种分类方式。按液压泵组是否被置于油箱之上，分为上置式液压泵站和非上置式液压泵站。根据电动机安装方式不同，上置式液压泵站又可分为立式和卧式液压泵站两种。上置式液压泵站结构紧凑、占地面积小，广泛应用于中小功率液压系统中。非上置式液压泵站按液压泵组的安装形式又有旁置和下置之分。非上置式液压泵站中的液压泵组置于油箱液面以下，能有效地改善液压泵的吸入性能，并且装置高度低，便于维修，适用于功率较大的液压系统。

按液压泵站的规模大小，可分为单机型液压泵站、机组型液压泵站和中央型液压泵站。单机型液压泵站规模较小，通常将控制阀组一并置于油箱面板上，组成较完整的液压系统总成，该类型液压泵站应用较广；机组型液压泵站是将一个或多个控制阀组集中安装在一个或几个专用阀台上，再与液压泵组和液压执行元件相连接，这种液压泵站适用于中等规模的液压系统；中央型液压泵站常被安置在地下室内，以便于降低噪声，保持稳定的环境温度和清洁度，该类液压泵站规模大，适用于大型液压系统。

2. 液压控制装置的集成

液压控制装置中按元件的配置形式分为板式配置、叠加式配置和集成式配置 3 种。

（1）板式配置。板式配置就是把标准元件与其底板用螺钉固定在平板上，元件之间由油路连接。

（2）叠加式配置。这种形式是在组合块式基础上发展起来的，不需要另外的连接块，而是以自身阀体作为连接体，通过螺钉将控制阀等元件直接叠合组装在一起而成为液压系统。

（3）集成式配置。集成式配置是借助某种专用或通用的辅助元件，把各种元件组合在一起。该形式主要依据一定回路可以完成某一固定液压功能，做成通用化的六面体集成块，通常集成块的上下两面作为与其他功能块的结合面，除了一面用于安装通向执行元件的管接头，其余面用于固定标准液压元件。对于较复杂的液压系统，集成式配置往往由几个集成块组成。

3. 绘制正式工作图，编制技术文件

对液压系统修改完善并确定该系统设计合理后，便可开始绘制正式工作图和编制技术文件。

1）绘制正式工作图

所要绘制的正式工作图应包括以下内容。

（1）液压系统工作原理图。图上应注明各种元件的规格、型号及压力调整值，画出执行元件完成的工作循环图，列出相应电磁铁和压力继电器的工作状态表。

（2）元件集成块装配图和零件图。液压件厂商可以提供各种功能的集成块，设计者只需按要求选用并绘制相应的组合装配图。若无合适的集成块可供选用，则需专门设计。

（3）液压泵站装配图和零件图。小型液压泵站有标准化产品可供选用，但大中型液压泵站通常需要单独设计，并绘制出其装配图和零件图。

（4）液压缸和其他所选用元件的装配图和零件图。

（5）在管道的安装图上应标明元件在设备上和工作场所的位置和固定方式，应注明管道的尺寸和布置位置，各种管接头的形式和规格、管道装配技术等。

2）编写技术文件

需要编写的技术文件一般包括设计（计算）说明书，零部件明细表，标准件、通用件和外购件总表，以及技术说明书等。有时还需要提供操作使用说明书、电气系统设计任务书等。

9.4　液压系统设计实例

本节以一台卧式单面多轴钻孔组合机床的液压系统设计为例，要求设计驱动动力滑台的液压系统，实现"快进→工进→快退→原位停止"的工作循环。

已知：该钻孔组合机床的主轴箱上有 16 根主轴，加工 14 个直径为 13.9mm 的孔和两个直径为 8.5mm 的孔；刀具为高速钢钻头，工件材料是硬度为 240HB 的铸铁件；机床工作部件总重量为 $G=9810$N；快进、快退速度为 $v_1=v_3=7$m/min，快进行程长度为 $l_1=100$mm，工进行程长度为 $l_2=50$mm，往复运动的加速、减速时间尽量不超过 0.2s；动力滑台采用平导轨，其静摩擦系数 $f_s=0.2$，动摩擦系数 $f_d=0.1$。

液压系统具体设计过程包括系统工况分析、主要参数确定、拟定液压系统工作原理图、液压元件的选择、液压系统的性能验算 5 个部分。

9.4.1　系统工况分析

1. 负载分析

（1）工作负载。由切削原理可知，高速钢钻头钻削铸铁件孔的轴向切削力 F_t 与钻头直径 D（mm）、每转进给量 s（mm/r）和铸件硬度 HB 之间的经验计算式为

$$F_t = 25.5Ds^{0.8}(HB)^{0.6} \tag{9-44}$$

式中，F_t 为轴向切削力（N）；D 为钻头直径（mm）；s 为每转进给量（mm/r）。

根据组合机床加工的特点，钻孔时的主轴转速 n 和每转进给量 s 可选用下列数值：

对直径为 13.9mm 的孔：

$$n_1=360\text{r/min}，\ s_1=0.147\text{mm/r}$$

对直径为 8.5mm 的孔：

$$n_2=550\text{r/min}，\ s_2=0.096\text{mm/r}$$

根据式（9-44），求得

$$F_t = 14\times25.5\times13.9\times0.147^{0.8}\times240^{0.6} + 2\times25.5\times8.5\times0.096^{0.8} = 30468\ \text{（N）}$$

（2）惯性负载。

$$F_m = \frac{G}{g}\frac{\Delta v}{\Delta t} = \frac{9810}{9.81}\times\frac{7}{60\times0.2} = 583\ \text{（N）}$$

（3）阻力负载。

静摩擦阻力：

$$F_{fs} = f_s G = 0.2\times9810 = 1962\ \text{（N）}$$

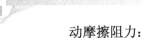
动摩擦阻力：

$$F_{fd} = f_d G = 0.1 \times 9810 = 981 \text{（N）}$$

液压缸的机械效率 $\eta_m = 90\%$，由此得出液压缸在各个工作阶段的负载，见表9-6。

表9-6　液压缸在各个工作阶段的负载（单位：N）

工　况	负载组成	负载值/N	推力 F/η_m
启　动	$F = F_{fs}$	1962	2180
加　速	$F = F_{fd} + F_m$	1564	1500
快　进	$F = F_{fd}$	981	1090
工　进	$F = F_{fd} + F_t$	31449	34943
快　退	$F = F_{fd}$	981	1090

2. 负载图和速度图的绘制

已知快进行程 $l_1 = 100$mm、工进行程 $l_2 = 50$mm、快退行程 $l_3 = l_1 + l_2 = 50$mm。负载图按上面计算的数值绘制，如图9-9（a）所示。速度图则按已知数值 $v_1 = v_3 = 7$m/min、工进速度 v_2 等绘制，如图9-9（b）所示。其中 v_2 由主轴转速及每转进给量求出，即 $v_2 = n_1 s_1 = n_2 s_2 \approx 0.053$m/min。

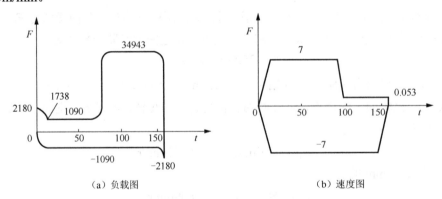

（a）负载图　　　　　　　　　　　（b）速度图

图9-9　卧式单面多轴钻孔组合机床液压缸的负载图和速度图

9.4.2　主要参数的确定

由表9-1（按主机类型选择系统压力）及表9-2（按负载选择系统压力）可知，上述组合机床液压系统在最大负载约为35000N时宜选取 $p_1 = 4$MPa。

鉴于动力滑台要求快进、快退速度相等，这里的液压缸可选用单杆式的，并在快进时作差动连接。在这种情况下，液压缸的无杆腔有效面积 A_1 应为有杆腔有效面积 A_2 的两倍，即活塞杆直径 d 与缸筒内径 D 符合关系式 $d = 0.707D$。

在钻孔加工时，液压缸回油路上必须具有背压 p_2，以防孔被钻通时动力滑台突然前冲。根据经验，选取 $p_2 = 0.8$MPa。快进时液压缸虽作差动连接，但由于油管中有压力差 Δp，因此有杆腔的压力必须大于无杆腔，估算时可选取 $\Delta p \approx 0.5$MPa。快退时回油腔中也是有背压的，这时 p_2 亦可按 0.5MPa 估算。

由工进时的推力计算液压缸面积，即

$$\frac{F}{\eta_m} = A_1 p_1 - A_2 p_2 = A_1 p_1 - \left(\frac{A_1}{2}\right) p_2$$

整理上式得到

$$A_1 = \left(\frac{F}{\eta_m}\right) / \left(p_1 - \frac{p_2}{2}\right) = 34943 / \left[\left(4 - \frac{0.8}{2}\right) \times 10^6\right] = 0.0097 \ (\text{m}^2)$$

解得

$$D = \sqrt{4A_1/\pi} = 0.1112 \ (\text{m})$$

$$d = 0.707D = 0.0786 \ (\text{m})$$

按国家标准 GB/T 2348—1993 将这两个直径值圆整成标准值，即 $D = 110$mm，$d = 80$mm。由此求得液压缸两腔的实际有效面积：

$$A_1 = \pi D^2 / 4 = 9.503 \times 10^{-3} \ (\text{m}^2)$$

$$A_2 = \pi \left(D^2 - d^2\right) / 4 = 4.477 \times 10^{-3} \ (\text{m}^2)$$

经验算，活塞杆的强度和稳定性均符合要求。

根据上述 D 与 d 的值，可估算液压缸在各个工作阶段的压力、流量和功率，见表 9-7。据此绘出上述组合机床液压缸的工况图，如图 9-10 所示。

表 9-7　液压缸在各个工作阶段的压力、流量和功率

工况		负载 F/N	回油腔压力 p_2 / MPa	进油腔压力 p_1 / MPa	输入流量 $q/(\text{L/min})$	输入功率 P/kW	计算式
快进	启动	2180	$p_2 = 0$	0.434	—	—	$p_1 = (F + A_2) / (A_1 - A_2)$
	回程速度	1738	$p_2 = p_1 + \Delta p$ ($\Delta p = 0.5$MPa)	0.791	—	—	$q = (A_1 - A_2) / v_1$
	恒速	1090		0.662	35.19	0.39	$P = p_1 q_1$
工进		34943	0.8	4.054	0.5	0.034	$p_1 = (F + p_2 A_2) / A_1$ $q = A_1 v_2$ $P = p_1 q$
快退	启动	2180	$p_2 = 0$	0.487	—	—	$p_1 = (F + p_2 A_1) / A_2$
	加速	1738	0.5	1.45	—	—	$q = A_2 v_2$
	恒速	1090		1.305	31.34	0.68	$P = p_1 q$

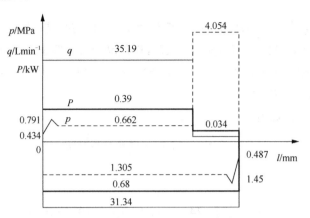

图 9-10　卧式单面多轴钻孔组合机床液压缸的工况图

9.4.3　拟定液压系统工作原理图

1. 液压回路的选择

首先，选择调速回路。由图 9-10 中的工况图可知，这台机床液压系统的功率小，动力滑台的工进速度低，工作负载变化小，可采用进口节流的调速方式。为了解决进口节流调速回路在孔被钻通时动力滑台突然前冲现象，回油路上要设置背压阀。

由于液压系统选用了进口节流调速的方式，因此，本系统中油液的循环必然是开式的。

从工况图中可以清楚地看出，在这个液压系统的工作循环内，液压缸交替地要求油源提供低压大流量和高压小流量的油液。最大流量与最小流量之比约为 70，而快进、快退所需的时间比工进所需的时间少得多。因此，从提高系统效率、节省能量的角度来看，采用单个定量泵作为油源显然是不合理的，宜采用双泵供油回路，或者采用限压式变量泵+调速阀组成的容积节流调速系统。这里，决定采用双泵供油回路，如图 9-11（a）所示。

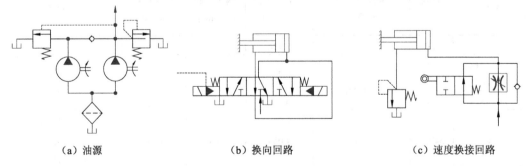

（a）油源　　　　　　　　（b）换向回路　　　　　　　（c）速度换接回路

图 9-11　液压回路的选择

其次，选择快速运动和换向回路。采用节流调速回路后，不管采用什么油源形式，都必须有单独的油路直接通向液压缸两腔，以实现快速运动。在本系统中，单杆液压缸采用差动连接方式，而且当动力滑台由工进转为快退时，回路中通过的流量很大：进油路中通过的流量为 31.34L/min，回油路中通过的流量为 31.34×（95/44.77）＝66.50L/min。为了保证换向平稳，采用电液换向阀式换向回路。因此，它的快进、快退换向回路应采用图 9-11（b）所示的形式。由于这个换向回路要实现液压缸的差动连接，换向阀必须是五通的。

再次，选择速度换接回路。由图 9-10 中的 q-l 曲线可知，当动力滑台从快进转为工进时，输入液压缸的流量由 35.19L/min 降为 0.5L/min。由此可知，动力滑台的速度变化较大，宜选用行程阀来控制速度的换接，以减少液压冲击现象，如图 9-11（c）所示。

最后，再考虑压力控制回路。本系统的调压问题已在油源中解决。对于卸荷问题，如果采用中位机能为 H 型的三位换向阀来实现，就无须再设置专用的元件或油路。

2. 液压回路的综合

把上面选择的各种回路组合在一起，就可以得到图 9-12 所示（未设置虚线框中的元件）的液压回路综合后的系统工作原理。将此图仔细检查一遍，可以发现，这个原理图在工作中还存在问题，必须进行如下的修改和整理：

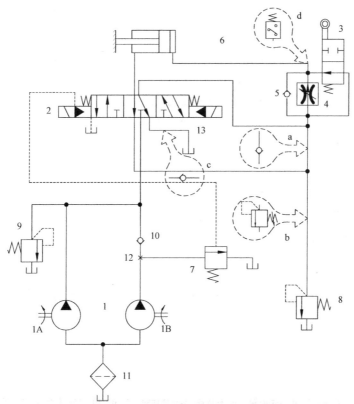

1—双联叶片泵（1A—小流量泵 1B—大流量泵） 2—电液换向阀 3—行程阀 4—调速阀
5—单向阀 6—液压缸 7—卸荷阀 8—背压阀 9—溢流阀 10—单向阀 11—过滤器 12—压力表开关
a—单向阀 b—液控顺序阀 c—单向阀 d—压力继电器

图 9-12 液压回路综合后的系统工作原理

（1）为了解决动力滑台工进时图中因进油路和回油路相互接通而无法建立压力的问题，必须在液动换向回路中串联一个单向阀 a，将工进时的进油路和回油路隔断。

（2）为了解决动力滑台快速前进时因回油路接通油箱而无法实现液压缸差动连接的问题，必须在回油路上串联一个液控顺序阀 b，以阻止油液在快进阶段流回油箱。

（3）为了解决上述组合机床停止工作时因液压系统中的油液流回油箱而导致空气进入液压系统，影响动力滑台运动平稳性的问题，同时考虑到电液换向阀的启动问题，必须在电液换向阀的出口处增设一个单向阀 c。在液压泵卸荷时，使电液换向阀的控制油路中保持一个满足换向要求的压力。

（4）为了便于液压系统自动发出快速退回信号，在调速阀输出端需增设一个压力继电器 d。

（5）如果将液控顺序阀 b 和背压阀的位置对调一下，就可以将该顺序阀与油源处的卸荷阀合并。

经过修改、整理后的液压系统工作原理如图 9-13 所示。

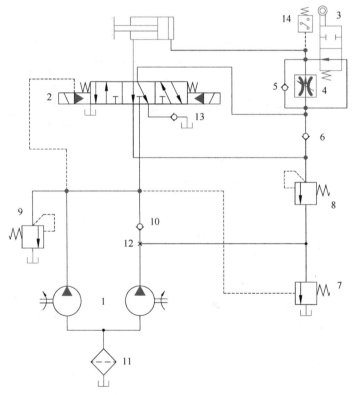

1—双联叶片泵；2—电液换向阀；3—行程阀；4—调速阀；5，6，10，13—单向阀；7—液控顺序阀；

8—背压阀；9—溢流阀；11—过滤器；12—压力表开关；14—压力继电器

图 9-13 改进后的液压系统工作原理图

9.4.4 液压元件的选择

1. 液压泵的选择

液压缸在整个工作循环中的最大工作压力为 4.054MPa，若选取进油路上的压力损失为 0.8 MPa，压力继电器调整压力与系统最大工作压力之差为 0.5 MPa，则小流量泵的最大工作压力应为

$$p_{p1} = (4.054 + 0.8 + 0.5) = 5.354 \quad (\text{MPa})$$

大流量泵是在快速运动时向液压缸输油的，由图 9-5 可知，快退时液压缸中的工作压力比快进时大。若选取进油路上的压力损失为 0.5 MPa，则大流量泵的最高工作压力为

$$p_{p2} = (1.305 + 0.5) = 1.805 \quad (\text{MPa})$$

两个液压泵应向液压缸提供的最大流量为 35.19L/min（见图 9.5）。若回路中的泄漏量按液压缸输入流量的 10%估计，则两个液压泵的总流量为

$$q_p = 1.1 \times 35.19 = 38.71 \quad (\text{L/min})$$

由于溢流阀的最小稳定溢流量为 3L/min，而工进时输入液压缸的流量为 0.5L/min，因此，小流量泵的流量最小应为 3.5L/min。

根据以上压力和流量的数值查阅液压泵产品目录，最后确定选取 PV2R12 型双联叶片泵。由于液压缸在快退时输入功率最大，这相当于液压泵输出压力为 1.805 MPa、流量为 40L/min 时的情况。若选取双联叶片泵的总效率 $\eta_p = 75\%$，则液压泵原动机（电动机）的功率为

$$P = \frac{p_p q_p}{\eta_p} = \frac{1.805 \times 10^6 \times 40 \times 10^{-3}}{75\% \times 60 \times 10^3} = 1.6 \quad (\text{kW})$$

根据此功率数值查阅电机产品目录，最后选定 Y100L1–4 型电动机，其额定功率为 2.2kW，满载时转速为 1430r/min。

2. 阀类元件及辅助元件的选择

根据液压系统的工作压力和通过各个阀类元件和辅助元件的实际流量，可选出这些元件的型号及规格，见表 9-8。

表 9-8 元件的型号及规格

序 号	元件名称	流量/（L/min）	型 号	规 格	生产厂家
1	双联叶片泵	—	PV2R12	14MPa, 36L/min 和 6L/min	阜新液压件厂
2	三位五通电液阀	75	35DY3Y-E10B	16MPa, 通径为 10mm	高行液压件厂
3	行程阀	84			
4	调速阀	<1	AXQF-E10B	16MPa, 通径为 10mm	高行液压件厂
5	单向阀	75			

序　号	元件名称	流量/（L/min）	型　　号	规　　格	生产厂家
6	单向阀	44	AF3-En10B	16MPa，通径为 10mm	高行液压件厂
7	液控顺序阀	35	XF3-E10B		
8	背压阀	<1	YF3-E10B		
9	溢流阀	35	AF3-E10B		
10	单向阀	35	AF3-En10B		
11	过滤器	40	YYL-105-10	21MPa，90L/min	新乡 116 厂
12	压力表开关	—	KF3-E3B	16MPa，3 个测点	—
13	单向阀	75	AF3-Ea20B	16MPa，通径为 20mm	高行液压件厂
14	压力继电器	—	PF-B8C	14MPa，通径为 8mm	榆次液压件厂

3. 管件的选择

各元件间连接管道的规格一般按元件接口处的尺寸决定。液压缸进、出油管的流量则按输入、排出的最大流量计算。由于在液压泵具体选定之后液压缸在各个工作阶段的进、出流量已与原定数值不同，因此要重新计算，其值见表 9-9。

根据这些数值，当油液在压力管中的流速选取 3m/min 时，可计算得到与液压缸无杆腔和有杆腔相连的管道内径分别为

$$d_1 = 2\sqrt{(79.43 \times 10^6)/(\pi \times 3 \times 10^3 \times 60)} = 23.7 \ （mm）$$

$$d_2 = 2\sqrt{(42 \times 10^6)/(\pi \times 3 \times 10^3 \times 60)} = 17.2 \ （mm）$$

这两条油管按标准 JB 827—1966《钢管公称通径、外径、壁厚、连接螺纹及推荐流量表》，都选用内径为 20mm、外径为 28mm 的无缝钢管。

表 9-9　液压缸的输入流量和输出流量

工　况	快　进	工　进	快　退
输入流量/（L/min）	$q_1 = (A_1q_p)/(A_1 - A_2) = (95 \times 42)/95-4.77 = 79.43$	$q_1 = 0.5$	$q_1 = q_p = 42$
输出流量/（L/min）	$q_2 = (A_2q_1)/A_1 = 44.77 \times 79.43/95 = 37.43$	$q_2 = (A_2q_1)/A = (0.5 \times 44.77)/95 = 0.24$	$q_2 = (A_1q_1)/A_2 = (42 \times 95)/44.77 = 89.12$
移动速度/（m/min）	$v_1 = q_p/(A_1 - A_2) = 42 \times 10/(95-44.77) = 8.36$	$v = q_1/A_1 = (0.5 \times 10)/95 = 0.03$	$v_3 = q_1/A_2 = 42 \times 10/44.77 = 9.38$

4. 油箱

根据式（9-28）估算油箱容积，当 $\alpha = 6$ 时，其容积 $V = 6 \times 40 = 240L$，按国家标准 GB 2876—1981《液压泵站油箱公称容量系列》规定，选取最接近的标准值，即 $V = 250L$。

9.4.5　液压系统的性能验算

1. 回路压力损失验算

由于液压系统的具体管道布置尚未确定，整个回路的压力损失无法估算，这里估算从略。

2. 油液温升验算

工进过程在整个工作循环中所占的时间达到 96%，因此，液压系统发热和油液温升可根据工进时的情况来计算。

工进时液压缸的有效功率为

$$P_{\text{o}} = p_2 q_2 = Fv = \frac{31449 \times 0.053}{60 \times 10^3} = 0.03 \text{（kW）}$$

这时，大流量泵通过液控顺序阀 7（见图 9-13）卸荷，小流量泵在高压下供油。因此，两个泵的总输出功率为

$$P_{\text{i}} = \frac{p_{\text{p1}} q_{\text{p1}} + p_{\text{p2}} q_{\text{p2}}}{\eta_{\text{p}}} = \frac{0.3 \times 10^6 \times 36 \times 10^{-3} + 4.978 \times 10^6 \times 6 \times 10^{-3}}{0.75 \times 60 \times 10^3} = 0.74 \text{（kW）}$$

由此得液压系统的发热量为

$$\Delta P = P_{\text{i}} - P_{\text{o}} = 0.71 \text{（kW）}$$

现在求油液温升近似值。当通风良好时，选取散热系数 $k = 16$，则油液温升为

$$\Delta T = \frac{\Delta P}{kA} = 18 \text{（℃）}$$

可见，温升没有超出允许范围，该液压系统不需要设置冷却器。

9.5　液压系统动态特性分析

关于前述各种工作机械上的液压传动系统及其元件，绝大多数都是按"克服阻力、保证速度"的静态指标进行计算和设计的。在液压系统日趋复杂的情况下，这种设计方法难以适应高速、高压、大功率和高精度的要求，有必要对液压系统的动态特性进行研究，以便深入了解液压元件及整个系统的特性。

一般来说，液压系统的动态特性应具备以下两种含义：

（1）液压系统在动态过程中所表现出的特殊性能，例如，是否收敛且平稳，以及响应速度的快慢、超调量的高低等。

（2）液压系统是否具有能够平稳、快速、准确地完成动态调节过程，进而顺利进入新的平衡状态的能力。

9.5.1　液压系统动态特性分析的作用

液压系统的设计在以前都由人工进行，最近几十年来，由于计算机技术的迅速发展，

计算机软硬件在液压技术领域得到越来越普遍的应用，液压系统的计算机辅助设计（CAD）技术获得了较快发展，特别是液压系统的动态特性分析与设计，已经由过去的宏观概念性分析发展到如今的实用化阶段。

无论是由人工进行设计还是应用 CAD 技术，液压系统特性分析流程图大致如图 9-14 所示。

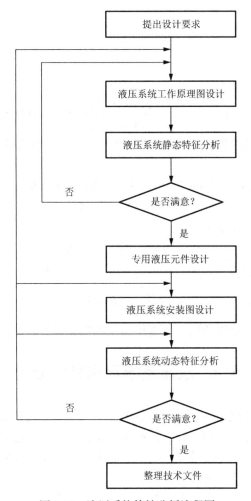

图9-14　液压系统特性分析流程图

根据设计任务书提出的设计要求，首先，拟定液压系统工作原理图，以保证所需要的工作循环和各项功能，并初步确定各液压元件的型号、规格。其次，进行液压系统静态特性分析，以验算所需要的驱动力及运动速度是否得到保证、负载特性和能源利用率如何、温升是否在允许范围内等。若分析结果令人不满意，则返回修改液压系统工作原理图，重新选择相应的液压元件，直至满意为止。再次，根据需要进行某些专用液压元件的设计，如专用液压缸、专用液压集成块以及必需的专用液压控制阀等。最后，进行液压系统装配图和安装图的设计。在这些工作完成后，如果需要，就进行液压系统动态特性分析。

　　并不是所有的液压系统都需要进行动态特性分析。例如，一些简单的液压系统、使用条件要求不高的液压系统一般不需进行动态特性分析。哪些液压系统在设计阶段需要进行动态特性分析，可根据设计任务书提出的要求确定，也可根据设计人员的经验判断。例如，对一些精密机械，应要求其执行机构运动平稳，不应有振动和爬行现象，工作中也不应产生液压冲击；对于具有较复杂工作循环的液压系统，往往需要分析动作转换时的动态过程，研究如何才能在保证动作平稳转换且尽量缩短动作转换所需的时间（以减少在整个工作循环中所占用的辅助时间）前提下，提高机器的工作效率；在工作循环中工作行程或工作位置准确度要求较高时，应分析在动态过程中液压系统的动态误差；当外界负载或工作状态突然变化时，需要分析在动态过程中液压系统能否进行平稳调节，特别是在系统中的液压管道较长时，应注意分析是否可能产生液压冲击；当运动部件或液压系统中可能产生冲击并易于导致机械损坏或工作中的事故时，为了保证液压系统工作安全可靠，动态分析就必不可少。

　　对新设计的泵、阀类液压元件，一般都需要进行动态特性分析，以保证其性能。对现有的液压设备或产品，因其动态性能不能满足要求而需要进行改进设计时，往往需要先对原液压系统进行动态特性分析，找出问题所在，然后在改进设计中克服原液压系统的缺陷，并对改进后的液压系统再进行动态特性分析，以验证改进是否成功。

　　对所设计的液压系统进行动态特性分析，一般在液压系统安装图或装配图设计完成后进行，因为液压元件之间的连接管道对液压系统的动态特性具有影响，有时甚至具有重要影响。如果希望在安装图设计好之前就进行动态特性的初步分析，那么需要根据经验预先估计管道的类型及其尺寸参数。

　　如果动态特性分析的结果令人满意，就可进行技术文件整理；如果分析的结果令人不满意，就应调整液压系统安装图或调整相关参数，重新进行动态特性分析。有时，甚至需要从改变液压系统工作原理图开始，对整个系统重新设计，直至液压系统的动态特性分析结果令人满意为止。

9.5.2　液压系统动态特性分析的内容和方法

1. 液压系统动态特性研究的内容

液压系统动态特性研究主要包含两个方面内容：稳定性和过渡过程品质。

1）稳定性

液压系统经过动态过程时能否很快达到新的平衡状态，或形成较持续的振荡，这一特性称为系统的稳定性。以前文所述的直动型溢流阀调压系统为例，如果该系统的稳定性较好，在受到外界的干扰或激励后，经过动态过渡过程，该系统就能迅速达到新的平衡状态，例如达到新的系统压力稳定值等。如果该系统是不稳定的或稳定性不好，就可能在受外界干扰后，产生较持续的压力振荡，并伴随着较大的噪声。

2）过渡过程品质

过渡过程品质即液压系统在动态过渡过程中各个变量的变化品质，该品质是液压系统动态特性的重要指标。过渡过程品质包括变量的超调量和过渡过程时间等。例如，在前述直动型溢流阀调压系统中，应当分析研究动态过渡过程中系统压力的峰值和超调量是否会因峰值过高而在系统中产生压力冲击，以及分析系统压力达到新的稳态值所需经历的过渡过程时间和达到系统压力峰值的时间等。对于其他变量，如阀芯位移等，也同样需要分析研究其过渡过程品质。

对一般的液压系统，应对其动态特性进行分析研究。例如，执行机构是否产生振动、爬行现象，系统中是否产生液压冲击，噪声是否过大。在较复杂的工作循环中，除了需要分析单个变量的动态响应品质，还应分析各个动作环节的转换是否迅速平稳，各部件的动作是否互相协调，是否保证所需的动态精度等。对动态特性不符合要求的液压系统，需要对其进行分析研究，然后确定改善其动态特性的途径。

2. 液压系统动态特性研究的方法

常用的液压系统动态特性研究方法如下。

1）传递函数分析方法

传递函数分析方法属于古典控制理论的一种分析方法，适于分析系统的稳定性、主要参数对稳定性的影响，以及分析系统的稳定裕量等。但传递函数分析仅限于线性系统，而在液压系统中，一般都存在有较多的非线性因素：一些非线性因素视条件许可情况，可进行线性化处理，另一些非线性因素并不具备可以进行线性化的条件，勉强进行线性化会造成较大误差；此外，还有一些本质非线性因素，如库仑摩擦等，是不能进行线性化的。如果液压系统中不存在本质非线性因素或其他不宜进行线性化的因素，那么使用传递函数分析液压系统的稳定性是很适合的。例如，液压伺服系统常在稳态平衡点附近工作，因此其阀口的非线性流量特性被线性化后就不致造成较大误差。而对于一般的液压传动系统或液压控制系统，由于通常都不符合在稳态平衡点附近工作的条件，如果对其进行线性化，将造成严重的误差。因此，在这种情况下，不宜使用传递函数分析方法。

另外，传递函数分析方法主要适用于单输入、单输出以及初始条件为零的情况，而液压传动系统主要进行能量（功率）的传输，能量体现为功率，功率本身就是由两个变量构成的，因此，在多数情况下不便使用传递函数分析方法。如果要用这种方法求系统的瞬态响应，那只有在系统相当简单时才可以，通常很少采用该方法。总之，传递函数分析方法的主要特点和优势是分析系统的稳定性比较方便，适用于液压伺服系统和一些允许进行线性化的其他液压系统。传递函数分析方法之所以在20世纪80年代以前能够得到广泛应用，是由于其他有效的动态分析方法特别是数字仿真方法没有产生和成熟的缘故。

2）数字仿真方法

在过去相当长的一段时期，在液压系统的动态特性分析方法，一直缺乏其他较成熟而有效的分析研究方法。因此，在设计液压系统时，只能根据自动工作循环及静态性能的要求进行设计。当机器或设备被制造出来以后，若发现液压系统的动态性能达不到要求，则需要改进设计，但缺乏理论指导。因此，导致设计效率低，产品质量不高。

近几十年来，现代控制理论及计算机技术的发展，给液压系统动态特性的研究开辟了新的途径，数字仿真方法由此产生并不断发展成熟。为了求得液压系统动态过程中的瞬态响应，可以对液压系统的动态特性进行数字仿真，即建立液压系统在动态过程中的数学模型——状态方程，然后在计算机上求出液压系统中各主要变量在动态过程中的时域解。

应用数字仿真方法研究液压系统的动态特性有许多优点。例如，它适用于线性或非线性系统，可以比较方便地考虑任何形式的非线性因素；在多输入变量和多输出变量情况下，也便于进行动态特性分析；状态变量的初始值也不限于零。

应用数字仿真方法时，需要把所研究系统的动态过程的数学模型写成状态方程——一阶微分方程组，即系统中每个状态变量的一阶导数都是若干状态变量和输入变量的函数。这种函数关系可以是线性的，也可以是非线性的。

应用数字仿真方法，还可以在液压系统或液压元件的设计阶段预测其动态性能，在未达到动态性能要求时，可对设计进行修改，以保证设计质量。有时还希望所设计的液压系统满足某一确定规律的动态过程，例如，需要工作部件或装置（如机械手的高速运动手臂）在较短的时间内，以较高的加速度平稳地加速，达到高速运动目的，并在接近工作行程终点时，迅速并平稳地制动，使之停止。为达到上述设计要求，可以在设计有关滑阀节流阀口的曲线形状时，应用数字仿真方法，观察分析仿真结果，并反复对滑阀节流阀口的曲线形状进行修改，最后使之满足预期动态过程的要求。对已有的液压系统或液压元件进行改进设计时，也可先进行数字仿真，以了解该系统或元件的薄弱环节，为改进设计提供理论分析依据，还可对改进后的设计进一步进行数字仿真，以检查所采用的改进措施是否已达到预期目的。此外，在某些自动控制系统中，也常需要应用数字仿真手段。

基于数字仿真结果的输出曲线，可以看出系统在动态过程中的稳定性情况，但与传递函数分析方法相比，数字仿真方法不便得到系统的稳定性判据和稳定裕量。另外，进行数字仿真时，对系统中不同参数对系统稳定性的影响，可以用不同参数下的仿真曲线进行对比分析。

数字仿真的前身是实物仿真，此外，还有半实物仿真、物理仿真、模拟仿真、混合仿真等不同概念和技术分支。仿真一词的英文是 simulation，也可译为模拟。这项技术最早见于水利模型和风洞试验，用于水力学和航空动力学的研究，至今已有百年以上的历史。液压系统动态特性研究中所采用的数字仿真属于面向过程的连续系统仿真的范畴，与之相对应的是另一类面向事件的离散系统仿真。通常，仿真的定义如下：利用模型复现实际系统中发生的本质过程，并通过对系统模型的试验研究已有的或设计中的系统。这里所指的模型包括实际模型和虚拟模型、物理模型和数学模型、静态模型和动态模型、连续模型和离散模型等各种模型。所指的系统也很广泛，既包括电气、机械、化工、水力、热力等工程系统，也包括社会、经济、生态、管理等其他系统。数字仿真的重要工具是计算机，这也说明了只有在计算机及其相关技术发展到一定阶段，仿真技术的作用才得以充分发挥。需要说明的是，仿真本质上是一种试验技术，数字仿真也是如此，它通过"仿"的手段，展现被仿系统的替代物，即模型的过程和特征，进而间接展现系统本身的过程和特征，这一点构成了仿真与一般数值计算、求解方法的本质性差异。仿真的过程包括建立仿真模型（Modelling）和进行仿真试验（模型求解与结果分析）两个主要步骤。

推导液压系统动态过程的数学模型是进行数字仿真的前提，功率键合图（Power Bond Graph）是一种行之有效的建模及数学模型推导工具。利用功率键合图建立状态方程的步骤如下：可以先根据一些规则，将所研究系统的动态过程画成功率键合图，以图示方式清晰而形象地表达该系统在动态过程中各组成部分的相互关系，包括其功率流程、能量分配和转换、各作用因素的影响以及功率的构成等。从功率键合图可以很方便地推导出状态方程，对比较复杂的系统，这一过程也可以有条不紊地进行。所建立的数学模型中的各状态变量一般都是所研究系统中有实际意义的物理变量。功率键合图可以克服其他一些建模方法的诸多缺点和不足。例如，若利用传递函数方块图来推导状态方程，则会保留前述传递函数分析方法的某些局限性；若通过高阶微分方程直接建立状态方程，则其中多个状态变量仅是某一物理变量及其各阶导数，而不是系统中各种不同的物理变量；某一物理变量的各阶导数有时并不具有明确的物理意义。对简单的系统，可以根据系统的结构和各物理变量之间的相互关系，经过分析建立起状态方程；对比较复杂的液压系统，往往会因考虑不周而造成建模中的错误。

应用功率键合图建立系统动态过程数学模型的方法不仅适用于研究液压系统，也适用于研究机械系统、电气系统和热力学系统等。

3）试验方法

试验也是对液压系统的动态特性进行分析研究的一种实用方法，特别是在过去还没有实用的理论分析方法时，只能依靠试验进行分析。通常，试验表现为两个方面属性：一方面，对一些重要装备的设计制造，试验可以作为一种独立的研究方法而专门实施；另一方面，试验能很好地配合理论分析和仿真研究，而且有时是必不可少的。液压系统动态特性的理论研究是一项比较复杂的工作，设计者需要有一定的理论基础和实际经验。例如，在对液压系统的动态特性进行数字仿真时，首先要建立液压系统动态过程的数学模型，对一个比较复杂的液压系统，有一定经验的工程技术人员也不能保证所建立的数学模型是完全正确的，用不正确的数学模型进行数字仿真得到的结果自然不符合所研究系统的实际动态过程。因此，一般用数字仿真方法对一个较复杂的液压系统进行研究时，要用试验方法对数字仿真的结果进行验证。在试验中，可用各种传感器及记录仪记录系统中各主要参数的动态过程曲线，并与仿真结果的曲线对比，在确信所建立的数学模型的正确性后，即可基于该数学模型，用数字仿真方法对液压系统进行深入的分析研究，改变某些结构参数以分析其影响，并寻求最佳参数组合以获得满意的液压系统动态特性等。

在用试验方法对数学模型进行验证时，应注意使试验条件与仿真时的条件保持一致。这些条件包括系统的结构参数与工作参数等，否则，试验结果就不能作为验证理论分析的依据。同时也应注意，不能要求试验结果与仿真结果完全吻合，因为理论分析总是在一定简化的基础上进行的，这会带来一定误差，所用的某些计算公式和数字仿真的计算方法也有一些误差，在试验条件和测试方法上同样存在一定误差。因此，一般工程性的理论分析结果和试验结果之间存在 10%左右的误差是难以避免的，也是正常的。至于一些比较复杂的液压系统，无论是理论分析中简化及计算中的误差还是试验中的误差都可能较大。在这种情况下，对理论分析和试验结果的相互吻合，应更放宽要求。

如果试验结果与数字仿真的结果之间存在较大的误差，那可能是建模过程中产生了误差，包括模型设置的不合理及参数值设定错误等，或者所编写的仿真程序中有错误。当然，也可能是试验中有较大误差。对于经验不足者，在开始进行数字仿真时，往往需要对数学模型或仿真程序进行多次反复的检查和调试才能通过。

9.5.3　系统数学模型

在对一个液压系统的动态特性进行数字仿真时，需要建立该系统在动态过程中的数学模型，即状态方程。

线性系统的状态方程常可写成矩阵的形式，一般为

$$\dot{X} = AX + BU \tag{9-45}$$

式中，X 为状态向量，$X = [x_1, x_2, \cdots, x_n]^{\mathrm{T}}$；$U$ 为输入向量，$U = [u_1, u_2, \cdots, u_m]^{\mathrm{T}}$；$A$ 为 $n \times n$ 阶状态矩阵；B 为 $n \times m$ 阶输入矩阵。

由于液压系统中经常存在若干非线性因素，因此，所得到的数学模型常是非线性状态方程，其形式一般为

$$\dot{X} = F(X, U) \tag{9-46}$$

有时为了简化编程，也可将非线性状态方程中的线性部分写成矩阵形式，而将少数非线性项写成附加计算项。这样，在编写仿真程序时，对矩阵形式的部分，就可以应用循环语句进行运算。但对液压系统，由于其状态矩阵 A 和输入矩阵 B 中常有若干元素为零，用循环语句时，对数值为零的元素，也同样要依次计算，因而浪费不少计算时间。对有较多系数为零的状态方程，一般不采用矩阵形式。

9.5.4　动态特性分析实例

本节以先导型溢流阀调压系统为例，说明该调压系统的状态方程及基于数字仿真技术的动态特性分析过程。

溢流阀调压系统工作原理图如图 9-15 所示。图中，液压泵 1 输出的液压油经二位二通电磁换向阀 4 供给系统，节流阀 5 模拟系统中的负载，管道中有一段软管 2，溢流阀 3 是重点分析对象。当电磁换向阀 4 处于不通电状态且节流阀 5 的开口量较大时，整个系统的液流阻力不大，液压泵 1 供油压力未达到溢流阀 3 的调定压力值，溢流阀 3 关闭，液压泵所供油液全部经负载流回油箱；当电磁换向阀 4 通电（通路关闭）时，液压泵 1 的供油压力将迅速升高，使溢流阀 3 打开溢流，经过一段时间，系统压力稳定在溢流阀 3 的某一调定压力值。本例所研究的动态过程：当电磁换向阀 4 突然通电而关闭节流回路时的动态过

程。因重点研究对象是溢流阀3，故所研究的动态过程是指电磁换向阀4突然关闭，溢流阀3由关闭状态到打开溢流，直至系统达到新的静平衡状态的瞬态响应过程。

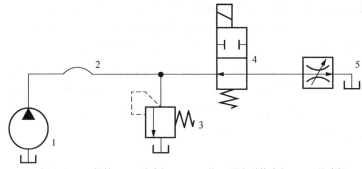

1—液压泵　2—软管　3—溢流阀　4—二位三通电磁换向阀　5—节流阀

图9-15　溢流阀调压系统工作原理图

为建立上述调压系统动态过程的数学模型，需要分析各种因素。为使分析过程方便，需要画出系统中某些部分的结构简图，特别是需要重点进行动态分析和对系统动态特性影响较大的元件及部件的结构简图。在本例所研究的系统中，需要绘出先导型溢流阀3的结构简图，先导型溢流阀调压系统的动态特性分析结构简图如图9-16所示。

1. 系统动态过程分析

为了分析先导型溢流阀调压系统的动态特性，首先要对其流量和压力的动态过程进行分析。

1）动态流量分析

在图9-16中，该系统的输入流量为液压泵的理论流量$q_{理}$，考虑到液压泵的内泄漏量$q_{泄}$、由液压泵到阀口各部分容腔中油液的压缩量及管壁受压变形量所需补充的流量$q_{压}$、进入模拟负载的节流阀5的流量$q_{节}$（当动态过程开始时，若二位二通电磁换向阀4阀瞬时关闭，则$q_{节}$也瞬时变为零），则实际进入阀口的流量为$q_{入}$（$q_{入} = q_{理} - q_{泄} - q_{压} - q_{节}$）。流量$q_{入}$又分为3部分：其一为进入主阀下腔的流量$q_{下}$，其二为经阻尼小孔e进入上腔的流量$q_{上}$，余下的为主阀溢流量$q_{溢}$。在主阀上腔，流量$q_{上}$要分出一部分用来补偿主阀上腔及先导型溢流阀座孔前腔内油液的压缩量，记为$q'_{压}$，其余部分与因主阀芯上移而排出的流量$q'_{上}$一起通过阻尼小孔a进入先导型溢流阀前腔，形成流量$q_{导}$。在先导型溢流阀前腔，因容腔太小可忽略油液的压缩量，则流量$q_{导}$又将一分为二：其一为充满先导型溢流阀芯移动而产生空间的流量$q'_{导}$，其二为经先导型溢流阀口流回油箱的流量$q_{导溢}$。

从上述分析结果不难看出，在该系统的动态过程中，各部分流量遵循流量连续性原理，分别在阀前管道、主阀上腔和先导型溢流阀前腔形成3个流量分配节点。各节点流量代数和为零（见图9-16）。

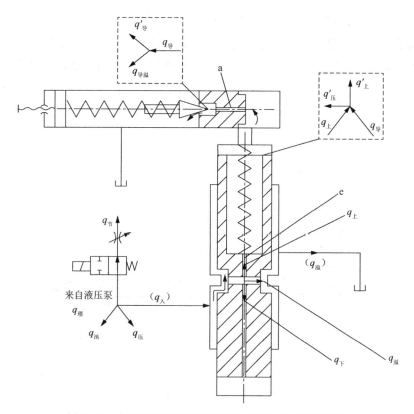

图 9-16　先导型溢流阀调压系统动态流量分析结构简图

2）压力分析

先导型溢流阀在主阀芯和阀座上分别有阻尼小孔 e 和 a，从而将该系统分隔为 3 个容腔。通过阻尼小孔的流量引起小孔压力降，因此，3 个容腔的压力各不相同，并且按液流流动方向逐渐降低。这里，两个阻尼小孔的阻性效应是十分明显的。

2. 受力分析

1）主阀芯

主阀芯两端均作用有液压油，两端压力通过主阀芯面积 A_1 和 A_2（见图 9-17）转换成液压作用力 F_1 和 F_2。同时主阀芯上还作用有弹簧的预压紧力 $F_{簧0}$、继续受压时的弹性力 $F_簧$、主阀芯运动的惯性力 $F_惯$、油液黏性阻力 $F_阻$ 及阀口液动力 $F_液$（$F_液$ 包括稳态液动力和瞬态液动力）。这里没有考虑库仑摩擦力。上述作用力构成主阀芯动态受力平衡，其受力分析简图如图 9-17（a）所示。

2）先导型溢流阀阀芯

先导型溢流阀前腔油压力通过先导型溢流阀阀芯承压面积 A_3 转换成作用力 F_3。同理，

作用力 F_3 也将和作用在先导型溢流阀阀芯上的其他各力 $F'_{惯}$、$F'_{簧}$、$F'_{簧0}$ 及 $F'_{液}$ 一起使先导型溢流阀阀芯处于动态受力平衡状态，其受力分析简图如图 9-17（b）所示。主阀芯、先导型溢流阀阀芯所受支反力均在仿真程序中用约束条件进行补充，因此未在图中标出。

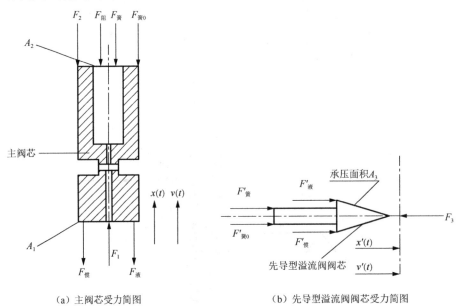

（a）主阀芯受力简图　　　　　　　　（b）先导型溢流阀阀芯受力简图

图 9-17　阀芯动态受力简图

3. 系统状态方程

先导型溢流阀调压系统是一个 6 阶系统，该系统的状态方程如下（推导过程详见文献[2]）：

$$
\begin{cases}
\dot{V}_2 = S_f - (1/R_{泄} + 1/R_{节} + 1/R_{孔1})V_2/C_1 - (V_2/C_1 - S_{b1})/R_{阀1} + \\
\quad V_{22}/(R_{孔1}C_2) - A_1 P_{18}/I_{阀1} \\
\dot{V}_{22} = V_2/(R_{孔1}C_1) - [1/R_{孔1} + 1/(R_{孔3} + R_{阀3})]V_{22}/C_2 + S_{b3}/(R_{孔3} + R_{阀3}) + \\
\quad A_2 P_{18}/I_{阀1} - A_3 R_{阀3} P_{34}/[(R_{孔3} + R_{阀3})I_{阀3}] \\
\dot{P}_{18} = A_1 V_2/C_1 - A_2 V_{22}/C_2 - R_f P_{18}/I_{阀1} - K_1(X_{17} - X_0)(V_2/C_1 - S_{b1}) - \\
\quad K_2(L_1 + (X_{17} - X_0)/2)\sqrt{V_2/C_1 - S_{b1}}\, P_{18}/I_{阀1} - X_{17}/C_{弹1} - S_{e1} \\
\dot{P}_{34} = (A_3 - K_3 X_{33})R_{阀3}/(R_{阀3} + R_{孔3})(V_{22}/C_2 - S_{b3} - R_{孔3}A_3 P_{34}/I_{阀3}) - \\
\quad K_4[R_{阀3}/(R_{阀3} + R_{孔3})(V_{22}/C_2 - S_{b1} - R_{孔3}A_3 P_{34}/I_{阀3})]^{\frac{1}{2}} P_{34}/I_{阀3} - \\
\quad X_{33}/C_{弹3} + A_3 S_{b3} - S_{e3} \\
\dot{X}_{17} = P_{18}/I_{阀1} \\
\dot{X}_{33} = P_{34}/I_{阀3}
\end{cases}
\tag{9-47}
$$

式中，所确定的 6 个系统状态变量的物理意义如下。

V_2 为从液压泵到主阀之间管道容腔中用来补偿油液压缩量及管道受压变形量的液压油总容积；V_{22} 为主阀上腔中用来补偿油液压缩量的液压油容积；X_{17} 和 X_{33} 分别为主阀芯和先导型溢流阀阀芯位移；P_{18} 和 P_{34} 分别为主阀芯和先导型溢流阀阀芯动量。

式中，所有阻性元 R、容性元 C 及惯性元 I 所对应的物理意义如下。

阻性元 R：$R_{泄}$ 为液压泵的泄漏液阻，$R_{节}$ 为节流阀的液阻，$R_{孔1}$、$R_{孔3}$ 分别为阻尼小孔 e 和 a 的液阻；$R_{阀1}$ 和 $R_{阀3}$ 分别为主阀口和先导型溢流阀阀口的液阻，它们分别受主阀芯和先导型溢流阀阀芯位移的控制，是阀芯位移及相应压力的非线性函数。R_f 为主阀芯黏性阻尼系数。$R_{液1}$ 和 $R_{液3}$ 分别为两个阀芯所受瞬态液动力相对应的液阻。

容性元 C：C_1 和 C_2 分别为阀前管道（包括主阀下腔）和主阀上腔的液容，$C_{弹1}$ 和 $C_{弹3}$ 分别为主阀芯、先导型溢流阀弹簧的柔度（可以包括两个阀芯所受稳态液动力作用的影响）。

惯性元 I：$I_{阀1}$、$I_{阀3}$ 分别为主阀芯、导阀芯的等效质量。

流源：S_f 为液压泵的理论流量（$S_f = q_1$），S_{e1}、S_{e3} 分别为主阀、先导型溢流阀弹簧的预压紧力。力源 S_{b1}、S_{b3} 分别表示主阀和先导型溢流阀回油管道背压；

A_1、A_2 分别为主阀芯上、下两端有效面积，A_3 为先导型溢流阀阀芯承压面积。

在状态方程中出现的系数 $K_1 \sim K_4$ 及 L_1 的物理意义如下。

（1）主阀稳态液动力系数 K_1。

$$K_1 = \begin{cases} 0, & (X_{17} \leqslant X_0) \\ 2\,C_{d1}\,\pi\,d_1\cos\theta, & (X_{17} > X_0) \end{cases} \qquad (9\text{-}48)$$

式中，X_0 为主阀口搭合量；C_{d1} 为主阀口流量系数；d_1 为主阀芯直径；θ 为主阀口射流角。

（2）主阀瞬态液动力系数 K_2。

$$K_2 = \begin{cases} 0, & (X_{17} \leqslant X_0) \\ C_{d1}\pi d_1\sqrt{2\rho}, & (X_{17} > X_0) \end{cases} \qquad (9\text{-}49)$$

式中，ρ 为油液密度。

（3）先导型溢流阀阀口稳态液动力系数 K_3。

$$K_3 = C_{d3}\,\pi\,d_3\sin(2\alpha) \qquad (9\text{-}50)$$

式中，C_{d3} 为先导型溢流阀阀口流量系数；d_3 为先导型溢流阀阀座孔的直径；α 为先导型溢流阀阀芯半锥角。

（4）先导型溢流阀阀口瞬态液动力系数 K_4。

$$K_4 = L_3\,C_{d3}\,\pi\,d_3\sin\alpha\sqrt{2\rho} \qquad (9\text{-}51)$$

式中，L_3 为先导型溢流阀计算阻尼长度。

（5）主阀计算阻尼长度 L_1。该长度值为主阀进油口至回油口之间的轴向距离，可从结构简图上直接求得。

4. 非线性时变液阻的处理

由理论分析可知，主阀口和导阀口的流量与压力关系均为非线性关系，因此，两个阀口的液阻 $R_{阀1}$ 和 $R_{阀3}$ 均不是常数（时变液阻），而是某些状态变量的函数。应将其单独推导，并将结果作为非线性状态方程式（9-46）的辅助方程。

1）$R_{阀1}$ 的处理

由图 9-17 可推导出：

$$q_7 = p_7 / R_{阀1} \tag{9-52}$$

根据主阀的实际结构，主阀口流量-压力关系式为

$$q_7 = \begin{cases} 0, & (X_{17} \leqslant X_0) \\ K_5(X_{17} - X_0)\sqrt{p_7}, & (X_{17} > X_0) \end{cases} \tag{9-53}$$

式中，K_5 为主阀口流量系数，且

$$K_5 = C_{d1}\pi d_1 \sqrt{2/\rho} \tag{9-54}$$

将式（9-53）和式（9-54）联立，且考虑到

$$p_7 = p_6 - S_{b1} = p_2 - S_{b1} = V_2 / C_1 - S_{b1} \tag{9-55}$$

得到主阀口液阻 $R_{阀1}$ 的表达式，即辅助方程：

$$R_{阀1} = \begin{cases} \infty, & (X_{17} \leqslant X_0) \\ \sqrt{V_2 / C_1 - S_{b1}} / [K_5(X_{17} - X_0)], & (X_{17} > X_0) \end{cases} \tag{9-56}$$

2）$R_{阀3}$ 的处理

由图 9-17 可推导出：

$$q_{28} = p_{28} / R_{阀3} \tag{9-57}$$

实际上导阀口流量-压力关系式为

$$q_{28} = K_6 X_{33} \sqrt{p_{28}} \tag{9-58}$$

式中，K_6 为导阀口流量系数，其值由式（9-59）计算得到，即

$$K_6 = C_{d3}\pi d_3 \sin\alpha \sqrt{2/\rho} \tag{9-59}$$

将式（9-58）和式（9-59）联立可得

$$R_{阀3} = \begin{cases} \infty, & (X_{33} = 0) \\ \sqrt{p_{28}} / (K_6 X_{33}), & (X_{33} > 0) \end{cases} \tag{9-60}$$

从图 9-17 可推导出：

$$\begin{aligned} p_{28} &= R_{阀3}(p_{22} - S_{b3} - R_{孔3} A_3 V_{34}) \\ &= R_{阀3}(V_{22} / C_2 - S_{b3} - R_{孔3} A_3 P_{34} / I_{阀3}) \end{aligned} \tag{9-61}$$

将式（9-61）代入式（9-60）中，并对该式符号两端分别平方，可得一个关于 $R_{阀3}$ 的一元二次代数方程。求解该方程并根据物理意义舍去负根，最后得到先导型溢流阀阀口液阻 $R_{阀3}$ 的表达式，即

$$R_{阀3} = \begin{cases} \infty, & (X_{33} = 0) \\ \dfrac{1}{2}\left\{ \left[R_{孔3}^2 + 4\left(V_{22}/C_2 - S_{b3} - A_3 R_{孔3}\dfrac{P_{34}}{I_{阀3}} \right) \middle/ (K_6^2 \cdot X_{33}^2) \right]^{\frac{1}{2}} - R_{孔3} \right\}, & (X_{33} > 0) \end{cases} \tag{9-62}$$

5. 数字仿真及结果分析

对状态方程式（9-47）中的各个系统参数及其他有关模型参数确定相应的参数值，并确定各个状态变量的初值，而后采用某一数值积分法（如 4 阶定步长龙格-库塔法等）对模型进行求解，即可获得先导型溢流阀调压系统的动态特性。图 9-18 为仿真所得到的系统动态响应曲线。

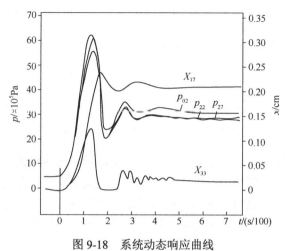

图 9-18　系统动态响应曲线

各仿真输出变量的物理含义如下：

p_{02}，p_{22}，p_{27} 分别为主阀下腔、上腔及先导型溢流阀前腔压力（$\times 10^5$ Pa）；

X_{17}，X_{33} 分别为主阀和先导型溢流阀阀芯位移（cm）。

从图 9-18 所示的系统动态响应曲线，可以看出先导型溢阀动态特性具有如下特点：

（1）在现有参数条件下，该先导型溢流阀是稳定的。其中各腔压力及主阀位移的稳定性较好，当时间 $t = 0.05$s 时，压力振荡小于 0.5%，位移 X_{17} 的波动量小于 0.4%，都已进入稳态。但先导型溢流阀芯位移 X_{33} 的稳定性不好，先导型溢流阀开启后随阀进口压力 p_{02}（对应主阀下腔压力）的迅速下降而出现瞬时闭合现象，并经较长时间的波动后逐渐趋于稳定。

（2）阀的动态超调量较大，其中压力超调量 Δp 达 35×10^5 Pa，为稳态值的 100% 以上，主阀位移 X_{17} 的超调量约为 0.03cm，而先导阀位移 X_{33} 的超调量很大，达其稳态值的 6～7 倍左右。

（3）各变量峰值时间约为 0.01～0.015s，各压力及先导阀位移 X_{33} 的峰值时间近乎同步，而主阀位移 X_{17} 的峰值时间则较之有约为 2/1000s 的滞后。

（4）阀的过渡过程时间为 0.05s 左右（不计先导型溢流阀阀芯位移 X_{33}），可见其动态响应速度较快。至于先导型溢流阀阀芯位移 X_{33}，则要经过更长一段的时间的波动方能进入稳态，但其在 0.05s 之后已基本上对其他变量没有什么显著的影响。

作为对比，图 9-19 给出了主阀下腔和上腔压力的实测曲线，其中 p_1 为主阀下腔压力（对应仿真输出变量 p_{02}），p_2 为主阀上腔压力（对应仿真输出变量 p_{22}），t_r 为压力峰值时间，t_s 为系统稳定时间。从图 9-18 可知，数字仿真结果与实测值能较好地吻合。

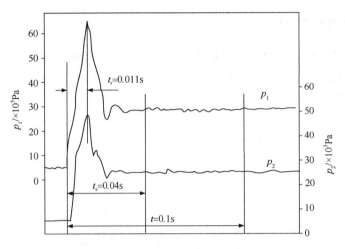

图 9-19　主阀下腔和上腔压力的实测曲线

　　以上数字仿真结果比较全面地表达了先导型溢流阀调压系统的动态特性，使得我们可以对该动态特性进行一些定量的分析研究。从仿真结果来看，所获得的各个输出变量的一些固有特征和各变量间的逻辑关系与一般的理论分析是相符合的，也与实测结果基本相吻合。同时也说明在现有参数条件下的动态特性不甚理想，主要表现为动态超调量过大和先导阀稳定性较差，需要改进。

　　文献[2]中给出了在修改先导型溢流阀结构参数后所得到的若干仿真动态响应曲线。图 9-20 所示为改善设计后的仿真结果，经过改进，系统动态特性有了十分明显的改善。其中，若将主阀口搭合量 X_0 的数值由原来的 2.0 mm 改为 0.5 mm，并将先导型溢流阀阀座上的阻尼小孔的直径由原来的 1.5 mm 缩小为 1.2 mm（相当于使液阻 $R_{孔3}$ 增大 2.5 倍），则可使主阀进口压力 p_2（对应主阀上腔压力）的超调量由大于 100% 降到 70% 左右，同时先导型溢流阀及整个系统的稳定性也得到较大改善。

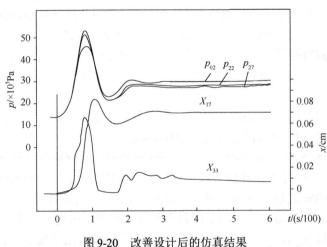

图 9-20　改善设计后的仿真结果

本 章 小 结

　　液压传动系统的设计步骤不是一成不变的。设计时经常会视具体情况将某些设计步骤省略、合并，或者互相穿插、交叉。一个合理优化的设计往往需要经多次修改、反复比较后才能产生。对于高速、高压、大功率和高精度的工作机械液压系统，有必要对液压元件及系统的动态特性进行研究。借助数字仿真技术，能够深入了解液压元件及系统的动态特性，从而提高设计效率。通过对本章内容的学习，可以使学习者能够了解液压系统设计的主要内容、原则和要求，初步掌握液压传动系统设计和计算的步骤与方法，为今后从事相关设计工作打下基础。

思考与练习

　　9-1　简述液压系统设计的主要内容。

　　9-2　液压系统设计的步骤包括哪些？

　　9-3　试设计一个液压系统。已知液压缸的直径 D=65mm，活塞杆直径 d=40mm，工作负载 F=15000N，液压缸的效率 η =94%，不计惯性力和导轨摩擦力。快速运动时，速度 v_1 ＝5 m/min，工作进给速度 v_2 ＝0.053m/min，该系统的总压力损失 Δp =8×10^{5}Pa，试计算并选择该系统所需的元件。

第10章 气压传动

教学要求

通过本章的学习，了解气压传动（简称气动）系统的组成和特点，并掌握其工作原理。熟悉常用气动元件的作用、结构、工作原理、特点和图形符号，能够识别气动回路图。

引例

早在公元前 2500 年，人类就已经开始使用风箱，如例图 10-1 所示。风箱实际上就是一种产生压缩空气的装置——气泵的雏形。1776 年，John Wilkinson 发明了可以产生 1 个大气压左右压力的空气压缩机。1829 年，出现了多级空气压缩机，为气压传动（简称气动技术）的发展创造了条件。1871 年，风镐开始用于采矿。1868 年，美国人 G·威斯汀豪斯发明气动制动装置，该装置在 1872 年用于铁路车辆的制动。1880 年，人类第一次利用汽缸做成气动制动装置，并成功用于火车的制动。后来，随着兵器、机械、化工等工业的发展，气动机具和控制系统得到广泛的应用。1930 年，出现了低压气动调节器。20 世纪 30 年代初，气动技术成功地应用于自动门的开闭及各种机械的辅助动作上。50 年代研制成功用于导弹尾翼控制的高压气动伺服机构。60 年代发明射流和气动逻辑元件，遂使气动技术得到很大的发展，尤其是进入到 70 年代初，随着工业机械化和自动化的发展，气动技术才广泛应用在生产自动化的各个领域，形成了现代气动技术。

例图 10-2、例图 10-3、例图 10-4 所示分别为由气压控制的客车气动车门、垃圾集装压实机、机械装置驱动机构上的气动部件。这些气动控制系统由哪些元件组成、它们是如何构成的、工作原理是什么、有什么特点等，本章将对这些内容进行阐述。

  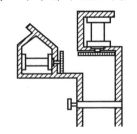 

例图 10-1 风箱　　　例图 10-2 客车气动车门　　　例图 10-3 垃圾集装压实机　　　例图 10-4 气动部件

10.1 气压传动概述

气压传动（简称气动）是一种以压缩空气为工作介质进行动力传递或信号传递的技术，它依靠气体的压力传递动力或信号。传递动力的系统将压缩气体经由管道和控制阀输送给气动执行元件，把压缩气体的压力能转换为机械能而做功；传递信号的系统利用气动逻辑元件或射流元件以实现逻辑运算等功能，这些称为气动控制系统。气压传动以空气压缩机为动力源，通过各种气动元件驱动和控制机构的动作，实现生产过程的机械化和自动化。气动技术由风动技术及液压技术演变、发展而来，成为 20 世纪应用最广泛，发展最快，也最易被接受且受到重视的技术之一，在机械、电子、钢铁、车辆、橡胶、纺织、轻工、化工、食品、包装、印刷、烟草等工业领域已得到了广泛的应用。

10.1.1　气压传动的特点

与其他的传动方式相比，可以得出气压传动的主要优点和缺点，见表 10-1。

表 10-1　气压传动的优点和缺点

气压传动的优点	由于空气具有可压缩性，因此，对冲击负载具有较强的适应能力，并且易于实现过载保护
	以空气为介质，气源获取方便，用后的空气排到大气中，基本不污染环境，免去了购买、运输和回收的麻烦
	由于空气流动损失小，压缩空气可集中供应和中、远距离输送
	工作环境适应性好，可安全、可靠地应用于易燃、易爆、潮湿场所
	由于工作压力比较低，因此，使用比较安全，工作寿命长。电气元件可运行百万次，而气动元件可运行 2000～4000 万次
	易于实现快速的直线往返运动、摆动和高速转动。输出力、运动速度的调节方便，改变运动方向简单。控制（控制方式、控制距离、信号转换等）的自由度高
	气压元件结构简单，制造容易，安装和维护方便，易于实现标准化、系列化、通用化
气压传动的缺点	由于空气具有可压缩性，因此，汽缸的动作速度易受负载变化的影响，不适合用于工作速度和传动比要求严格的场合
	由于工作压力较低，因此，能容量小，也不适合用于大功率传动的场合
	噪声较大，在高速排气时要加消声器
	作为工作介质的空气在常规条件下的润滑性比较差，摩擦力占推力的比例较大
	气动信号传动速度比光、电控制速度慢，不宜用于要求信号传递速度高的复杂线路中

10.1.2　气压传动系统的组成

典型的气压传动系统一般由气压发生装置、气动控制元件、气动执行元件和辅助元件 4 个部分组成，其组成示意如图 10-1 所示。

（1）气压发生装置。将原动机输出的机械能转变为空气的压力能，以获得压缩空气的能源装置称为气压发生装置，其主体部分是空气压缩机，此外，还有气源净化设备。

（2）气动控制元件。该类元件用来控制压缩空气的压力、流量和流动方向，主要包括各种压力控制阀、方向控制阀、流量控制阀、机控阀和逻辑元件等。

（3）气动执行元件。指将气体的压力能转变为机械能的能量转换装置，主要包括汽缸和气动马达等。

（4）辅助元件。指用于辅助并保证气压传动系统正常工作的一些装置，主要包括空气过滤器、油雾器、消声器和各种管道附件等。

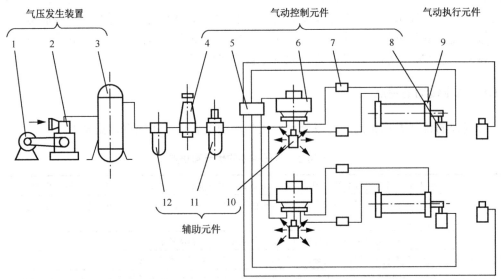

1—电动机　2—空气压缩机　3—储气罐　4—压力控制阀　5—逻辑元件　6—方向控制阀　7—流量控制阀
8—机控阀　9—汽缸　10—消声器　11—油雾器　12—空气过滤器

图 10-1　气压传动系统的组成示意

10.2　气 动 元 件

气压传动系统的元件主要包括以下 5 个部分。

（1）气源装置。此类装置给气压传动系统提供合乎质量要求的压缩空气。

（2）辅助元件。此类元件是连接元件，是保证气压传动系统的可靠性、使用寿命及改善工作环境所必需的元件。

（3）气动执行元件。此类元件将压力能转换成机械能并做功。

（4）气动控制元件。此类元件控制气体的压力、流量及运动方向。

（5）气动逻辑元件。此类元件能完成一定逻辑功能。

10.2.1 气源装置

气源装置是用来产生具有足够压力和流量的压缩空气并将其净化处理及储存的一套装置。气源装置一般由空气压缩机、压缩空气净化装置、管道供气系统及气动三联件组成。

1. 空气压缩机

空气压缩机（简称空压机）是将原动机输出的机械能转化为压缩空气的压力能的装置。按工作原理，空气压缩机可分为容积型压缩机和速度型压缩机。容积型压缩机的工作原理是通过压缩气体的体积，使单位体积内气体分子的密度增加，以提高压缩空气的压力。常用的空气压缩机有活塞式、叶片式和螺杆式 3 种结构。速度型压缩机的工作原理是通过提高气体分子的运动速度增加气体分子的动能，然后使气体分子的动能转化为压力能，以提高压缩空气的压力。常用的速度型空气压缩机有离心式、轴流式和转子式空气压缩机。

图 10-2 所示为活塞式空气压缩机的工作原理。在汽缸内作往复运动的活塞向右移动时，汽缸左腔的压力低于大气压力，使吸气阀开启，外界空气吸入汽缸内。当活塞向左移动时，汽缸的左腔压力高于大气压，使吸气阀关闭，排气阀打开，压缩空气经输气管排出。

空气压缩机的选择应依据气动控制系统所需的工作压力和流量进行。一般其额定压力应等于或略高于所需的工作压力，其流量应等于系统设备最大耗气量和一定的备用余量之和。

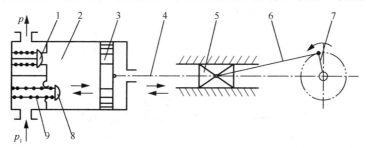

1—排气阀　2—汽缸　3—活塞　4—活塞杆　5—滑块　6—连杆　7—曲柄　8—吸气阀　9—阀门弹簧

图 10-2　活塞式空气压缩机的工作原理

2. 压缩空气净化装置

压缩空气净化装置一般包括后冷却器、油水分离器、储气罐、空气干燥器、分水滤气器（在 "4. 气动三联件" 一节中介绍）。

（1）后冷却器安装在空气压缩机的出口管道上，其作用是使空气压缩机排出的温度高达 120～180℃的气体冷却到 40～50℃，并使其中的水蒸气、油雾凝结成水滴和油滴，以便进一步净化处理。后冷却器有风冷式和水冷式两种形式。风冷式后冷却器利用风扇产生的冷空气吹向配备散热片的热空气管道进行冷却，经风冷后的压缩空气出口温度大约比环境温度高 15℃。水冷式后冷却器通过强迫冷却水沿压缩空气流动方向的反方向流动进行冷却，如图 10-3 所示。压缩空气出口温度大约比环境温度高 10℃。

（2）油水分离器安装在后冷却器背后的管道上，其工作原理是用离心、撞击、水洗等方法使压缩空气中凝聚的水分、油分等杂质从压缩空气中分离出来，让压缩空气得到初步净化。其结构有环形回转式、撞击折回式、离心旋转式和水浴式等。

（3）储气罐的主要作用是储存压缩空气、减少输出气流的压力脉动并依靠绝热膨胀和自然冷却降温进一步除去压缩空气中的水分和油分。图 10-4 所示为储气罐及其附件，在储气罐上装有安全阀、压力表，用于控制和指示其内部压力；底部装有排污阀，定时排放。

（4）空气干燥器的作用是进一步除去压缩空气中的水分、油分、颗粒杂质等，使之变为干燥空气。空气干燥器多用于对气源质量要求较高的气动装置、气动仪表等。常用的空气干燥器有冷冻式空气干燥器和吸附式空气干燥器。

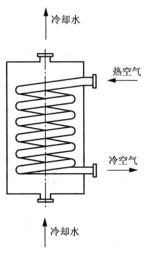

图 10-3 水冷式后冷却器

冷冻式空气干燥器的工作原理是使空气冷却到露点温度以下，使空气中的水蒸气凝结成水滴并予以排除，然后再将压缩空气加热至环境温度后输出。冷冻式空气干燥器具有结构紧凑、使用维护方便、维护费用较低等优点。

吸附式空气干燥器的工作原理是利用吸附剂（如硅胶、铝胶、焦炭等）吸附空气中水蒸气，具有除水效果好、无须加热等优点。

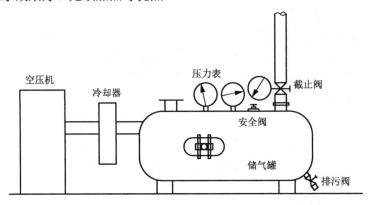

图 10-4 储气罐及其附件

3. 管道供气系统

1）管道供气系统的布置原则

（1）根据供气压力及流量，选择多种压力管道供气系统（适用于多种压力要求且用气量较大的场合）、降压管道供气系统（适用于多种压力要求但用气量不大的场合）或管道供气与瓶装供气相结合的供气系统（适用于多数设备使用低压空气、少数设备用气量不大的高压空气的场合）。

（2）根据气动设备对空气质量的不同要求，把管道供气系统设计成一般供气系统和清洁供气系统。

（3）根据供气的可靠性和经济性，选择不同的管道网供气系统，如图 10-5 所示。其中，图 10-5（a）所示为单树枝状管道网供气系统，其结构简单，经济性好，但可靠性差，多用于间断供气；图 10-5（b）所示为单环状管道网供气系统，其可靠性高，压力稳定，阻力损失小，但投资较大；图 10-5（c）所示为双树枝状管道网供气系统，与单树枝状管道网供气系统相比较，相当于拥有了一套备用管道网，因此，其可靠性较高。

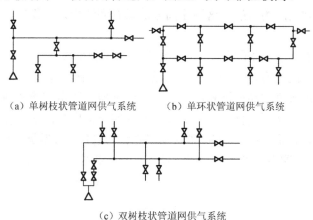

（a）单树枝状管道网供气系统　　　（b）单环状管道网供气系统

（c）双树枝状管道网供气系统

图 10-5　管道网供气系统

2）管道与管接头

气压传动系统的管道分为硬管和软管。硬管以钢管、紫铜管为主，常用于高温、高压环境下固定部件之间的连接。软管有各种塑料管、尼龙管和橡胶管等，这些软管具有可挠性、吸振性、消声性，还有连接、调整方便等特点，但不适用于高温、高压和有辐射的场合。

管接头是连接、固定管道的辅助元件，分为硬管接头和软管接头。常用的硬管接头有扩口式和卡套式两种形式；软管接头有快插式、快换式、扩口式、快拧式和宝塔式等形式。

4. 气动三联件

由分水过滤器、减压阀、油雾器依次不通过管道连接而成的组件称为气动三联件，其安装顺序如图 10-6 所示。其中，减压阀处预留仪表口，可用于安装压力表，以便对压力状态进行监测。气动三联件是多数气动设备中必不可少的气源装置。

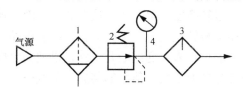

1—分水过滤器　2—减压阀　3—油雾器　4—压力表

图 10-6　气动三联件的安装顺序

（1）分水过滤器的作用是除去压缩空气中的冷凝水、灰尘和杂质。设计时应根据系统所需的流量、过滤精度及允许压力选择分水过滤器类型。分水过滤器要垂直安装，使用过程中要注意定期放水、清洗或更换滤芯。

（2）减压阀的作用是将较高的输入压力调整到低于输入压力的调定值后再输出，起到减压和稳压的作用。其工作原理与液压系统的减压阀相同。

（3）油雾器是一种特殊的注油装置。其作用是将润滑油雾化，并使之随气流进入需要润滑的部件，以达到润滑的目的。这种注油方法具有润滑均匀、稳定、耗油量少和不需要大的储油设备等优点。

根据油雾粒径的大小，油雾器可分为普通型油雾器和微雾型油雾器。普通型油雾器（也称为全量式油雾器）能把雾化后的油雾全部随压缩空气输出，油雾粒径约为 20μm。普通型油雾器又分为固定节流式油雾器和可变节流式油雾器。固定节流式油雾器输出的油雾浓度随输出空气流量的变化而变化，而可变节流式油雾器输出的油雾浓度基本保持恒定，不随输出空气流量的变化而变化。微雾型油雾器（也称为选择式油雾器）仅能把雾化后的粒径为 2～3μm 的微小油雾随空气输出。因此，油雾器可根据空气流量及油雾粒径大小来选择。

10.2.2　辅助元件

在气动控制系统中有许多起着重要作用的辅助元件，如消声器、转换器等。

1. 消声器

在气动控制系统中，压缩空气经换向阀的排气口排入大气。由于余压较高，压缩空气以接近声速的速度从排气口排出。空气急剧膨胀，引起气体的振动，从而产生强烈的排气噪声。排气的速度和功率越大，噪声也越大，一般可达 100～120dB。为了降低噪声，可在排气口安装消声器。

消声器的工作原理是通过阻尼或增加排气面积降低排气的速度和功率，从而降低噪声。常用的消声器有吸收型消声器、膨胀干涉型消声器、膨胀干涉吸收型消声器 3 种。

关于消声器的选择，在一般使用场合，可根据换向阀的通径，选用上述第一种消声器，即吸收型消声器。对消声效果要求高的，可选用后两种消声器。

2. 转换器

转换器是将电信号、液压信号、气动信号相互转换的辅助元件，用来控制气动系统的动作，常用的转换器有气—电转换器、电—气转换器和气—液转换器。

气—电转换器是将气动信号转换成电信号的装置，即利用输入气动信号的变化引起可动部件（如膜片、顶杆等）的位移来接通或断开电路，以便输出电信号。

电—气转换器是将电信号转换成气动信号的装置，与气—电转换器的作用相反。

气—液转换器是将气动信号转换成液压信号的装置。常用的气—液转换器有两种：一种是气体和液体直接接触或通过活塞、隔膜作用在液面上，推压液体，使之以同样的压力输出;另一种是换向阀式气—液转换器,气体和液体不直接接触,以较低压力的气动信号获得较高压力的液压信号,但需要外配液压油源,使用不方便。

10.2.3 气动执行元件

气动执行元件是将压缩空气的压力能转变成机械能并对外做功的元件。气动执行元件包括汽缸和气动马达,汽缸用于实现往复直线运动或摆动,气动马达用于实现连续的回转运动。

1. 汽缸

1)汽缸的分类

汽缸的主要作用是实现往复直线运动,输出力和直线位移,其分类如图 10-7 所示。

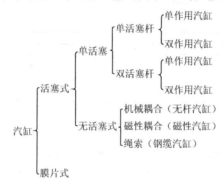

图 10-7　汽缸的分类

2)普通汽缸结构

普通汽缸是指在缸筒内只有一个活塞和一根活塞杆的汽缸,有单作用汽缸和双作用汽缸两种。图 10-8 所示为普通活塞式单活塞杆双作用汽缸的结构,压缩空气驱动其中的活塞向两个方向运动,活塞行程可根据实际需要选定,两个方向输出的力和速度不相等。汽缸一般由缸筒、前缸盖、后缸盖、活塞、活塞杆、密封件(各类密封圈)和紧固件(螺杆等)等零件组成。缸筒在前、后缸盖之间由四根螺杆将其紧固锁定(图 10-8 中未画出)。汽缸内有与活塞杆相连的活塞,活塞上装有活塞密封圈。前缸盖上装有活塞杆用组合密封圈,以防止漏气和外部灰尘的侵入。此类汽缸使用最广泛,一般用于包装机械、食品机械及加工机械等设备上。

图 10-9 所示为普通活塞式单活塞杆单作用汽缸简图。这种汽缸在缸盖一端输入压缩空气,以驱动活塞向一个方向运动,另一端靠弹簧、自重或外力等使活塞杆恢复到初始位置。图 10-9(a)所示的汽缸借助外力或重力复位,可以节约压缩空气,节省能源。图 10-9(b)所示的汽缸在活塞的一侧装有使活塞杆复位的弹簧,其结构简单耗气量小,弹簧起背压作用,输出力随行程变化而变化,适用于短行程。

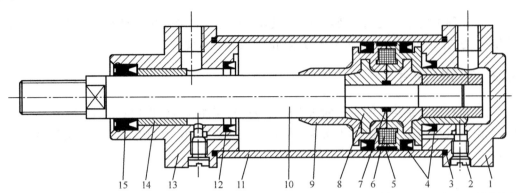

1—后缸盖　2—缓冲节流针阀　3，7—密封圈　4—活塞密封圈　5—导向环　6—磁性环　8—活塞　9—缓冲柱塞
10—活塞杆　11—缸筒　12—缓冲密封圈　13—前缸盖　14—导向套　15—组合密封圈

图 10-8　普通活塞式单活塞杆双作用汽缸的结构

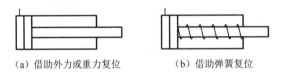

（a）借助外力或重力复位　　　（b）借助弹簧复位

图 10-9　普通活塞式单活塞杆单作用汽缸简图

3）汽缸的选用

在选择和使用汽缸时，首先，要考虑汽缸输出力的大小、汽缸行程的长度、活塞移动速度的高低。其次，还要考虑汽缸的类型、安装形式及润滑情况等。

2. 气动马达

气动马达将压缩空气的压力能转换为转动的机械能，其作用相当于电动机或液压马达，具体分类如图 10-10 所示。

本节主要介绍叶片式气动马达。

1）工作原理

图 10-11 所示为叶片式气动马达结构原理图，其主要由定子、转子、叶片及壳体组成。叶片数量一般为 3～10 个，可在转子的径向槽内滑动。转子和输出轴固连在一起，装入偏心的定子中。压缩空气从输入口 A 进入，作用在工作腔两侧的叶片上。转子采用偏心安装方式，气压作用在工作腔两侧叶片上产生转矩差，使转子按逆时针方向旋转。做功后的气体从输出口 B 排出。若改为从 B 口进气，则可改变转子的转向。

气动马达 { 叶片式气动马达　齿轮式气动马达　活塞式气动马达

图 10-10　气动马达的分类

2）特性曲线

图 10-12 所示为叶片式气动马达的基本特性曲线。该曲线表明，在一定的工作压力下，气动马达的转速及功率都随外负载转矩的变化而变化。由图 10-12 可知，气动马达具有软特性。当外负载转矩 T 为零（处于空转状态）时，转速达到最大值 n_{max}，气动马达的输出功率等于零；当外负载转矩等于气动马达的最大转矩 T_{max} 时，气动马达停止转动，此时其

输出功率等于零。当外负载转矩约等于最大转矩的一半时，气动马达的转速也约为最大转速的一半，此时气动马达的输出功率达到最大值 P_{max}。

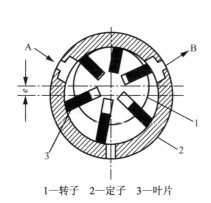

1—转子　2—定子　3—叶片

图 10-11　叶片式气动马达结构原理图

n—转速　Q—输出流量　T—外负载转矩　P—功率

图 10-12　叶片式气动马达的基本特性曲线

关于气动马达的选用，主要根据外负载的状态要求选择适当的气动马达。在变负载场合，主要考虑气动马达的转速变化范围和所需的转矩；在均衡负载场合，主要考虑气动马达的工作转速。

10.2.4　气动控制元件

气动控制元件是指气压传动系统中用于控制和调节压缩空气的压力、流量和方向等的控制阀，这类元件能保证气动执行元件或执行机构按规定程序正常工作。按其功能可分为压力控制阀、流量控制阀、方向控制阀，以及能实现一定逻辑功能的气动逻辑元件等。

1. 压力控制阀

压力控制阀主要用来控制系统中的气体压力，满足各种压力要求或用于节能。

由于气压传动系统气源的空气压力常常高于执行机构所需的压力，因此气动装置的供气压力需要用减压阀减压，并保持稳定。对于低压控制系统（如气动测量），除了使用减压阀减压，还需要使用精密减压阀（也称定值器）以获得更稳定的供气压力。

当管道中的压力超过允许压力时，为保证系统安全工作，需要使用安全阀限定最高压力。

当系统有两个以上分支回路而气动装置中又不便安装行程阀时，需要依据气压的大小控制执行机构的动作顺序，能实现这种功能的压力控制阀称为气动顺序阀。这样，气压传动系统中的压力控制阀就可分为减压阀、安全阀和气动顺序阀三大类。

1）减压阀

减压阀的作用是将较高的输入压力降低到符合使用要求的输出压力，并保证输出压力的稳定。按压力调节方式，可分为直动型减压阀和先导型减压阀；按调压精度，可分为普通型减压阀和精密型减压阀。这里，主要介绍直动型减压阀的工作原理和基本性能。

（1）工作原理。图 10-13 所示为直动型减压阀（带溢流阀）的工作原理及符号。顺时针旋转手柄，调压弹簧被压缩，推动膜片组件向下移动，使阀口开启；压缩空气通过阀口的节流作用，使输出压力低于输入压力，以实现减压作用。与此同时，有一部分气流经阻尼小孔进入膜片气室，在膜片下面产生一个向上的推力并与弹簧力相平衡。于是，减压阀便有稳定的压力输出。

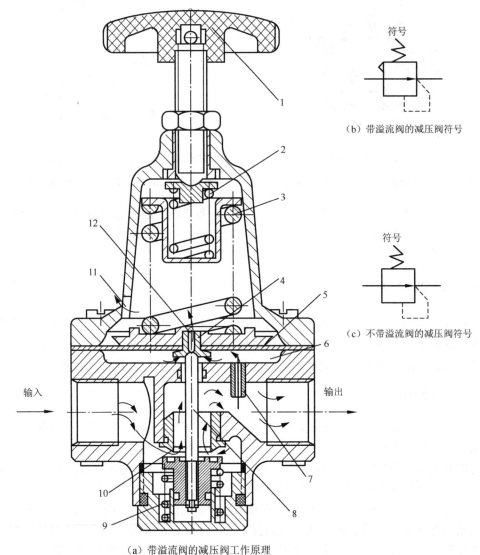

（b）带溢流阀的减压阀符号

（c）不带溢流阀的减压阀符号

（a）带溢流阀的减压阀工作原理

1—调节旋钮　2，3—调压弹簧　4—溢流阀座　5—膜片　6—膜片气室　7—阻尼管
8—阀芯　9—复位弹簧　10—进气阀口　11—排气孔　12—溢流孔

图 10-13　直动型减压阀的工作原理及符号

当输入压力 p_1 增高时，输出压力 p_2 也随之增高，使膜片气室内的压力也升高，打破原有的平衡，将膜片向上推。阀芯在弹簧作用下也随之上移，使阀口的开口量减小，节流作用增大，使输出压力降低到调定压力值为止。

相反，输入压力下降，则输出压力也随之下降，膜片下移，阀口开口量增大，节流作用减小，输出压力回升到调定压力值，以维持压力稳定。

（2）基本性能。

① 调压范围。指输出压力 p_2 的可调范围，在此范围内要求系统达到规定的精度。调压范围主要与调压弹簧的刚度有关。

② 压力特性。指输出流量 Q 一定时，输入压力 p_1 波动而引起输出压力 p_2 波动的特性。输出压力波动越小，减压阀的特性越好。

③ 流量特性。指输入压力 p_1 一定时，输出压力 p_2 随输出流量 Q 的变化而变化的特性。当输出流量 Q 发生变化时，输出压力 p_2 的变化越小越好。

流量特性和压力特性是减压阀的两个重要特性，是选择和使用减压阀的重要依据。

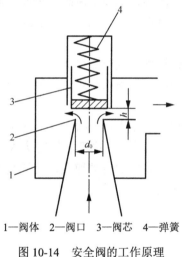

1—阀体　2—阀口　3—阀芯　4—弹簧

图 10-14　安全阀的工作原理

2）安全阀

安全阀的作用是当系统中的工作压力超过调定压力值时，为保证系统安全工作，需要把多余的压缩空气排入大气，以保持回路工作压力恒定。

图 10-14 所示为安全阀的工作原理。该阀的输入口与控制系统连接。当控制系统中的气体压力小于开启压力时，作用在阀芯上的弹簧力使它压紧在阀座上。当控制系统中的气压增加并上升到安全阀的开启压力时，阀芯开始打开，压缩空气从排气口急速排出。当控制系统中的压力继续上升到使安全阀全开的压力时，阀芯全部开启，从排气口排出额定的流量，系统压力不再升高。如果系统中压力逐渐降低，当低于系统压力的调定值时，阀门关闭。对安全阀，要根据系统的最高使用压力和排放流量选择其规格和型号。

3）气动顺序阀

气动顺序阀是依靠气动回路中的压力大小来控制其中各个执行元件动作的先后顺序的压力控制阀，其作用和工作原理与液压顺序阀基本相同，气动顺序阀常与单向阀组合成单向顺序阀。

如图 10-15 所示为气动顺序阀的工作原理示意。当 P 口的气体压力作用在该顺序阀的活塞上的作用力大于弹簧的调定压力值时，该顺序阀开启，使 P 口和 A 口相通，气体输向执行元件，实现动作顺序。

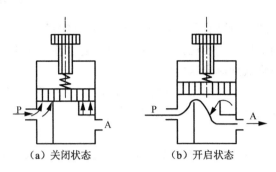

（a）关闭状态　　　　　　　　（b）开启状态

图 10-15　气动顺序阀的工作原理示意

2. 流量控制阀

在气压传动系统中，常需要对压缩空气的流量进行控制。流量控制阀是通过改变自身的通流面积调节压缩空气的流量，从而控制汽缸移动速度。流量控制阀主要包括两种：一种设置在回路中，对回路所通过的空气流量进行控制，如节流阀、单向节流阀、柔性节流阀等；另一种连接在换向阀的排气口处，对换向阀的排气量进行控制，如排气节流阀。这里，只介绍柔性节流阀和排气节流阀的工作原理。

（1）柔性节流阀。如图 10-16 所示为柔性节流阀的工作原理，其节流作用是依靠上、下阀杆夹紧柔韧的橡胶管实现的，也可以利用气体压力代替阀杆压缩橡胶管。柔性节流阀结构简单，压力降小，动作可靠性高，对污染物不敏感。

（2）排气节流阀。排气节流阀常安装在换向阀的排气口上，用于调节排入大气的空气流量，以改变执行元件的运动速度。图 10-17 所示为排气节流阀的工作原理。气流从 A 口进入阀内，由节流孔节流后经消声套排出。其不仅能调节执行元件的运动速度，还能起到降低排气噪声的作用，并且结构简单，安装方便。因此，应用日益广泛。

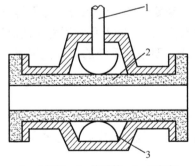

1—上阀杆　2—橡胶管　3—下阀杆

图 10-16　柔性节流阀的工作原理

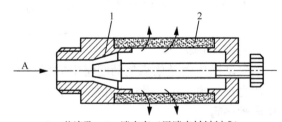

1—节流孔　2—消声套（用消声材料制成）

图 10-17　排气节流阀的工作原理

3. 方向控制阀

方向控制阀（简称方向阀）用于控制压缩空气的流动方向和气动回路的通断，它是气动系统中应用较多的一种控制元件。

方向控制阀的分类方法很多。按阀芯结构的不同，可分为滑柱式方向控制阀、截止式方向控制阀、平面式方向控制阀、旋塞式和膜片式方向控制阀。其中，截止式方向控制阀和滑柱式方向控制阀应用较多；按其控制方式的不同，可分为电磁换向阀、气动换向阀、机动换向阀和手动换向阀；按其作用，可分为单向型控制阀和换向型控制阀。下面介绍单向型控制阀和换向型控制阀。

1）单向型控制阀

单向型控制阀是指气流只能沿一个方向流动的控制阀，主要包括单向阀、梭阀、双压阀和快速排气阀等。

（1）单向阀。单向阀有两个通口，气流只能沿一个方向流动而不能反方向流动。图 10-18 所示为单向阀的典型结构。当压缩空气由 P 口进气时，克服弹簧力和阀芯与阀体之间的摩擦力，阀芯向左移动，使 P 口和 A 腔接通。当气流反向时，阀芯在 A 腔气压和弹簧力作用下向右移动，使 A 腔至 P 口的气流不相通。密封性是单向阀的重要特性。

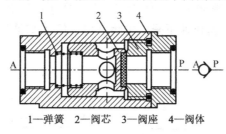

1—弹簧　2—阀芯　3—阀座　4—阀体

图 10-18　单向阀的典型结构

（2）梭阀。梭阀相当于两个单向阀的组合，有两个进气口（P_1 口和 P_2 口）和一个出口。图 10-19 所示为或门型梭阀的工作原理，P_1 口、P_2 口都可与 A 口相通，但 P_1 口与 P_2 口不相通。当从 P_1 口进气时，将阀芯推向右边，通路 P_2 口被关闭，气流从 P_1 口进入通路 A 口，如图 10-19（a）所示；反之，气流从 P_2 口进入 A 口，如图 10-19（b）所示；当从 P_1 口、P_2 口同时进气时，哪端压力高，A 口就与哪端相通。图 10-19（c）所示为梭阀的图形符号。

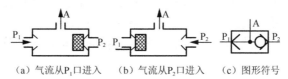

（a）气流从P_1口进入　　（b）气流从P_2口进入　　（c）图形符号

图 10-19　或门型梭阀的工作原理

（3）双压阀。双压阀也相当于两个单向阀的组合，有两个输入口（P_1 口和 P_2 口）和一个输出口（A 口），其作用相当于"与门"。图 10-20 所示为双压阀的工作原理，当从 P_1 口或 P_2 口单独进气时，阀芯被推向另一侧，A 口无输出，如图 10-20（a）和图 10-20（b）所示；只有从两个 P_1 口、P_2 口同时进气，A 口才有输出，如图 10-20（c）所示；当 P_1 口和 P_2 口输入的气体压力不相等时，气压低的那一支路通过 A 口输出。图 10-20（d）所示为双压阀的图形符号。

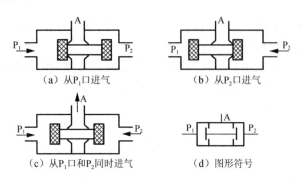

（a）从 P₁ 口进气　　　　　（b）从 P₂ 口进气

（c）从 P₁ 口和 P₂ 同时进气　　　（d）图形符号

图 10-20　双压阀的工作原理

（4）快速排气阀。快速排气阀的作用是加快汽缸移动速度，使其快速排气。图 10-21 所示为快速排气阀的工作原理。当从 P 口进气时，活塞上移，开启阀口 2，同时关闭阀口 1，使 P 口和 A 口接通，A 有输出，如图 10-21（a）所示；当 P 口无气流通过时，在 A 口和 P 口压力差的作用下，活塞迅速下降，关闭 P 口，使 A 口通过阀口 1 经 O 口快速排气，如图 10-21（b）所示。

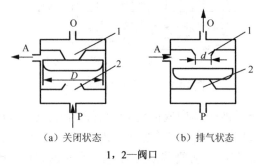

（a）关闭状态　　　　　（b）排气状态

1，2—阀口

图 10-21　快速排气阀的工作原理

2）换向型控制阀

换向型控制阀（简称换向阀）的作用是通过改变气流通道而使气体流动方向发生变化，进而改变气动执行元件的运动方向。这类控制阀主要包括气压控制换向阀、电磁控制换向阀、机械控制换向阀、人力控制换向阀和时间控制换向阀等。下面介绍前两种气压控制换向阀。

（1）气压控制换向阀。气压控制换向阀的工作原理是利用压缩空气的压力推动阀芯运动，使换向阀换向，从而改变气体的流动方向。按控制方式的不同，可分为加压控制换向阀、卸压控制换向阀、差压控制换向阀和延时控制换向阀。加压控制时，加在阀芯上的控制信号的压力值是逐渐上升的，当控制信号的压力值增加到阀的切换动作压力时，阀便换向，这类阀有单气控和双气控之分。卸压控制时所加的控制信号的压力值是减小的，当其减小到某一压力值时，主阀换向。差压控制的工作原理是利用气压在阀芯两端面积不相等的活塞上产生推力差，使阀换向。

按主阀结构的不同，气压控制换向阀又分为截止式气压控制换向阀和滑阀式气压控制换向阀两种。滑阀式气压控制换向阀的结构和工作原理与液动换向阀基本相同。这里主要介绍截止式气压控制换向阀。

① 截止式气压控制换向阀的工作原理。图10-22所示为二位三通单气控截止式气压控制换向阀的工作原理。图10-22（a）所示为无控制信号时的状态，阀芯在弹簧力及P腔压力作用下关闭，气源被切断，A口与T口相通，此时该控制阀没有输出信号；当加上控制信号K[见图10-22（b）]时，阀芯下移，打开阀口使P腔与A口相通，此时该控制阀有输出信号。此阀属于常闭型二位三通阀，若将P、T换接，则变为常通型二位三通阀。

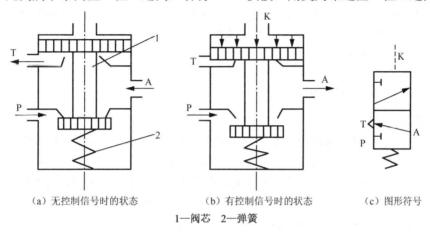

（a）无控制信号时的状态　　（b）有控制信号时的状态　　（c）图形符号

1—阀芯　2—弹簧

图10-22　二位三通单气控截止式气压控制换向阀的工作原理

② 截止式换向阀的优点和缺点。

优点：阀芯行程短，故换向迅速，通流能力强，流量特性好，易于设计成结构紧凑的大通径阀；阀的密封性好，泄漏量小；抗粉尘及污染能力强，阀件耐磨损，对气源过滤精度要求不高。

缺点：阀的换向力较大，换向时的冲击力也较大，因此不宜用在灵敏度要求较高的场合；截止式气压控制换向阀在换向的瞬间，可能因气源口、输出口和排气口同时相通而发生串气现象。此时，系统会出现较大的气压波动。

（2）电磁控制换向阀。电磁控制换向阀的工作原理是利用电磁力的作用来实现阀的切换，以便控制气体的流动方向。与液压传动中的电磁控制换向阀一样，该换向阀也由电磁铁控制部分和主阀部分组成。按控制方式的不同，该换向阀分为直动型电磁控制换向阀和先导型电磁控制换向阀两种，它们的工作原理分别与液压控制阀中的电磁控制阀和电液换向阀相类似。只是两者的工作介质不同，因此在此便不再详述。

10.2.5　气动逻辑元件

气动逻辑元件是以压缩空气为工作介质，通过元件的可动部件（如膜片、阀芯）在气控信号作用下动作，从而改变气体流动方向，实现一定逻辑功能的气体控制元件。

气动逻辑元件的分类方法很多，按工作压力，可分为高压气动逻辑元件、低压气动逻辑元件、微压气动逻辑元件；按结构形式，可分为截止式气动逻辑元件、膜片式气动逻辑元件、滑阀式气动逻辑元件和球阀式气动逻辑元件等；按逻辑功能，可分为"或门"元件、"是门"元件、"与门"元件、"非门"元件"禁门"元件、"或非门"元件和双稳元件等。其中，高压截止式气动逻辑元件依靠控制气压信号推动阀芯动作，或者通过膜片的变形推动阀芯动作，改变气体的流动方向，实现一定逻辑功能，其阀芯是自由圆片或圆柱体，方便检查、维修、安装，具有行程小、流量大、工作压力高、对气源净化要求低、适应能力强等特点；高压膜片式气动逻辑元件由带阀口的气室和能够摆动的膜片构成，它通过膜片两侧的压力差使膜片向一侧摆动，从而开启或关闭相应的阀口，使气体的流向、回路根据需要切换，实现各种逻辑控制功能。其结构简单，内部可动部件之间的摩擦力小，使用寿命长，密封性好。这里，仅对高压截止式气动逻辑元件进行介绍。

1. 高压截止式气动逻辑元件

1）"或门"元件

"或门"元件有两个输入口，当其一个或两个输入口同时输入信号时，该元件就有信号输出。图10-23所示为"或门"元件的工作原理和图形符号。图中a、b为信号的输入口，s为输出口。当只有输入口a有信号输入时，阀芯下移，封住输入口b，气体经输出口s输出；当只有输入口b有信号输入时，阀芯上移，封住输入口a，输出口s也有信号输出；输入口a、输入口b均有信号输入时，阀芯在两个信号的作用下上移或下移，或保持在中位，输出口s均有信号输出，其逻辑关系式为s=a+b。

2）"是门"元件和"与门"元件

"是门"元件的输入和输出信号之间始终保持相同的状态。"与门"元件只有在其两个输入口均有信号输入时才有信号输出。

图10-24所示为"是门"元件和"与门"元件的工作原理和图形符号。图中，a为信号的输入口，s为信号的输出口，中间输入口b连接气源P时为"是门"元件。当输入口a

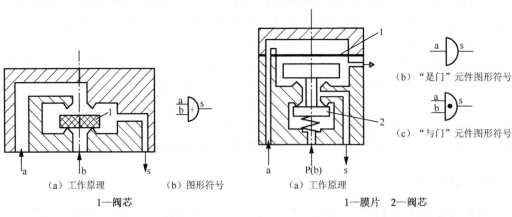

（a）工作原理　　（b）图形符号

1—阀芯

图10-23　"或门"元件的
工作原理和图形符号

（b）"是门"元件图形符号

（c）"与门"元件图形符号

（a）工作原理

1—膜片　2—阀芯

图10-24　"是门"元件和"与门"元件的
工作原理和图形符号

无输入信号时，阀芯在气源压力和弹簧力作用下，封住气源口 P、输出口 s 间的通道，输出口 s 无输出信号；反之，当输入口 a 有输入信号时，膜片在输入信号的作用下将阀芯推动，使之下移，气源口 P 与输出口 s 相通，输出口 s 有输出信号，其逻辑关系式为 s=a。

若中间输入口 b 不连接气源口 P 而输入信号，此时该元件为"与门"元件，其逻辑关系式为 s=ab。

3）"非门"和"禁门"元件

"非门"元件的输入与输出信号之间始终保持反相的状态。"禁门"元件中输入口 a 输入的信号对输入口 b 输入的信号起"禁止"作用。

图 10-25 所示为"非门"元件与"禁门"元件的工作原理和图形符号。在"非门"元件中，a 为信号的输入口，P 为气源口，s 为信号的输出口。当该元件的输入口 a 无信号输入时，阀芯在气源压力 p 的作用下移至上端极限位置，输出口 s 有信号输出；当输入口 a 输入信号时，作用在膜片上的气压通过阀杆使阀芯下移，使气源通路关闭，没有信号输出，其逻辑关系式为 s=$\bar{a}$。

若把气源口 P 改为信号的输入口 b，该元件就变为"禁门"元件。当输入口 a、b 均有信号输入时，阀杆及阀芯在输入口 a 输入的信号作用下封住输入口 b，输出口 s 无信号输出；在输入口 a 无信号输入而输入口 b 有信号输入时，输出口 s 就有信号输出，其逻辑关系式为 s=$\bar{a}$b。

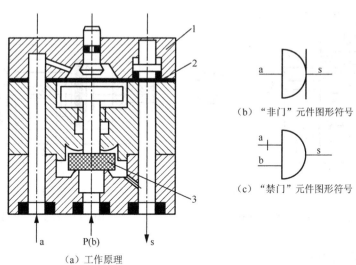

（b）"非门"元件图形符号

（c）"禁门"元件图形符号

（a）工作原理

1—活塞　2—膜片　3—阀芯

图 10-25　"非门"元件和"禁门"元件的工作原理和图形符号

4）"或非门"元件

"或非门"元件是在"非门"元件的基础上增加两个信号输入口，即具有 a、b、c 3 个输入口。图 10-26 所示为"或非门"元件的工作原理和图形符号，当所有的输入口都没有信号输入时，该元件输出口 s 有信号输出；只要该元件的 3 个输入口中有一个输入了信号，该元件的输出口 s 就没有输出信号，其逻辑关系式为 $s=\overline{a+b+c}$。

"或非门"元件是一种多功能逻辑元件，用它可组成"与门"、"是门"、"或门"、"非门"和双稳等各种逻辑功能。

5）双稳元件

双稳元件也称为双记忆元件，其输出信号的状态除了取决于输入信号的有无，也取决于没有输入信号前元件所处的状态。

图 10-27 所示为双稳元件的工作原理。当输入口 a 有信号输入时，阀芯向右移动，直到右极限位置为止，使气源口 P 与输出口 s_1 相通，输出口 s_1 有信号输出，输出口 s_2 与排气口相通，输出口 s_2 无信号输出，此时双稳元件处于"1"状态，在控制端 b 输入的信号到来之前、输入口 a 的信号消失后，阀芯保持原位不变，因而不改变输出口 s_1 输出的信号状态；当控制端 b 有信号输入时，阀芯向左移动，使气源口 P 与输出口 s_2 相通，输出口 s_2 有输出，输出口 s_1 与排气口相通，双稳元件处于"0"状态，在输入口 b 的信号消失后、输入口 a 的信号未到来前，双稳元件一直保持此状态。

注意：双稳元件的两个输入口不能同时输入信号，否则，双稳元件将处于不确定工作状态。

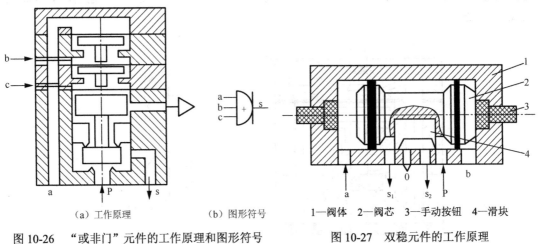

（a）工作原理　　　　（b）图形符号

图 10-26　"或非门"元件的工作原理和图形符号

1—阀体　2—阀芯　3—手动按钮　4—滑块

图 10-27　双稳元件的工作原理

2. 气动逻辑元件的选用

高压气动逻辑元件的输出功率大，气源过滤要求不高；低压气动逻辑元件用于气动仪表配套的控制系统；微压气动逻辑元件用于与射流系统、气动传感器配套的系统。

气动逻辑元件的输出流量和响应时间等可根据系统要求参照有关资料选取。气动逻辑元件应尽量集中布置，以便于集中管理。因为信号的传输有一定时延，所以信号的发出点与接收点之间不能相距太远。当高压截止式气动逻辑元件需要相互串联时，其气动回路中一定要有足够的气体流量，否则，可能造成推力不足而推不动下一级元件。

10.3 气动基本回路

一个复杂的气动控制系统往往是由若干气动基本回路组成的。当设计一个完整的气动控制系统时，除了要求它能够实现设计任务书要求的程序动作，还要考虑调压、调速、手动和自动等一系列的问题。因此，熟悉和掌握气动基本回路的工作原理与特点，可为设计、分析和使用比较复杂的气动控制系统打下良好的基础。下面介绍 4 种气动基本回路。

10.3.1 方向控制回路

方向控制回路又称为换向回路，它通过换向阀的换向实现执行元件运动方向的改变。

1. 单作用汽缸换向回路

单作用汽缸换向回路常采用二位三通电磁阀实现方向控制，如图 10-28 所示。当该电磁阀通电时，活塞杆伸出；断电时，活塞杆在弹簧力的作用下自动返回。

2. 双作用汽缸换向回路

双作用汽缸换向回路通常采用二位五通换向阀或三位五通换向阀来实现方向控制。在图 10-29（a）中采用二位五通双电控换向阀控制汽缸的换向。该双电控阀为双稳态阀，具有记忆功能，当回路中装配了这种阀时汽缸在伸出过程中突然断电，汽缸仍保持原来的状态。在图 10-29（b）中采用三位五通换向阀控制汽缸的换向。该回路有中停功能，但气体的可压缩性使汽缸的定位精度较差。

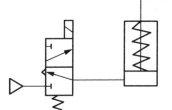

图 10-28 单作用汽缸换向回路

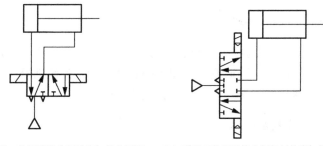

（a）采用二位五通换向阀的汽缸换向回路　（b）采用三位五通换向阀控制的汽缸换向回路

图 10-29 双作用汽缸换向回路

10.3.2 压力控制回路

在气动控制系统中进行压力控制主要出于两个目的。一是提高系统的安全性，这里，主要是指控制一次压力。如果系统中的压力过高，除了会增加压缩空气输送过程中的压力损失和泄漏，还会使配管或元件破裂而发生危险。因此，压力值应始终控制在系统压力的额定值以下，一旦其超过了允许值，能够迅速溢流降压。二是给元件提供稳定的工作压力，使其能充分发挥功能，这里主要是指二次压力控制。

两种基本的压力控制回路如图 10-30 所示。其中，图 10-30（a）所示的压力控制回路是最基本的压力控制回路，该回路由气动三联件组成，主要通过减压阀实现压力控制。

图 10-30（b）是由两个减压阀组成的压力控制回路。两个减压阀提供两种不同压力，通过二位三通电磁阀实现自动选择压力，以便向同一系统间隔输出高压力 p_1 和低压力 p_2。

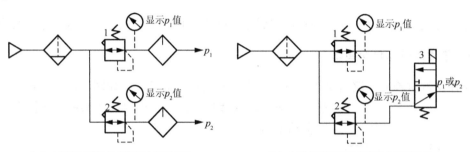

（a）由气动三联件组成的压力控制回路　　　　（b）由两个减压阀组成的压力控制回路

1，2—减压阀　3—二位三通电磁阀

图 10-30　两种基本的压力控制回路

10.3.3　速度控制回路

速度控制回路用于调节或改变汽缸的移动速度。通常，汽缸的调速大多采用节流调速。下面介绍 4 种常用的速度控制回路。

1. 单作用汽缸速度控制回路

图 10-31 所示为单作用汽缸速度控制回路。在图 10-31（a）中，采用两个反接的单向节流阀控制活塞杆的伸出和返回速度。在图 10-31（b）中，汽缸活塞上升时，实现节流调速；下降时，通过快速排气阀排气，使活塞杆快速返回。

2. 双作用汽缸速度控制回路

图 10-32 所示为双作用汽缸速度控制回路。在图 10-32（a）中，采用单向节流阀实现汽缸活塞杆伸出和返回两个方向的速度控制。在图 10-32（b）中，采用排气节流阀实现双向调速。当外负载变化不大时，采用排气节流阀实现节流调速，该控制方式的优点是进气阻力小、调速效果好。

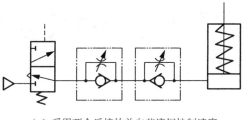

（a）采用两个反接的单向节流阀控制速度

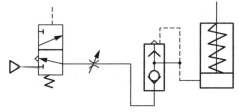

（b）采用快速排气阀控制速度

图 10-31 单作用汽缸速度控制回路

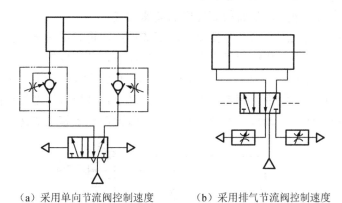

（a）采用单向节流阀控制速度　　　　　（b）采用排气节流阀控制速度

图 10-32 双作用汽缸速度控制回路

3. 缓冲回路

汽缸在行程长、速度快、惯性大的情况下，往往需采用缓冲回路来消除冲击。图 10-33 为两种常用的缓冲回路，图 10-33（a）所示为由机控阀和流量控制阀组成的缓冲回路。该回路可实现快进—慢进缓冲—停止—快退的循环，改变机控阀的安装位置，可改变缓冲的开始时刻。该回路常用于惯性大的场合。

图 10-33（b）所示为采用顺序阀的缓冲回路。在该回路中，当活塞返回到行程末端时，无杆腔的压力已下降到不能打开顺序阀，无杆腔室内的剩余空气只能经节流阀排出，由此汽缸运动得以缓冲。该回路常用于汽缸行程长、速度快的场合。

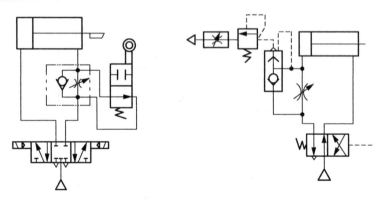

（a）由机控阀和流量控制阀组成的缓冲回路　　　　　（b）采用顺序阀的缓冲回路

图 10-33　两种常用的缓冲回路

4. 气液联动速度控制回路

气液联动速度控制回路的工作原理是以气压为动力，利用气液转换器或气液阻尼缸控制气动执行机构的运动速度，从而得到良好的调速效果。

图 10-34 所示为先利用气液转换器将气压变成液压，再利用液压油驱动液压缸的气液联动速度控制回路。图中，压缩空气进入气液转换器 1，其形成的气压推动液压油流动，经单向节流阀流入汽缸的有杆腔。同时，无杆腔的液压油经单向节流阀进入气液转换器 2，将其中的压缩空气排出，经换向阀排入大气，压力减小，液压缸活塞杆返回。当换向阀换向后，液压缸活塞杆伸出。通过调节节流阀，可以改变液压缸移动的速度。

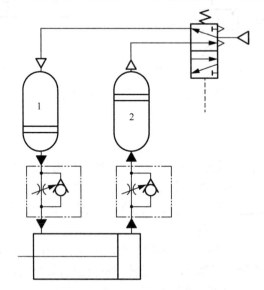

图 10-34　气液联动速度控制回路

10.3.4 其他回路

下面介绍 3 种其他回路。

1. 同步动作回路

同步动作是指驱动两个或多个执行机构时，使它们在运动中位置保持同步。

两种常用的同步控制回路如图 10-35 所示。图 10-35（a）所示为简单的机械同步回路，它采用刚性连接部件连接两个活塞杆，迫使汽缸 A 和汽缸 B 同步。

图 10-35（b）所示为气液转换同步回路，图中双作用双杆活塞汽缸 1 的下腔与双作用双杆活塞汽缸 2 的上腔连接管相连，其内部被注入液压油。只要保证两个汽缸的缸径相同，活塞杆直径相等就可实现同步。使用过程中，若发生液压油泄漏或油液中混入空气都会影响同步。因此，要经常打开气堵 3 放气并补充油液。

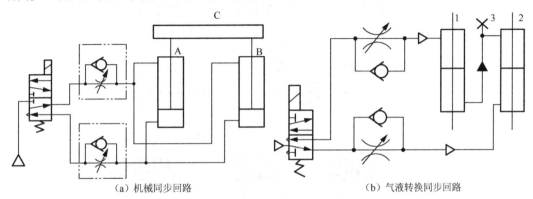

（a）机械同步回路　　　　　　　　　　（b）气液转换同步回路

图 10-35　两种常用的同步控制回路

2. 安全保护回路

在气动系统中，为了保护操作者的人身安全和设备的正常运转，常采用安全保护回路。下面介绍两种安全保护回路。

1）过载保护回路

图 10-36 所示为典型的过载保护回路，当活塞杆在伸出过程中遇到障碍或其他原因使汽缸过载时，活塞就立即返回，实现过载保护。在图 10-36 所示回路中，若活塞杆在伸出过程中遇到障碍，则其无杆腔压力升高，顺序阀 1 被打开，主控阀 3 实现换向，活塞立即返回。

2）互锁回路

图 10-37 所示互锁回路能防止各个汽缸同时动作、保证只有一个汽缸动作。回路主要利用梭阀 1、2、3 及换向阀 4、5、6 进行互锁。若换向阀 7 换位，则换向阀 4 也将换位，使汽缸 A 的活塞杆伸出。与此同时，汽缸 A 的进气气流使梭阀 1、2 动作，把换向阀 5 和

6锁定。因此，此时即使换向阀8、9有切换信号，汽缸B、汽缸C也不会动作。只有换向阀7复位后，才能使其他汽缸动作。

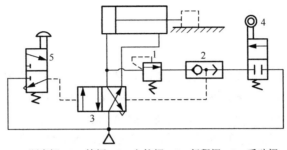

1—顺序阀　2—梭阀　3—主控阀　4—行程阀　5—手动阀

图 10-36　典型的过载保护回路

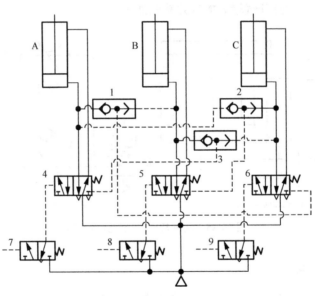

图 10-37　互锁回路

3. 往复动作回路

往复动作是指在气动回路中，各个汽缸按一定顺序完成各自的动作。

1）单往复动作回路

如图 10-38 所示为两种常用的单往复动作回路，即由行程阀控制的单往复动作回路和由压力控制的单往复动作回路。图 10-38（a）是由行程阀单往复动作回路。按下阀 1 的手动按钮，压缩空气使阀 3 换向，活塞杆前进；当撞块碰下行程阀 2 时，阀 3 复位，活塞自动返回。图 10-38（b）所示为由压力控制的单往复动作回路，按下阀 1 的手动按钮，压缩空气使阀 3 切换，活塞向右移动，当活塞行程达到终点时，气压升高，使阀 4 打开，使阀 3 换向，汽缸返回。

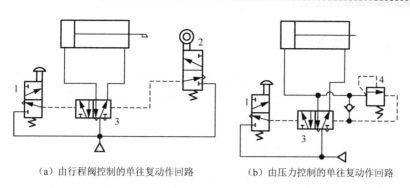

（a）由行程阀控制的单往复动作回路　　　　（b）由压力控制的单往复动作回路

图 10-38　两种常用的单往复动作回路

2）多往复动作回路

图 10-39 所示为多往复运动回路，能完成连续的动作循环。当按下阀 1 的手动按钮后，阀 4 换向，活塞向前运动。此时，由于阀 3 复位将气动回路封闭，使阀 4 不能复位，活塞继续前进。到行程终点压下行程阀 2，使阀 4 控制气动回路的排气，在弹簧作用下阀 4 复位，汽缸返回，在行程终点按下阀 3，使阀 4 换向，重复上一个循环动作。按下阀 1 的手动按钮，使阀 4 复位，活塞返回而停止运动。

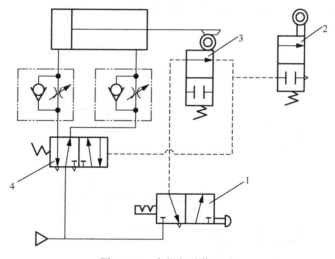

图 10-39　多往复动作回路

10.4　气动系统应用实例

随着机械化、自动化技术的发展，与机械、液压、电气、电子技术巧妙结合的气动技术已广泛运用于自动化的各个领域。本节介绍两个气动系统应用实例：气液动力滑台气动系统和射芯机气动系统。

10.4.1 气液动力滑台的气动系统

气液动力滑台采用气液阻尼缸作为执行元件。在该滑台的上面可以安装单轴头、动力箱或工件，因此常把它用于在机床上，以实现进给运动。图10-40所示为气液动力滑台的气动系统，它可完成以下两种工作循环。

1. 快进→慢进（工进）→快退→停止

当手动阀4处于图10-40所示状态时，就可实现快进→慢进（工进）→快退→停止的工作循环。其动作原理如下：当手动阀3切换到右位时，实际上就是给予进刀信号，在气压作用下汽缸的活塞开始向下运动，液压缸活塞下腔的油液经行程阀6的左位和单向阀7进入液压缸活塞的上腔，实现快进。当快进到活塞杆上的挡铁B使行程阀6切换到右位后，油液只能经节流阀5进入上腔。调节节流阀5的开口量，即可调节气液阻尼缸的移动速度，使活塞开始慢进（工进）。当慢进到挡铁C使行程阀2切换到左位时，输出信号使手动阀3切换到左位，这时汽缸的活塞开始向上运动，液压缸活塞上腔的油液经行程阀8的左位和手动阀4中的单向阀进入液压缸的下腔，实现快退。当快退到挡铁A使行程阀8换向，进而使油液通道切断时，活塞便停止运动。若改变挡铁A的位置，则可以改变活塞"停"的位置。

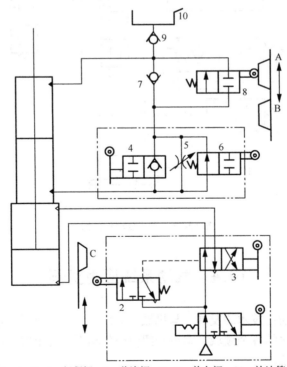

1，3，4—手动阀　2，6，8—行程阀　5—节流阀　7，9—单向阀　10—补油箱　A，B，C—挡铁

图10-40　气液动力滑台的气动系统

2. 快进→慢进→慢退→快退→停止

关闭手动阀 4（使它处于左位）时，就可实现快进→慢进→慢退→快退→停止的双向进给顺序。其动作循环中的快进→慢进动作原理与上述相同。当慢进至挡铁 C 使行程阀 2 切换到左位时，输出信号使手动阀 3 切换到左位，汽缸的活塞开始向上运动，这时液压缸活塞上腔的油液经行程阀 8 的左位和节流阀 5 进入活塞下腔，实现了慢退（反向进给）。慢退到挡铁 B 离开行程阀 6 的顶杆而使其复位（左位工作）后，液压缸活塞上腔的油液就经行程阀 6 左位进入活塞下腔，实现了快退。快退到挡铁 A 使行程阀 8 换向而使油液通路切断时，活塞就停止运动。

图 10-40 中，带定位机构的手动阀 1、行程阀 2 和手动阀 3 组成一只组合阀块；手动阀 4、节流阀 5 和行程阀 6 组成另一只组合阀块；补油箱 10 用于补偿系统中的漏油，一般可用油杯来代替。

10.4.2 射芯机气动系统

射芯机是铸造生产中广泛采用的一种制造砂芯的机器，它有许多种类型。这里介绍的是国产 2ZZ8625 型二工位全自动热芯盒（指加热后或具有加热功能的芯盒）射芯机（主机）部分（包含射芯工位）的气动系统。该机由一台热芯盒射芯机（主机）和两台取芯机（辅机）组合而成，有射芯和取芯两个工位。射芯工位的动作顺序是工作台上升→芯盒夹紧→射砂→排气→工作台下降→打开加砂闸门→加砂→关闭加砂闸门。芯盒进出主机是借助工作台和小车在射芯机和取芯机之间的往复运动完成的。

全机采用电磁-气控系统，可以实现自动、半自动和手动三种工作方式。2ZZ8625 型二工位全自动热芯盒射芯机（主机）部分的气动系统工作原理如图 10-41 所示。

该射芯机在原始状态时，加砂闸门 18 和环形薄膜射砂阀 16 关闭，射砂筒 19 内装满芯砂。按照射芯机的动作顺序，将其气动系统的工作过程分 4 个步骤叙述如下。

（1）工作台上升和芯盒被夹紧。空芯盒随同工作台被小车送到顶升缸 9 的上方，使行程开关 1XK 闭合，电磁铁 2YA 通电，使电磁换向阀 6 换向。经电磁换向阀 6 出来的气流分为三路：第一路经快速排气阀 15 进入闸门密封圈 17 的下腔，用于提高密封圈的密封性能；第二路经快速排气阀 8 进入顶升缸 9，顶起工作台，使芯盒压紧在射砂头 12 的下面，从垂直方向将芯盒夹紧；当顶升缸 9 中的活塞上升到顶点后，管道中的气压升高，当气压值达到 0.5MPa 时，单向顺序阀 7 开启，使第三路气流进入夹紧缸 11 和夹紧缸 22，从水平方向将芯盒夹紧。

（2）射砂。当夹紧缸 11 和夹紧缸 22 内的气压值大于 0.5MPa 后，压力继电器 10 闭合，电磁铁 3YA 通电，使电磁换向阀 23 换向，排气阀 21 关闭，同时使环形薄膜射砂阀 16 的上腔排气。此时，储气包 13 中的压缩空气将顶起射砂阀 16 的薄膜，使储气包 13 内的压缩空气快速进入射砂筒进行射砂。射砂时间的长短由时间继电器控制。射砂结束后，电磁铁 3KA 断电，电磁换向阀 23 复位，使射砂阀 16 关闭，排气阀 21 敞开，排出射砂筒内的余气。

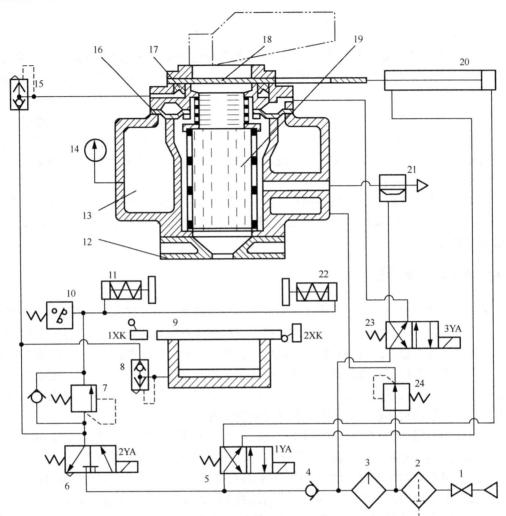

1—总阀　2—分水滤气器　3—油雾器　4—单向阀　5，6，23—电磁换向阀　7—单向顺序阀
8，15—快速排气阀　9—顶升缸　10—压力继电器　11，22—夹紧缸　12—射砂头　13—储气包
14—压力表　16—射砂阀　17—闸门密封圈　18—加砂闸门　19—射砂筒　20—闸门汽缸
21—排气阀　24—调压阀　1YA，2YA，3YA—电磁铁　1XK，2XK—行程开关

图 10-41　2ZZ8625 型二工位全自动热芯盒射芯机气动系统的工作原理

（3）工作台下降。射砂筒 19 排气后，电磁铁 2YA 断电，电磁换向阀 6 复位，使顶升缸 9 下降；夹紧缸 11 和射砂头 12 同时退回原位，并使闸门密封圈 17 下腔排气。当顶升缸 9 下降到最低位置后，射好砂芯的芯盒由小车带动与工作台一起被送到取芯机，完成硬化与起模工序。

（4）加砂。当工作台下降到行程终点压合行程开关 2XK 时，电磁铁 1YA 通电，换向阀 5 换向，使加砂闸门 18 打开，砂斗向射砂筒 19 内加砂，加砂的时间长短由时间继电器控制。到达预定时间时，电磁铁 1YA 断电，电磁换向阀 5 复位，使加砂动作停止。

至此，射芯机完成了一个工作循环。该系统由快速排气回路、顺序控制回路、电磁换向回路和调压回路等基本回路组成。采用电磁-气控系统，使该射芯机具有自动化程度高、动作联锁、安全保护完善和系统简单等优点。

本 章 小 结

本章以气压传动元件为基础，主要介绍气压传动的工作原理、组成、特点，重点介绍了气动元件（包括气源装置、气动执行元件、气动控制元件、气动逻辑元件和辅助元件）的结构、工作原理和气动基本回路，以气液动力滑台气动系统和射芯机气动系统为例介绍了较复杂气动系统的工作原理。

思考与练习

10-1 气压传动系统由哪几部分组成？试说明各部分的作用。

10-2 气源装置由哪些元件组成？各部分的作用是什么？

10-3 什么是气动三联件？每个元件起什么作用？

10-4 什么是气动逻辑元件？试述"是""与""非""或"逻辑门的概念，画出其逻辑符号。

10-5 "是门"元件与"非门"元件结构相似，但"是门"元件中阀芯底部有一个弹簧，"非门"元件中没有弹簧。请说明"是门"元件中弹簧的作用，去掉该弹簧，"是门"元件能否正常工作？为什么？

10-6 使用气动马达和汽缸时应注意哪些事项？

10-7 什么是气动马达？气动马达有哪些特点？

10-8 如果不对压缩机排出的压缩空气进行净化，有哪些危害？

10-9 在气动系统使用过程中应注意哪些事项？

10-10 试绘出气控回路图，要求汽缸缸体左右换向，可在任一位置停止，并使其左右方向的移动速度不相等。

参 考 文 献

[1] 刘仕平. 液压与气压传动. 郑州：黄河水利出版社，2003.

[2] 王益群，高殿荣. 液压工程师技术手册. 北京：化学工业出版社，2010.

[3] 机械设计手册编委会. 机械设计手册. 北京：机械工业出版社，2007.

[4] 闻邦椿. 机械设计手册. 5 版. 北京：机械工业出版社，2011.

[5] 左建民. 液压与气压传动. 4 版. 北京：机械工业出版社，2012.

[6] 刘忠. 液压传动与控制实用技术. 北京：北京大学出版社，2009.

[7] 邓乐. 液压传动. 北京：北京邮电大学出版社，2010.

[8] 张利平. 液压阀原理、使用与维护. 2 版. 北京：化学工业出版社，2009.

[9] 张利平. 现代液压技术应用 220 例. 北京：化学工业出版社，2004.

[10] 苏欣平，刘士通. 工程机械液压与液力传动. 北京：中国电力出版社，2010.

[11] 刘忠，杨国平. 工程机械液压传动原理、故障诊断与排除. 北京：机械工业出版社，2005.

[12] 颜荣庆，李自光，贺尚红. 现代工程机械液压与液力系统—基本原理、故障分析与排除. 北京：人民交通出版社，2001.

[13] 张群生. 液压与气压传动. 2 版. 北京：机械工业出版社，2011.

[14] 冯国光. FD 平衡阀在变载机构中的应用. 上海冶金设计. 1999（1）：29-31.

[15] 苏欣平，闫祥安，张承谱. 减压式先导阀的研制及性能分析. 机床与液压. 2002（6）：172-173.

[16] 王震山. 汽车起重机起升机构平衡阀的比较. 工程机械. 2009（9）：12-15.

[17] 贺利乐. 建设机械液压与液力传动. 北京：机械工业出版社，2004.

[18] 吉林工业大学. 工程机械液压与液力传动（下）. 北京：机械工业出版社，1979.

[19] 甄少华. 液压与液力传动. 大连：大连海运学院出版社，1989.

[20] 赵静一，王巍. 液力传动. 北京：机械工业出版社，2010.

[21] 李有义. 液力传动. 哈尔滨：哈尔滨工业大学出版社，2004.

[22] 田晋跃，于英. 车辆自动变速器构造原理与设计方法. 北京：北京大学出版社，2009.

[23] 姜继海，宋锦春，高常识. 液压与气压传动. 2 版. 北京：高等教育出版社. 2009.

[24] 刘延俊，王守城. 液压与气压传动. 北京：机械工业出版社，2004.

[25] 田勇，高长银等. 液压与气压传动技术及应用. 北京：电子工业出版社，2011.

[26] 万会雄，明仁雄. 液压与气压传动. 北京：国防工业出版社，2008.

[27] 许福玲，陈尧明. 液压与气压传动. 北京：机械工业出版社，2004.

[28] 刘忠伟，邓英剑. 液压与气压传动. 北京：化学工业出版社，2005.

[29] 刘延俊，关浩，周德繁. 液压与气压传动. 北京：高等教育出版社，2007.

[30] 何存兴，张铁华. 液压传动与气压传动. 武汉：华中科技大学出版社，2004.

[31] 左健民. 液压与气压传动. 北京：机械工业出版社，2006.

[32] 王慧，张建卓. 液压与气压传动. 沈阳：东北大学出版社，2011.

[33] 潘楚滨. 液压与气压传动. 北京：机械工业出版社，2010.

[34] 王积伟. 液压与气压习题集. 北京：机械工业出版社，2006.

[35] 董林福，赵艳春. 液压与气压传动. 北京：化学工业出版社，2008.

[36] 管天福，李双六．液压与气压传动．北京：中国地质大学出版社，2011．

[37] 周长城．液压与液力传动．北京：北京大学出版社，2010．

[38] 项昌乐．液压与液力传动．北京：高等教育出版社，2008．

[39] 王积伟，章宏甲，黄谊．液压传动．2版．北京：机械工业出版社，2007．

[40] 张世亮．液压与气压传动．北京：机械工业出版社，2007．

[41] 何存兴，张铁华．液压与气压传动．2版．武汉：华中科技大学出版社，2000．

[42] 大连工学院机制教研室．金属切削机床液压传动．2版．北京：科学出版社，1985．

[43] 田树军，胡全义，张宏．液压系统动态特性数字仿真．2版．大连：大连理工大学出版社，2013．

[44] 官忠范．液压传动系统．3版．北京：机械工业出版社，2004．

[45] 刘银水，陈尧明，许福玲．液压与气压传动学习指导与习题集．2版．北京：机械工业出版社，2016．

[46] 闻建龙．工程流体力学．2版．北京：机械工业出版社，2018．

附录 GBT 786.1—2009《流体传动系统及元件图形符号和回路图》（节选）

附表 1 基本符号：管道及连接

名　称	符　号	名　称	符　号
工作管道 （包括供油、回油管道）	——	控制管道 （包括先导、泄油管道）	————
交叉管道		组合元件框线	—·—·—
连接管道		—	—

附表 2 控制及复位方式

名　称	符　号	名　称	符　号
手动式	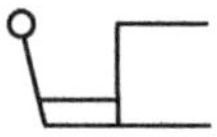	单作用电磁式	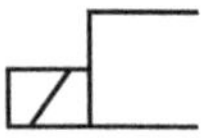
机动式（滚轮式）	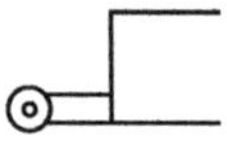	双作用电磁式 （连续控制）	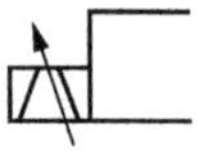
内部压力控制式	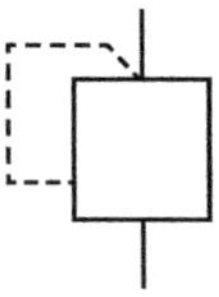	弹簧式	
外部压力控制式	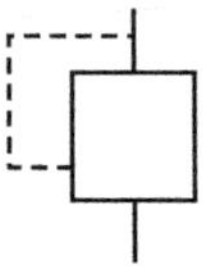	加压或泄压控制	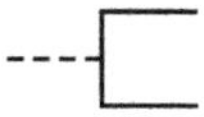

附表3　动力元件和执行元件：液压泵、液压马达和液压缸

名　　称	符　　号	名　　称	符　　号
单向定量液压泵		双向定量液压泵	
单向变量液压泵		双向变量液压泵	
单向定量液压马达		双向定量液压马达	
单向变量液压马达		双向变量液压马达	
双作用单杆液压缸		双作用双杆液压缸	
单作用弹簧复位液压缸		单作用伸缩液压缸	
双作用伸缩液压缸		增压缸	

附表4　控制元件

名　称	符　号	名　称	符　号
直动型溢流阀		先导型溢流阀	
直动型减压阀		先导型减压阀	
先导型比例电磁溢流阀		直动型顺序阀（外泄式）	
先导型顺序阀（外泄式）		单向顺序阀（平衡阀、内泄式）	
直动型卸荷阀（液控顺序阀）		压力继电器	
节流阀（不可调、固定节流孔口）		节流阀（节流孔口可调）	

名　称	符　号	名　称	符　号
单向节流阀		调速阀	
分流阀		集流阀	
分流集流阀		—	—
单向阀		液控单向阀	
双向液压锁		二位二通换向阀	
二位三通换向阀		二位四通换向阀	
三位四通换向阀		三位五通换向阀	

附表5　辅助元件

名　称	符　号	名　称	符　号
油箱		压力表	
滤油器（粗滤）		蓄能器（隔膜式）	
加热器		冷却器	
气瓶		—	—